Zu diesem Buch

Ein tieferes Verständnis für Moleküle und ihre Reaktionen erlaubt einen tieferen Einblick in das, «was die Welt im Innersten zusammenhält» – und was vielleicht noch wichtiger ist, es demonstriert die enge Verbindung zwischen unserer Lebensqualität im Alltag und chemischen Kenntnissen. Der Duft einer Rose, der Geschmack eines Apfels, die Farbe einer Karotte, der Stich einer Biene, das Elend einer Allergie, angelaufenes Tafelsilber und die Verlockung der Liebe geben uns ihre Geheimnisse preis, wenn wir das Verhalten von Molekülen verstehen.

Ein Chemiebuch, das vollkommen ohne die Begriffe «Bunsenbrenner» und «Periodensystem» auskommt – dafür aber zu fast jedem Thema chemische Geistesblitze der vergnüglichsten Art zu bieten hat!

Dr. Joe Schwarcz, Chemiker und Gerontologe, ist einer der bekanntesten Vertreter populärer Naturwissenschaften Kanadas. Träger zahlreicher Publikumspreise, moderiert er wöchentlich eine Hörfunksendung zu einem alltäglichen chemischen Thema und ist Kolumnist für die «Washington Post» und die «Montreal Gazette».

Joe Schwarcz

Meerjungfrauen, Schwarzlicht und andere optische Aufheller

Vom Leben auf Molekülbasis

Deutsch von Monika Niehaus

Rowohlt Taschenbuch Verlag

rororo science
Lektorat Angelika Mette

Deutsche Erstausgabe
Veröffentlicht im Rowohlt Taschenbuch Verlag GmbH,
Reinbek bei Hamburg, September 2002
Copyright © 2002 by Rowohlt Taschenbuch Verlag,
Reinbek bei Hamburg
Die Originalausgabe erschien unter dem Titel
«Radar, Hula Hoops and Playful Pigs: 67 digestible commentaries
on the fascinating chemistry of everyday life»
bei ECW Press, Toronto/Kanada
Copyright © 1999 by ECW Press
Cartoons by Brian Gable, 1999
Fachliche Beratung der Reihe
Eva Ruhnau, Humanwissenschaftliches Zentrum,
Ludwig-Maximilians-Universität, München
Redaktion Annalisa Viviani
Umschlaggestaltung any.way, Barbara Hanke
(Foto: Photonica)
Satz Bembo Postscript, PageMaker bei
Pinkuin Satz und Datentechnik, Berlin
Druck und Bindung Clausen & Bosse, Leck
Printed in Germany
ISBN 3 499 61420 0

Die Schreibweise entspricht den Regeln der neuen Rechtschreibung.

Inhalt

Einführung
Auf der Suche nach der richtigen Chemie **9**
Prediger, verrückte Wissenschaftler und Grillenschiss **13**
Wider den chemischen Analphabetismus **23**

Faszinierende Chemikalien
Das Los von Lots Frau **29**
Das Boyle'sche Gesetz und ein hochfliegender Ernie **32**
«Der Schwarze Berthold» **36**
Mit Chemikalien spielen **40**
Radar, Hula-Hoop und verspielte Schweine **44**
Das große Phenol-Komplott **49**
Aufstieg und Fall eines Gases **54**
Über die «Unaussprechlichen» sprechen **59**
Ein wenig magische Chemie **63**

Auf der Speisekarte
Alles «natürlich»! **68**
Das Leben ist eins der gefährlichsten **74**
Geschichten, die ins Auge fallen **80**
Die Kunst des Eierkochens **86**
Das Chinarestaurant-Syndrom **91**
Für eine Tasse Tee ist immer Zeit **96**
Köstliche Tomaten **101**

Inhalt

Prickelnder Genuss **108**
Von der Heilkraft heißer Hühnersuppe **113**
Sojabohnen, Kohl und Brustkrebs **118**
Die Füße Gottes **123**
Die Speise der Götter **128**
Gemüse à la ALA **133**

Chemische Verbrechen
Ein tödlicher Liebestrank **139**
Alice im Fliegenpilzland **144**
Chemische Hexerei in Salem **149**
Tödliches Soufflé **153**
Verrückte Mönche, KGB-Agenten und schlafende Hunde **157**
Chemie für Zombies **162**

Gesundheit und Krankheit
Sola dosis facit venenum **167**
Angst vor der Angst **172**
Bunte Ausscheidungsprodukte **177**
Bienenpollen und das «Amt für Alternativmedizin» **181**
Kampf dem Verbrechen: Essen Sie Kreide! **186**
Schmerzfrei **192**
Hormone und das bedrohte Haupthaar **196**
Verrücktheiten, Nüsse und Selen **201**
Ein viel gepriesener Hoffnungsträger: Ginseng **207**
Vitamin E – Vitamin der Spitzenklasse **211**
Ein Hauch von Romantik **216**
Vincent van Goghs Gehirn **226**

Rund ums Haus
Schaum und Schaumschlägerei **230**
Eine Lösung für das Skunkproblem **235**
Ein gutes Gewissen mit Waschmitteln? **240**
Meerjungfrauen, Schwarzlicht und
andere optische Aufheller **244**
Chemische Experimente, die man lieber nicht machen
sollte **248**
Zeolithe als Retter **252**

Sinn oder Unsinn – das ist hier die Frage
Wie man elektrischen Unsinn in eine Ladung Gold
verwandelt **258**
Homöopathische Tropfen – eine gute Lösung? **263**
Manchmal ist die Realität seltsamer als die Phantasie **268**
Farbenprächtiger Unsinn **273**
«Wo ist die Aura?» **279**

Unter der Gürtellinie
Urin ist ein besonderer Saft **286**
Warum rülpset und furzet ihr nicht? **297**
Der König der Darmwinde **304**

Einige abschließende Bemerkungen über die Natur
der Naturwissenschaft **307**

Register **313**

Einführung

Auf der Suche nach der richtigen Chemie

Als ich zehn Jahre alt war, wurde ich zu einem Geburtstagsfest eingeladen. Diese Einladung sollte mein Leben verändern. Wir wurden von einem Zauberer, kaum älter als wir, mit dem üblichen Repertoire unterhalten; seine Tricks waren nichts Besonderes – bis auf einen. Irgendwann im Verlauf seiner nicht gerade begeisternden Vorführung nahm der gelangweilte Taschenspieler drei verschiedenfarbige Seile und band sie zusammen. Anschließend rollte er sie in seinen Händen auf und suchte dann in seiner Tasche nach einem unsichtbaren «Zauberpulver», das er über die Seile zu streuen vorgab. Und wer hätte es gedacht – als er die Seile auseinander zog, waren die Knoten verschwunden und die drei Seile zu einem einzigen langen Seil verschmolzen!

Ich glaube, so jung, wie ich war, erkannte ich bereits damals, dass ich Augenzeuge einer gewissen Fingerfertigkeit geworden war und nicht etwa echter chemischer Zauberei. Doch ich erinnere mich, dass ich mich sofort fragte, warum dieser Zauberer statt auf das übliche Abrakadabra oder Hokuspokus auf «Chemikalien» verfallen war, um uns zu verblüffen. Warum hatte er Chemikalien mit Zauberei verknüpft? Ich war entschlossen, das herauszufinden. Und ich bin sehr froh, dass ich damals diesen Entschluss gefasst habe. Seit diesem schicksalhaften Geburtstagsfest hat mich der Zauber der Chemie völlig in seinen Bann gezogen.

Wie sich herausstellte, gab es in der Bibliothek unseres Wohnorts mehrere Bücher über chemische Zauberkunststücke. Innerhalb weniger Wochen hatte ich gelernt, Wasser in «Wein» zu verwandeln, unsichtbare Tinte herzustellen und Kerzen zu fabrizieren, die sich selbst entzündeten. Das machte Spaß. Und auch heute noch macht es mir Spaß, Kinder mit allerlei «chemischen» Zaubereien zu unterhalten. Doch als ich mich immer mehr in diese Bücher vertiefte, erkannte ich, dass die wahre Magie der Chemie woanders lag. Sie hatte nichts damit zu tun, die Farbe einer Lösung in eine andere zu verwandeln oder Rauch und Getöse zu produzieren. Die wahre Magie lag in der Fähigkeit der Chemie, die Geheimnisse des Lebens zu enträtseln.

Für mich erlaubt ein tieferes Verständnis für Moleküle und ihre Reaktionen einen Einblick in das, «was die Welt im Innersten zusammenhält» – und was vielleicht noch wichtiger ist, es demonstriert die enge Verbindung zwischen unserer Lebensqualität im Alltag und chemischen Kenntnissen. Der Duft einer Rose, der Geschmack eines Apfels, die Farbe einer Karotte, der Stich einer Biene, das Elend einer Allergie, das Anlaufen von Silber und die Verlockungen der Liebe geben uns ihre Geheimnisse preis, wenn wir das Verhalten von Molekülen verstehen. Sich mit Chemie zu beschäftigen, heißt, die Wirkungen von Medikamenten und Kosmetika, die Prinzipien der Ernährung, die Risiken von Toxinen, die Effizienz von Reinigungsmitteln, die Gefahren von Umweltgiften und die Schrecken einer chemischen Kriegsführung besser verstehen und einschätzen zu können. Mir wurde klar, dass man ohne ein gewisses Verständnis für chemische Zusammenhänge nicht richtig durchs Leben gehen kann, denn im Grunde sind wir alle praktizierende Chemiker. Wir brauen Kaffee, wir kochen, wir streichen an, wir waschen, wir essen, wir haben Sex. Ständig sehen wir uns chemischen Herausforderungen gegenüber. Wir müssen entscheiden, welche Zahnpasta, welches Shampoo, welches Reinigungsmittel wir benutzen und welche Vitaminpillen wir nehmen wollen. Wir sollten uns daher nicht vor Chemikalien fürchten, sondern uns vornehmen, mehr über sie zu erfahren.

Doch schon das macht vielen Leuten Angst. Denken Sie nur an das Wort «Chemie». Was fällt Ihnen dazu ein? Schwierig? Langweilig? Gefährlich? Umweltverschmutzend? Krebs erregend? Explosiv? Stinkend? Als ich diese Frage früher einmal stellte, erhielt ich leider all diese Antworten. Die Assoziationen waren fast immer unschmeichelhaft. Gelegentlich murmelte jemand etwas von «Bunsenbrenner» oder «Periodensystem», doch Adjektive wie «interessant», «spannend» oder «erstaunlich» kommen den meisten Leuten nicht in den Sinn. In einer aktuellen Übersichtsstudie über Studenten einer großen amerikanischen Universität, die kurz vor ihrem ersten Chemiekurs standen, wurde ein Student zitiert, der erwartete, diese Erfahrung werde «von antiseptischer Arroganz» geprägt sein. Ich weiß nicht genau, was er damit meinte, doch ich habe nicht den Eindruck, dass er sich auf eine angenehme Erfahrung freute.

Ich bin davon überzeugt, dass ein bisschen intellektuelles Eintauchen in den riesigen Ozean der Chemie nicht nur nützlich, sondern auch durchaus unterhaltsam sein kann. Dabei habe ich weder versucht, ein chemisches Lehrbuch zu schreiben (davon gibt es bereits viele ausgezeichnete auf dem Markt), noch habe ich versucht, Medikamente, Nahrungszusatzstoffe, Kosmetika oder Reinigungsmittel umfassend abzuhandeln, wenn ich auch hoffe, dass Sie zu all diesen Themen eine Menge nützlicher Informationen finden werden. Vielmehr ging es mir darum, mit Hilfe von unterhaltsamen Einblicken in die Welt der Wissenschaft ein Gerüst für rationales, wissenschaftliches Denken zu errichten.

Für mich hat der Ausdruck «die richtige Chemie» zweierlei Bedeutungen. Die auf der Hand liegende ist, etwas über das Verhalten von Molekülen zu wissen. Doch ich sehe den Ausdruck auch als Metapher für eine gute Mischung an. Zwischen Ehepaaren oder in einem Sportlerteam kann «die Chemie stimmen», und das gilt auch für Konzepte und Ideen. Ich hoffe, dass dieses Buch beide Bedeutungen widerspiegelt. Und ich hoffe überdies, dass Sie, nachdem Sie sich mit mir in einige der folgenden chemischen Eskapaden gestürzt haben, verstehen werden, warum ich so froh bin, dass mich vor so vielen Jahren auf dieser Geburtstagsfeier ein junger Zauberer mit seinem «magischen Pulver» fesselte und ausschickte, nach der «richtigen Chemie» zu suchen.

Prediger, verrückte Wissenschaftler und Grillenschiss

Eine meiner Kolleginnen erzählte mir vor einiger Zeit folgende Geschichte: Sie wartete nach einem Treffen der Kanadischen Chemischen Gesellschaft an einer Bushaltestelle, als sie bemerkte, dass eine Dame neben ihr das Namensschild mit dem Gesellschaftslogo, das sie noch immer trug, misstrauisch beäugte. Schließlich konnte sich ihre Nachbarin nicht länger zurückhalten, und es brach aus ihr heraus: «Ich kann einfach nicht glauben, dass ihr Leute tatsächlich eine chemische Gesellschaft befürwortet.»

Offensichtlich war für diese betroffene Dame «chemisch» gleichbedeutend mit «schlecht». «Chemisch» bedeutete für sie Marihuana oder Kokain oder Heroin. Sie dachte vielleicht sogar an den früheren Präsidenten Ronald Reagan, der auf eine «chemische Gesellschaft» schimpfte. Unsere Zeitungen haben ebenfalls ihren Teil dazu beigetragen, dass Chemikalien in so schlechtem Ruf stehen, denn sie verknüpfen den Begriff häufig mit negativen Adjektiven. Oft trifft man in der Presse auf Ausdrücke wie «gefährliche Chemikalien», «giftige Chemikalien», «Krebs erregende Chemikalien» und «toxische Chemikalien». Offenbar gibt es so etwas wie «nützliche Chemikalien», «sichere Chemikalien» oder «heilsame Chemikalien» gar nicht, zumindest nicht in den Medien. Es ist an der Zeit, die Dinge ein wenig zurechtzurücken. Lassen Sie uns damit beginnen, ein Gespür für diese rätselhaften Chemikalien zu bekommen.

Auf einer Farm in Georgia zirpten die Grillen in ihren Käfigen fröhlich vor sich hin. Sie wussten nicht, dass es ihr Schicksal sein würde, als Köder auf Angelhaken aufgespießt oder zu Tierfutter zermahlen zu werden. Hier und jetzt gab es genügend zu fressen, und das Leben war schön. So fraßen sie und fraßen und erleichterten sich auch entsprechend reichlich. «Wäre es nicht besser, die Exkremente als Dünger zu verkaufen, statt sie auf einer Mülldeponie zu entsorgen?», dachte sich der einfallsreiche Grillenzüchter. Warum denn eigentlich nicht? So wurde der Kot hübsch verpackt und erhielt den sauberen, wissenschaftlich klingenden Namen «cc-84». Das Problem war, dass sich cc-84 nicht verkaufte – es klang einfach nicht nach einem «natürlichen, organischen Dünger». «Ändern wir also den Namen», dachte der erfinderische Züchter. «Die Leute müssen merken, wie natürlich das Produkt tatsächlich ist.» Und seitdem wird der Kot von rund zwei Milliarden Grillen Jahr um Jahr unter dem Namen *Kricket Krap* – was so viel wie «Grillenschiss» bedeutet – via Geschäfts- und Versandhandel an den Mann gebracht.

Robert Tilton war einer der berühmtesten Fernsehpfarrer Amerikas (zumindest, bevor das TV-Programm *Prime Time Life* ihn sich vorknöpfte). Pfarrer Tilton betete für jedermann, der ihm eine schriftliche Aufforderung dazu übersandte und gleichzeitig einen gewissen Geldbetrag für eine seiner Wohltätigkeitseinrichtungen spendete. Das Problem war nur, dass die meisten dieser Einrichtungen gar nicht existierten. Tiltons Herde finanzierte dem Prediger in Wahrheit Luxusheime, ein teures Boot und sogar kosmetische Operationen. Der Gottesmann konnte diese Fakten nicht leugnen, doch er bot eine interessante Entschuldigung: Er habe Tausende von Gebetsanforderungen gelesen, und sein irrationales Verhalten sei zweifellos von den Chemikalien in der Tinte hervorgerufen worden, mit der sie geschrieben waren. Auch kosmetische Operationen waren notwendig geworden, um die Schäden zu beheben, die seine Kapillaren durch diese Chemikalien genommen hatten. Und was das 130 000 Dollar teure Boot anging, so wurde es natürlich benötigt, um Tilton zu helfen, sich nach dem chemischen Stress, dem er ausgesetzt gewesen war, zu entspannen.

Eine Werbe-Informationssendung, die vor einiger Zeit spätabends im Fernsehen lief, war recht amüsant. Es ging darum, ein brasilianisches Haarprodukt namens «Rio» zu verscherbeln, das ausschließlich aus natürlichen Inhaltsstoffen bestand und «Ihre Locken ganz ohne Chemikalien entspannt». Der Moderator geriet geradezu ins Schwärmen, als er beschrieb, wie «Rio Sie befreit; es versklavt Sie nicht. Wenn Sie Chemikalien benutzen, dann begeben Sie sich in Sklaverei.» Die halbstündige Verkaufsshow beschwor uns, «chemikalienfrei» zu leben, und endete mit dem enthusiastischen Statement einer früher krausköpfigen, nun gepflegt frisierten Kundin, die verkündete: «Chemikalien sind ein Todesurteil für Ihr Haar.»

Diese Geschichten stehen in keinem direkten Zusammenhang, enthalten aber ein gemeinsames Element. In jeder kommt indirekt zum Ausdruck, dass Chemikalien gefährliche Dinge sind, die man entweder meiden oder durch «natürliche» bzw. «organische» Substanzen ersetzen sollte. In allen Geschichten wird auch deutlich, dass sich viele Menschen nicht klarmachen, dass Chemikalien die Bausteine der Materie sind und nur das Vakuum «frei von Chemikalien» sein kann. Vielen ist nicht bewusst, dass einige natürliche Substanzen höchst giftig sind oder dass der Begriff «organisch» allgemein in einer Weise verwendet wird, die seiner Bedeutung nicht gerecht wird. Und vor allem ist vielen nicht bewusst, dass chemischer

Erfindungsgeist unsere Lebensverhältnisse innerhalb von weniger als einem Jahrhundert wesentlich zum Besseren gewandelt hat.

Chemikalien sind weder gut noch schlecht. Sie sind lediglich Dinge – die Bausteine der Welt. Es ist an uns, zu entscheiden, wie wir sie gebrauchen. Dieselbe chemische Verbindung, die töten kann, kann auch heilen. Nehmen Sie nur das folgende Beispiel: Im Jahre 1943 bombardierten deutsche Flugzeuge einen Konvoi alliierter Schiffe, die vor der italienischen Stadt Bari ankerten. Eines dieser Schiffe trug eine Ladung mit hundert Tonnen Senfgas, das sich in den Hafen von Bari ergoss. In einem Monat starben dreiundachtzig der Männer, die aus dem Wasser gerettet worden waren. Als man Blutproben der Opfer untersuchte, stellte sich heraus, dass sie weniger weiße Blutkörperchen als normal enthielten. Da weiße Blutkörperchen zu denjenigen Zellen gehören, die sich am raschesten teilen, kam man auf die Idee, dass Senfgas möglicherweise auch Krebszellen abtöten könnte. In der Tat wird es heute noch in einer bestimmten Verbindung zur Behandlung der Lymphogranulomatose, der so genannten Hodgkin-Krankheit, eingesetzt.

Botulinus-Toxin, das bereits in Mikrogramm-Mengen tödlich wirken kann, wird oft als Beispiel für eines der stärksten natürlichen Gifte angeführt, das wir kennen. Es wird aber auch zur Schielbehandlung und zum Glätten von Gesichtsfalten eingesetzt. Ammoniak dient zur Herstellung von Ammoniumnitrat, was sich entweder als Explosivstoff oder als Dünger verwenden lässt. Chlor kann als Giftgas eingesetzt werden, aber auch als Wasser-Desinfektionsmittel, und in dieser Funktion rettet es jedes Jahr Millionen von Menschen vor typhoidem Fieber (Bauchtyphus), Cholera und Diphtherie.

Morphin, ein natürliches Produkt, das man in dem Schlafmohnextrakt Opium findet, hat zahllose Menschen süchtig werden lassen und ihr Leben ruiniert, doch seine schmerzstillende Wirkung hat auch das Leben vieler schmerzgeplagter Menschen erträglich gemacht – dieselbe Chemikalie, in anderer Weise eingesetzt. Heute sind Chemiker sogar in der Lage, synthetische Morphinderivate herzustellen, die schmerzstillende Wirkung haben, während die suchterzeugenden Euphorie induzierenden Eigenschaften beseitigt worden sind. Das «Gute» ist also tatsächlich vom «Bösen» getrennt worden, so wie in Robert Louis Stevensons Geschichte *Der seltsame Fall des Dr. Jekyll und Mr. Hyde*. Dr. Jekyll benutzt eine Chemikalie, um die guten und die schlechten Seiten seiner Persönlichkeit voneinander zu trennen. Man kann die Chemie tatsächlich als eine «Jekyll-und-Hyde»-Wissenschaft bezeichnen, weil sie zum Guten wie zum Bösen benutzt werden kann. Nitroglyzerin, aus dem Bomben gebaut werden, kann auch Tunnel in Felsen sprengen oder Herzleiden lindern helfen. Doch genau wie Mr. Hyde mit einem Mord mehr Schlagzeilen machte als Dr. Jekyll in seiner ganzen Karriere als Lebensretter der Kinder, wird der negativen Seite von Chemikalien weit mehr Aufmerksamkeit gewidmet als der positiven.

Chemie wird von vielen Menschen mit den Tragödien von Minamata und Bhopal in Verbindung gebracht, mit saurem Regen, PCBs, Dioxin und giftigen Abfallprodukten. Kaum einer denkt an Aspirin oder Penizillin, an Insulin oder Nylon, Glühbirnen oder Fernsehen oder sogar an Unterwäsche – alles Produkte, die wir dem Einfallsreichtum von Chemikern verdanken.

Daran trägt natürlich zu einem nicht geringen Teil auch die chemische Industrie Schuld, denn viele Ereignisse im Zusammenhang mit Chemie, die weltweit negative Schlagzeilen machten, gehen auf profitmotivierte, sträfliche Nachlässigkeit zurück. Doch der wahre Schuldige ist ein Mangel an grundlegender wissenschaftlicher Bildung und Erziehung. In der Grundschule erfahren Kinder nicht genug über Chemie. Kein Wunder, dass Chemie für sie durch den klassischen «verrückten Wissenschaftler» verkörpert wird, den man in so vielen Witzen und Cartoons findet. Chemie ist demnach für sie mit blubbernden Flüssigkeiten, wabernden Dämpfen und – natürlich – Explosionen gleichzusetzen.

Wem verdanken wir die stereotype Figur des verrückten Wissenschaftlers? Dieses tief verwurzelte Bild ist möglicherweise völlig unabsichtlich von Mary Shelley geprägt worden. Ihr geschickt aufgebauter Roman *Frankenstein* erforscht die Folgen blindwütiger Wissenschaft und vermittelt uns die Botschaft, dass ein Herumdoktern an der Natur zu unvorhergesehenen Konsequenzen führen kann. Doch es steckt eine Geschichte hinter der Geschichte.

«In einer düsteren Novembernacht stand ich vor dem Abschluss meines Werks. Mit einer Verzagtheit, die an Todesangst grenzte, baute ich die lebensspendenden Instrumente um mich herum auf, die dem leblosen Ding zu meinen Füßen den Lebensfunken eingeben sollten.» Mit diesen Worten beginnt Victor Frankenstein seinen Bericht über das Abenteuer, das Generationen von Lesern in Angst und Schrecken versetzen sollte. Zwar wird Mary Shelleys Roman aus dem Jahre 1818 gewöhnlich als Horrorgeschichte angesehen, doch sie ist eigentlich eine wohl durchdachte Phantasieerzählung über die Folgen einer Wissenschaft, die vom Weg abgekommen ist.

Was brachte ein achtzehnjähriges Mädchen dazu, eine derart düstere, unheimliche Geschichte über die Erschaffung von

Leben zu schreiben? Erdichtetes geht häufig auf Erfahrungen im wirklichen Leben zurück, daher ist es interessant, sich zu überlegen, welche aktuellen Ereignisse zum *Frankenstein*-Konzept geführt haben könnten.

Lassen Sie uns zunächst ein paar Dinge klarstellen. Mary Shelleys Frankenstein ist der Schöpfer, nicht das Monster. Und er ist weder Arzt noch ein «verrückter Wissenschaftler». Victor Frankenstein ist ein Student, der von frühester Jugend an davon besessen ist, die Geheimnisse von Himmel und Erde zu ergründen. Er verschlingt die Werke der großen Alchemisten wie Albertus Magnus und Paracelsus, die das Geheimnis ewiger Jugend lösen wollten. Als er beobachtet, wie ein Baum von einen Blitz gespalten wird, beginnt er, sich für das Phänomen der elektrischen Energie zu interessieren, die ihn bald in ihren Bann zieht.

Der Tod seiner Mutter veranlasst Victor dazu, noch intensiver nach dem Geheimnis des Lebens zu forschen. Schließlich, nach zahllosen misslungenen Experimenten, gelingt es ihm, der berühmten Kreatur, die er aus Leichenteilen zusammengesetzt hat, Leben einzuflößen. Mary Shelley beschreibt diese Schöpfung nicht im Detail, nirgendwo werden vor sich hin brodelnde Kolben oder elektrische Generatoren erwähnt. All dies wurde von den Filmemachern hinzugefügt. Und ganz anders als Boris Karloffs Inkarnation lernt Frankensteins Geschöpf, zu denken und sich intelligent zu unterhalten. Erst als die Gesellschaft ihn wegen seines Äußeren wie Abschaum behandelt, wird er gewalttätig. Victor Frankenstein hat, ohne es zu wollen, eine Geißel auf die Menschheit losgelassen.

War Mary Shelley selbst besorgt darüber, welche Monster eine ungezügelte Wissenschaft in die Welt setzen könne? Vielleicht. Sie hatte eine öffentliche Vorführung über «Galvanismus» besucht und war beeindruckt. Luigi Galvani hatte entdeckt, dass er das abgetrennte Bein eines Frosches zum Zucken bringen konnte, wenn er es mit einem Metallinstrument berührte. Er interpretierte dieses Phänomen fälschlicherweise als «tierische Elektrizität». In Wahrheit hatte er mit seiner Bimetallpinzette, deren zwei Spitzen aus unterschiedlichen Metallen als Enden dienten, und der elektrolythaltigen und damit Strom leitenden Körperflüssigkeit des Frosches zufällig eine Batterie aufgebaut. Diese Vorführung machte großen Eindruck auf Mary Shelley, und sie träumte sogar davon, mitzuerleben, wie ein tot geborenes Baby mit Hilfe von Elektrizität ins Leben zurückgerufen würde.

Mary heiratete Percy Bysshe Shelley, der ihretwegen Frau und Kind verlassen hatte. Aufgrund des dadurch ausgelösten Skandals verließen die beiden England und unternahmen eine Bootsfahrt den Rhein hinunter. Unterwegs hielten sie bei einer Burg an, die dank der Forschungen eines früheren Bewohners, Johan Conrad Dipple, zu einer Touristenattraktion geworden war.

Dipple war ein Alchemist aus dem 17. Jahrhundert, der rastlos nach Wissen strebte (erinnert das nicht an Victor Frankenstein?). Gerüchten zufolge soll er seinerzeit sogar Gräber aufgebrochen und Leichen entwendet haben, um mit ihnen makabre Experimente anzustellen; er wollte unbedingt wissen, wie der menschliche Körper funktioniert. Er erfand auch ein Mittel, «Dipples Öl», das angeblich lebensverlängernd wirkte, und vielleicht starb er an seinem eigenen Gebräu: Man fand ihn zuckend und mit Schaum vor dem Mund. Der Name dieser Burg? Burg Frankenstein.

Die Shelleys besuchten auch noch eine weitere Attraktion für Rheintouristen – ein Museum, in dem «Automaten» ausgestellt waren, einfallsreich konstruierte, von Uhrwerken betriebene Mechanismen, die, meisterlich gebaut, Bewegungen und Verrichtungen lebender Wesen nachahmten («künstliche Menschen»). Obwohl man diesen kunstvollen feinmechanischen Gebilden keineswegs gerecht wird, wenn man sie als raffiniertes Aufzieh-Spielzeug bezeichnet, so sind sie doch im Grunde nichts anderes. Einige haben bis in unsere Tage überlebt und verblüffen die Menschen mit der Nachahmung menschlicher Tätigkeiten.

Der Boden war also vorbereitet. Mary war vom Galvanismus beeindruckt. Sie hatte Burg Frankenstein besucht und von Dipples Bemühungen erfahren, Leben zu schaffen. Die Automaten, die sie gesehen hatte, sahen lebendig aus. Es wundert daher nicht, dass sie, ihr Mann und zwei Freunde, vom unwirtlichen Schweizer Wetter genötigt, im Haus zu bleiben, darauf verfielen, Horrorgeschichten zu schreiben. Mary schrieb ihre klassische Frankensteingeschichte. Damit lehrte sie uns etwas Wichtiges: Wir müssen gründlich über die Konsequenzen der Wissenschaft nachdenken, ob wir nun Körperteile zusammenfügen oder Moleküle.

Doch sie bereitete auch unabsichtlich den Boden für den Typus des verrückten Wissenschaftlers vor, der uns in Büchern, im Fernsehen und im Kino immer wieder begegnet. Victor Frankenstein war kein verrückter, vertrottelter Wissenschaftler, sondern er wurde erst von den zahllosen Filmregisseuren, die seine Geschichte auf die Leinwand brachten, dazu gemacht. Seitdem spukt das Bild des wahnsinnigen, um sich selbst kreisenden Bastlers, der inmitten von Funken sprühenden Drähten und blubbernden Kolben seine skrupellosen Experimente ausführt, in den Köpfen herum.

Jerry Lewis hat der Sache der Wissenschaft mit seinem Porträt des «vertrottelten Professors» auch nicht gerade weitergeholfen. Dieser Typ ist zwar nicht bösartig, doch er zementierte zweifellos das stereotype Image vom dümmlichen, ungeschickten Chemieprofessor. Dann war da noch Fred MacMurray, der «geistesabwesende Professor», der den faszinierenden, ständig hüpfenden Flummy erfindet, sich jedoch leider nicht erinnern kann, wie er zu diesem Ergebnis gekommen ist. Christopher Lloyds Charakter in *Zurück in die Zukunft* verfestigte das Bild vom Wissenschaftler als vertrotteltem, fehlgeleitetem sozialem Außenseiter.

Dieses Bild hat sich in unserer Vorstellungskraft derart festgesetzt, dass Film- und Fernsehregisseure meinen, es bedienen zu müssen, wann immer ein Wissenschaftler benötigt wird. Selbst die gegenwärtige explosionsartige Vermehrung von Wissenschaftsprogrammen für Kinder ändert nichts daran. Die herrschende Philosophie ist anscheinend, dass Wissenschaft nicht auf eigenen Füßen stehen kann – sie muss versüßt, verspaßt und vertont werden. Wundert es einen dann, dass Kinder Wissenschaftler im Allgemeinen für Exzentriker halten? Sollten wir überrascht sein vom Ergebnis einer australischen Studie, wonach Dreizehn- und Vierzehnjährige Wissenschaftler für «Trottel und Verlierertypen» halten, «die ihr Leben unerreichbaren Zielen widmen und von der Gesellschaft nicht akzeptiert werden, weil sie nicht akzeptiert werden wollen»?

Die Wahrheit ist, dass Wissenschaft an sich aufregend genug ist. Phantasie, Charme und Witz können sicherlich jede Vorführung beleben, doch Kinder müssen nicht durch Professoren mit zerzaustem Haar oder fliegenbewehrte Trottel dazu verführt werden, Wissenschaft zu mögen. Die wunderbaren Farben eines Regenbogens, ein Blitzschlag, eine Rakete, die zum Himmel steigt, ein Embryo, der sich zu einem Baby entwickelt, ein neues Krebsmedikament, ein biologisch abbaubarer Plastikwerkstoff – all dies sind wissenschaftliche Wunder, die dazu angetan sind, die Phantasie anzuregen. Man braucht keine sprechenden Riesenratten oder schusselige Moderatoren in weißen Kitteln mit stiftgefüllten Brusttaschen, um Begeisterung zu erzeugen.

Klare Worte über Chemikalien und ihre Rolle in unserem alltäglichen Leben können das Interesse von Studenten wecken und die Sorgen vieler Erwachsener in die richtige Perspektive rücken. Lassen Sie uns daher einen Versuch starten. Danach werden Sie die Fernsehwerbung über das Abführmittel, «das natürlich wirkt, nicht chemisch», mit anderen Augen sehen als zuvor. Sie werden vielleicht sogar feststellen, dass Sie mit Meryl Streep diskutieren wollen, die als Sprecherin einer Umweltschutzorganisation behauptete: «Meine Großeltern brauchten keine Chemikalien, um Nahrungsmittel zu ziehen.» Entweder stammt Meryl Streep aus einer Familie von Zauberern, oder aber ihr ist nicht klar, dass alle Dünger Chemikalien sind, ob es sich dabei nun um die Produkte moderner Laborsynthese oder um den guten alten Grillenschiss handelt.

Wider den chemischen Analphabetismus

In dem Aufzug, den ich nach meinem Rundfunkvortrag betrat, befanden sich bereits zwei junge Männer. «Sind Sie nicht wer?», platzte der eine heraus, nachdem er mich eingehend gemustert hatte. Während ich mir noch eine Antwort auf diese tiefgründige philosophische Frage überlegte, ließ sein Kumpan die Katze aus dem Sack. «Ja, er ist der Typ, der im Radio über Chemie redet.» Das war genau die Munition, die der Philosoph brauchte. «O nein, wir sitzen im Aufzug mit einem Wissenschaftler fest!», witzelte er, bevor er freimütig erzählte, er habe in der Schule eine Fünf in Chemie gehabt, «und das auch nur mit Mogeln».

Ich habe solche Sprüche schon oft gehört. Im Anschluss an viele öffentliche Vorträge sind Leute zu mir gekommen, die anscheinend das Bedürfnis verspüren, ihr Herz zu erleichtern, und mir mit einer Art perversem Stolz erzählen, dass sie auf der Schule im Chemieunterricht geschlafen haben oder Chemie das einzige Fach gewesen sei, in dem sie jemals durchgefallen sind. Solche Kommentare schmerzen jeden, der Naturwissenschaften unterrichtet. Aber, was noch schlimmer ist, sie sprechen indirekt dafür, dass schlechte und einfallslose Lehrer für das erschreckende Maß an Ignoranz mitverantwortlich sein könnten, das in unserer Gesellschaft herrscht.

Naturwissenschaftlicher Analphabetismus ist kein Spaß. Natürlich amüsieren wir uns über dumme Examensantworten, in denen behauptet wird, Benjamin Franklin habe die Elektrizität dadurch entdeckt, dass er zwei Katzen aneinander rieb, oder Kohlenmonoxid lasse sich daran erkennen, dass es «geruchlos riecht». Doch Unvertrautheit mit grundlegenden naturwissenschaftlichen Prinzipien kann zu unbegründeten Ängsten führen und Scharlatanen Tür und Tor öffnen.

Neulich hörte ich von einem Mann, der befürchtete, er würde «mit Radioaktivität gefüllt», wenn er unter einer elektrischen Heizdecke schliefe, von Leuten, die in ein costa-ricanisches Unternehmen investiert hatten, das ein Verfahren entwickelt hatte, um vulkanischen Sand in Gold zu verwandeln, und von einer Frau, die sich sorgte, ob das Siliziumdioxid in ihrem Süßstoff Brustkrebs verursachen könne.

Die beiden ersten Storys bedürfen hoffentlich keines Kommentars, doch der Siliziumdioxid-Fall ist interessanter. Siliziumdioxid ist nichts anderes als Sand. Offenbar hatte die besorgte Dame den Begriff *silicon* (englisch für Silizium) mit *silicone* (Silikon) verwechselt, einer Art synthetischem Gummi, aus dem man früher Brustimplantate herstellte. Diese Silikonimplantate haben zwar einige Probleme hervorgerufen, doch Brustkrebs haben sie nicht verursacht. Hier hatte eine Reihe von falschen Annahmen zu einer sehr realen, aber unbegründeten Angst geführt.

Warum ist in Süßstoffspendern überhaupt Siliziumoxid? Diese Süßstoffe sind so wirksam, dass wir nur ganz kleine Mengen davon brauchen. Sie werden mit Streckungsmitteln wie Sand oder Ähnlichem aufgefüllt, um den Spender zu füllen und leichter handhabbar zu machen. Etwas Sand in unserer Nahrung ist sicherlich kein Problem, doch für den Uninformierten stellt dies eine weitere Belastung des Körpers dar, eine weitere Chemikalie, die uns aufgeschwatzt wird.

O ja, diese berüchtigten Chemikalien! Gibt es irgendeinen Begriff, der häufiger missverstanden wird? Lassen Sie mich Ihnen einige weitere Beispiele nennen. Jeff Smith, der Autor von *The Frugal Gourmet* und mehrerer Bestseller-Kochbücher, behauptet, dass «die Menschen keine Zeit mit Kochen verlieren wollen und daher in Fastfood-Restaurants gehen, ohne dabei zu bedenken, dass sie fünf Jahre ihres Lebens verlieren, weil sie Lebensmittel voller Chemikalien zu sich nehmen». Eine Mahlzeit ohne Chemikalien wäre keine gute Idee, es sei denn, Sie ernähren sich gern von nichts. Neulich beschrieb eine Aromatherapeutin in einer Fernsehtalkshow ihre Suche nach einer Kosmetikserie, die «relativ frei von Chemikalien» sei. Sie riecht Profit, ich rieche Unsinn.

Chemische Absurditäten haben sich sogar bis zum Gerichtssaal Gehör verschafft. Der Ankläger in einem Prozess, in dem es um die gewalttätigen Auseinandersetzungen zweier kalifornischer Gangs ging, beschrieb «eine Situation, ähnlich der, wenn Nitrogen auf Glyzerin trifft; es war sicher, dass es zu einer Explosion der Gewalt kommen würde». Er erinnerte sich wahrscheinlich vage daran, dass Nitroglyzerin hochexplosiv ist, doch dieser Sprengstoff wird nicht durch Zusammengeben von Nitrogen (lateinisch für Stickstoff) und Glyzerin hergestellt. Und das ist auch gut so, denn Glyzerin und Stickstoff treffen ständig zusammen: Unsere Luft enthält nämlich rund achtzig Prozent Stickstoff.

Als schlimmer erwies sich chemische Unkenntnis in folgendem Fall, der sich vor nicht allzu langer Zeit in der amerikanischen Kleinstadt Texarkana ereignete. Dort mussten wegen eines chemischen Notfalls Säuberungsmannschaften in Dekontaminationsanzügen anrücken; diesmal war jedoch nicht ein unvorsichtiges Chemieunternehmen schuld, sondern chemische Ignoranz. Ein paar Teenager fanden in einer stillgelegten Neonlichter-Fabrik einen Zwanzig-Kilogramm-Kanister mit reinem Quecksilber und hatten viel Spaß damit. Sie spielten mit dem schimmernden flüssigen Metall herum, gaben etwas davon an Freunde weiter und verschütteten einen Teil zu Hause und in der Schule auf dem Boden. Das Ergebnis war, dass acht Häuser komplett ausgeräumt und saniert werden mussten und sechs Schüler im Krankenhaus landeten, wo sie viel Zeit hatten, über die Gefahren von Quecksilber nachzudenken – Gefahren, von denen sie im Chemieunterricht eigentlich hätten hören sollen.

Die Quecksilber-Episode ist ziemlich bedrückend, wenn man sich überlegt, was sie über die naturwissenschaftliche Bildung breiter Bevölkerungskreise aussagt. Doch noch erschreckender ist die Geschichte des jungen Nathan Zohner, der den Großen Wissenschaftspreis von Idaho für Schüler gewann: Ihm war es gelungen, dreiundvierzig von fünfzig Passanten davon zu überzeugen, ein Gesuch zu unterschreiben, das ein Verbot von Dihydrogenmonoxid forderte, weil diese Verbindung beim Einatmen tödlich wirken kann, eine Hauptkomponente des sauren Regens ist und in den Tumoren von Krebspatienten im Endstadium gefunden wird. Was verbirgt sich hinter dieser schrecklichen Chemikalie? Selbstverständlich Wasser (H_2O).

Sie haben inzwischen bestimmt erkannt, dass dieses Buch ein Plädoyer für eine umfassendere und bessere naturwissenschaftliche Bildung auf allen Ebenen sein wird. Wir stecken in Schwierigkeiten, wenn Jugendliche in Umfragen angeben, dass sie Wissenschaftler als «Trottel und Verlierer» ansehen. Wir stecken in Schwierigkeiten, wenn Leser in Zeitschriften den Rat erhalten, viel Wasser zu trinken, weil «Wasser zu einem Drittel aus Sauerstoff besteht, und das hält Sie gesund und munter». Wir stecken in Schwierigkeiten, wenn man die High School hinter sich bringen kann, ohne jemals einen vollständigen Kurs in Chemie, Physik oder Biologie belegt zu haben.

Doch es gibt auch positive Anzeichen. An vielen Schulen finden sich naturwissenschaftlich Interessierte zu Projekten in der Art von «Jugend forscht» zusammen. Einige Colleges und Universitäten bieten Programme an, die statt esoterischer Theorien die angewandte Wissenschaft im Alltag in den Vordergrund stellen. Die vielleicht ermutigendste Tatsache ist, dass wir Lehrenden mit wunderbarem Rohmaterial gesegnet sind: Viele unserer Studenten erweisen sich als kreativ, als scharfsinnig und als gute Beobachter, wenn man sie anleitet, Naturwissenschaft als eine faszinierende, breit anwendbare Unternehmung zu sehen, statt als Ansammlung unwichtiger und langweiliger Konzepte und Formeln. Es liegt so viel Einfallsreichtum brach, den wir pflegen können. Kürzlich traf ich bei einem Wissenschaftswettbewerb einen Schüler, der sich ausgedacht hatte, Toilettensitze mit einer Leuchtsubstanz anzustreichen, damit sie im Dunkeln leicht zu finden seien. Ich glaube nicht, dass dieser Schüler ein Gesuch um das Verbot von Dihydrogenmonoxid unterschreiben würde.

Faszinierende Chemikalien

Das Los von Lots Frau

Wenn der Bus, vom Toten Meer kommend, die Negev-Wüste erreicht, weist der Reiseführer auf eine Steinsäule hin. «Das ist Lots Frau», erklärt er in ernstem Tonfall. Alle Ohren sind gespitzt, wenn er kurz die bekannte Bibelstelle vom rechtschaffenen Lot und seiner Frau erzählt, die vom Allmächtigen vor der bevorstehenden Vernichtung von Sodom und Gomorra gewarnt werden. «Der Herr erlaubte ihnen, die Stadt ungefährdet zu verlassen, vorausgesetzt sie blicken nicht zu dem Feuersturm zurück, der die sündigen Städte verschlingen würde. Doch die Neugier übermannte Lots Frau – sie riskierte einen Blick zurück und erstarrte daraufhin zur Salzsäule. Und da steht sie nun seit Tausenden von Jahren.»

Rundum wird gekichert, und einige weniger feinfühlige Männer stoßen ihre Frau in die Rippen, als wollten sie die Gefahren allzu großer Neugier unterstreichen. Schließlich wird die Salzsäulengeschichte jedoch als dummes Zeug abgetan. Aber ist das wirklich alles? Ein Chemieprofessor der Northwestern-Universität in Chicago sieht dies anders.

In einem Artikel, der in dem renommierten *Journal of the Royal Society of Medicine* erschien, behauptete Dr. I. M. Klotz, es gebe eine wissenschaftliche Erklärung für die biblische Geschichte über Lots Frau. In seinem Aufsatz, der vor Gleichungen, Formeln und Fachjargon strotzte, erklärte Klotz, wie sich Lots Frau in eine Säule aus Kalzit, eine Form des häufigen Minerals Kalziumkarbonat, hätte verwandeln können.

Jeder weiß, dass unsere Knochen Kalzium enthalten, doch nur wenigen ist bewusst, dass dieses Mineral auch in unserem Blut und unserem übrigen Gewebe vorkommt. Ohne Kalzium würden weder unser Nervensystem noch unser Herz funktionieren. Wohl bekannt ist auch, dass beim Verbrennen organischer Materie Kohlendioxid entsteht. Ohne Zweifel wurde bei dem Inferno, das über Sodom und Gomorra hereinbrach, in großen Mengen Kohlendioxid freigesetzt.

Als sich Lots Frau umdrehte, muss sie wohl einen Schwall dieses Gases eingeatmet haben, und das löste eine Sofortreaktion in ihrem Gewebe aus, wobei sich das Kalzium mit dem Kohlendioxid zu unlöslichem Kalziumkarbonat verband. Professor Klotz zufolge verwandelte sie sich buchstäblich in Stein und starb an «Rigor calcium carbonatus».

Eine interessante These. Die Herausgeber der Zeitschrift waren offenbar dieser Meinung, denn schließlich hielten sie den Artikel für publikationswürdig. Leider gibt es bei dieser faszinierenden chemischen Saga ein Problem: Die Geschichte ist völliger Unsinn. Wenn man auch nur einen Augenblick nachdenkt, wird sofort deutlich, dass ein paar Gramm Kalzium, wie man sie im menschlichen Gewebe findet, einen Körper niemals in Stein verwandeln könnten, selbst wenn die Reaktion mit Kohlendioxid möglich wäre. Konnte ein Chemieprofessor einen derart fundamentalen Fehler gemacht haben? Natürlich nicht. Dr. Klotz hatte nicht etwas Wichtiges übersehen, sondern auf etwas Wichtiges hingewiesen.

Er wollte aufzeigen, wie einfach es ist, in einem wissenschaftlichen Blatt Unsinn zu veröffentlichen. Meistens überprüfen Ärzte kritisch die Artikel, die dem *Journal of the Royal*

Society of Medicine zur Veröffentlichung eingereicht werden. Höchstwahrscheinlich hatten sie das, was sie in ihrer chemischen Grundausbildung gelernt hatten, längst vergessen und angenommen, Dr. Klotz' komplizierte chemische Abhandlung mache Sinn. Klotz hat die Leserbriefe, die sich auf Nuancen seiner Theorie konzentrierten, bestimmt mit Vergnügen gelesen.

Was kann man aus diesem wissenschaftlichen Schabernack schließen? Dass eine gewisse Portion Skepsis sehr gesund ist, wenn es um Information geht. Unsinnige Argumente können äußerst logisch und überzeugend klingen, wenn es an solidem wissenschaftlichem Hintergrundwissen fehlt. Wenn wir das nächste Mal etwas über die Entführung durch Außerirdische, mental kontrolliertes Löffelverbiegen oder das neueste Nahrungszusatzmittel lesen, das alle menschlichen Gebrechen heilt, dann sollten wir uns vielleicht an das nicht ganz so ernst zu nehmende chemische Los von Lots Frau erinnern.

Das Boyle'sche Gesetz und ein hochfliegender Ernie

Als ich letztens von Toronto nach Hause flog, hatte ich ein amüsantes kleines Erlebnis mit einem zukünftigen Naturwissenschaftler. Neben mir saß ein kleiner Junge, der mit mehreren Tüten voller Erdnüsse spielte, die Bestechung, die er der Stewardess für sein Versprechen abgeluchst hatte, sich während des Flugs ruhig zu verhalten.

Der Junge spielte den ganzen Flug hindurch fröhlich mit den verschlossenen Tüten, doch als wir landeten, nahm sein Gesicht einen verblüfften Ausdruck an. Die Tüten waren deutlich kleiner geworden, was den Kleinen veranlasste, seine Mutter zu fragen, wohin die Erdnüsse verschwunden seien. Sie wusste es nicht und meinte zu ihrem Sohn, er solle nicht so viele dumme Fragen stellen. Offenbar war der Dame das Boyle'sche Gesetz nicht bekannt.

Robert Boyle wurde 1627 in Irland geboren und studierte später in Eton. Eines Abends, als er im Freien ein Gewitter mit spektakulären Blitzen beobachtete, fragte er sich, warum er nicht vom Blitz getroffen worden war. In ziemlich unwissenschaftlicher Art und Weise kam er zu dem Schluss, dass Gott ihn für eine besondere Aufgabe erwählt haben müsse. Von diesem Augenblick an widmete sich Boyle der Aufgabe, Gottes Größe zu demonstrieren, indem er die Geheimnisse der Natur enträtselte.

Boyle interessierte sich besonders für ein Experiment, das Otto von Guericke in Deutschland durchgeführt hatte. Um die Mitte des 17. Jahrhunderts hatte von Guericke eine mit Wasser gefüllte, halbkugelförmige Schale erhitzt, bis das Wasser kochte. Anschließend setzte er eine zweite derartige Kugelschale so auf die erste, dass nur noch ein schmaler Spalt blieb, durch den der Dampf entweichen konnte. Nachdem die Wärmequelle entfernt worden war, entdeckte von Guericke, dass die beiden Halbkugeln so fest aufeinander hafteten, dass zwei Pferdegespanne sie nicht auseinander ziehen konnten. Der Dampf hatte die Luft hinausgetrieben, und als der Wasserdampf im Inneren wieder zu flüssigem Wasser wurde, entstand ein starker Unterdruck. Die beiden Halbkugeln wurden nun durch den Luftdruck, der von außen auf ihnen lastete, zusammengehalten.

All das klingt vielleicht ein wenig kompliziert, doch Tatsache ist, dass die meisten von uns schon einmal eine Abwandlung dieses klassischen Experiments in ihrer Küche durchgeführt haben. Wenn Sie den Deckel von einem kochenden Topf entfernen und ihn auf die Ablage legen wollen, stellen Sie wahrscheinlich fest, dass er wie festgeleimt an seiner Unterlage haftet. Der unter dem Deckel gefangene Wasserdampf kondensiert und schafft einen Unterdruck. Verständlicherweise war Boyle von diesem Effekt fasziniert und machte sich daran, die Beziehungen zwischen Luft und Druck genauer zu untersuchen.

Boyles klassisches Experiment ist von beeindruckender Einfachheit. Er nahm ein J-förmig gebogenes Rohr, das am kurzen Ende versiegelt war, und fing die Luft im Inneren des Röhrchens ein, indem er es mit Quecksilber füllte. Er fand heraus, dass das Volumen der eingefangenen Luft mit der Menge an Quecksilber variierte, die er benutzte, und er formulierte das Gesetz, das nun auf der ganzen Welt von jedem Schüler in der Oberstufe gelernt wird: Das Volumen eines Gases ist dem Druck, der auf dieses Gas ausgeübt wird, direkt proportional.

Das ist genau das, was mein kleiner Mitpassagier erlebt hatte. Als das Flugzeug an Höhe gewann und der Druck in der Kabine abnahm, dehnte sich die in der Erdnusstüte enthaltene Luft aus, und das Volumen der Tüte nahm zu. Beim Landen konnte er den ungekehrten Effekt beobachten.

Ich fühlte mich nicht berufen, den Jungen und seine Mutter über die Feinheiten des Boyle'schen Gesetzes aufzuklären, doch das war anders, als ich meine Tochter zu einer Liveshow der *Sesamstraße* mitnahm. Selbstverständlich kauft man auf einem solchen Ausflug auch ein Souvenir – in diesem Fall einen mit Helium gefüllten Mylar-Ballon mit Ernies Konterfei. Und selbstverständlich schaffte es der Ballon nicht bis zurück zum Auto. Seine Flucht gen Himmel führte natürlich zu Tränen, aber auch zu der Frage, was nun mit Ernie passieren würde. Und diese Frage war gar nicht so leicht zu beantworten.

Wenn der Ballon aus Gummi gewesen wäre, hätte er sich beim Aufsteigen aufgrund des sinkenden Außendrucks ausgedehnt. Doch mit zunehmender Höhe nimmt die Temperatur ab, und Gase ziehen sich bei niedrigeren Temperaturen zusammen; dieser Effekt sollte den Ballon zum Schrumpfen bringen. Wir hatten es daher mit zwei Faktoren zu tun, die gegeneinander arbeiteten. Berechnungen zeigen jedoch, dass die Ausdehnung aufgrund des sinkenden Außendrucks die Oberhand gewinnt, und wenn der Ballon immer höher steigt, sollte er schließlich platzen.

Das war aber wahrscheinlich nicht das Schicksal, das den Ernie-Ballon erwartete. Mylar besteht aus Polyester, überzogen mit einer dünnen Schicht Aluminium. Es wurde ursprünglich als Hitze reflektierendes Material für die Raumfahrt entwickelt. Mylar ist nicht elastisch, dafür aber sehr stark – daher könnte Ernie in große Höhen emporsteigen, ohne zu zerplatzen.

Höchstwahrscheinlich würde das Helium irgendwann durch die Plastikmembran nach außen diffundieren und der kollabierte Ballon zurück auf die Erde fallen. Dieser Gedanke, obwohl tröstlich, konnte jedoch nicht darüber hinwegtäuschen, dass ein Ersatz für Ernie nötig war. Ernie Nr. 2 existiert noch immer und wird heiß geliebt, auch wenn er inzwischen in einem recht anämischen Zustand ist, weil er durch Diffusion langsam, aber sicher an Helium verliert.

Das Boyle'sche Gesetz hat auch einige ungewöhnliche Folgen. Das *New England Journal of Medicine* berichtet von einer Touristin, die in die Notaufnahme eines Krankenhauses in Frisco, Colorado, kam und sich über ein «Rauschen» in ihrer Brust beklagte. Mit Hilfe von Röntgenaufnahmen gelang es rasch, die Ursache des Problems aufzuspüren. Die Patientin trug offenbar ein kochsalzhaltiges Brustimplantat, was im Grunde nichts anderes ist als ein mit Salzwasser gefüllter Plastikbeutel. Derartige Implantate sind jedoch nicht vollständig mit Wasser gefüllt und weisen daher Lufttaschen auf. Die Dame war vom Meeresniveau in das hochgelegene Colorado gekommen, und – wie es das Boyle'sche Gesetz beschreibt – die Lufttaschen hatten sich aufgrund des geringeren Außendrucks ausgedehnt. Das Wasser im Inneren hatte nun Platz, um das Rauschen zu verursachen.

Diese Geschichte ist wahr, was man von der überall kursierenden Geschichte über die Stewardess, die einen aufblasbaren Büstenhalter erwarb und nach dem Abheben eine Explosion erlebte, nicht behaupten kann. Auch wenn es solche Dinger gibt, reicht die kleine Volumenveränderung aufgrund des verringerten Kabinendrucks nicht aus, um einen derart spektakulären Effekt zu erzielen. Die Geschichte ist eine aufgeblasene moderne Sage, aus der man die Luft lassen sollte.

«Der Schwarze Berthold»

Die Inschrift auf dem Denkmal, das den Marktplatz in Freiburg beherrscht, lautet einfach: «Berthold Schwarz». Berthold, der legendäre Vater des Schießpulvers, ist einer meiner Lieblingswissenschaftler. Constantin Anklintzen nahm den Namen Berthold an, als er irgendwann im 13. Jahrhundert dem Franziskanerorden beitrat. Wegen seines Interesses an schwarzer Magie nannten ihn seine Freunde den «Schwarzen Berthold». Eigentlich war er weniger an schwarzer Magie als an «Schwarzpulver» interessiert, auch wenn die Eigenschaften von Schwarzpulver damals den Menschen zweifellos sehr magisch vorgekommen sein müssen.

Schwarzpulver war die erste Form von Schießpulver und wurde, so sagt wenigstens die Legende, von Schwarz in Europa eingeführt. Auch wenn es sich nicht beweisen lässt – alle Unterlagen der Franziskaner in Freiburg sind schon vor langer Zeit zerstört worden –, behaupten einige Historiker, der Grund dafür, dass wir keine Unterlagen über Bertholds Existenz finden können, sei, dass sein Name aus allen Berichten getilgt wurde, weil es hieß, er habe das Schießpulver mit dem Segen Satans erfunden.

Ob Berthold Schwarz jemals gelebt hat oder nicht, wird wohl ein Geheimnis bleiben, doch eines ist sicher: Er hat das Schießpulver nicht erfunden. Schon lange vor dem 13. Jahrhundert zirkulierten verschiedene Rezepturen, die auf Salpeter, Schwefel und Holzkohle basierten. Der Ruhm für diese Entdeckung gebührt zweifellos chinesischen Alchemisten, die dreihundert Jahre zuvor ein Manuskript veröffentlichten, in dem die Entflammbarkeit dieser Mischung beschrieben ist. Wahrscheinlich machten sie ihre Entdeckung bei ihrer Suche nach Elixieren, die Unsterblichkeit versprachen. Taoistische Philosophen waren überzeugt, Unsterblichkeit lasse sich erreichen, wenn es gelänge, die einander entgegengesetzten Kräfte Yin und Yang im Körper in perfekte Harmonie zu bringen. Salpeter war angeblich reich an Yin, Schwefel und Holzkohle sollten Yang-Eigenschaften enthalten. Wahr ist, dass Salpeter (Kaliumnitrat) reich an Sauerstoff ist, was dem Schwefel und der Holzkohle erlaubt, zu brennen.

Zunächst wurde diese faszinierende Mischung in China bei religiösen Zeremonien benutzt. Man nahm an, dass böse Geister von dem Rauch und dem Feuer, das dieses Pulver produzierte, abgeschreckt würden. Was sie wahrscheinlich noch weniger mochten, war der Knall, der zu hören war, wenn Gläubige das Pulver fest in Papier einwickelten und anzündeten. Diese frühen Kracher waren die ersten Explosivkörper der Welt. Die heißen Gase, die bei diesem Verbrennungsprozess entstanden, hatten keinen Platz, wohin sie hätten ausweichen können, und konnten nur dadurch entkommen, dass sie das umhüllende Papier zerfetzten, was zu einem lauten Knall führte. Das Einwickelpapier war in der Regel rot, weil Rot als die Farbe galt, die von bösen Geistern am meisten gefürchtet wurde.

Es sollte nicht lange dauern, bis der menschliche Einfallsreichtum für Schwarzpulver einen «nützlicheren» Verwendungszweck fand. Bereits 1044 versiegelten chinesische Krieger hohle Bambusstäbe an einem Ende, füllten sie mit der Mischung und zündeten sie an. Das brennende Pulver produzierte heiße Gase, die aus dem offenen Ende entwichen und die Bambusstäbe in die entgegengesetzte Richtung trieben. Diese primitiven Raketen müssen den Feind in Erstaunen versetzt haben.

Wie die Neuigkeit von der Entdeckung des Schwarzpulvers schließlich nach Europa gelangte, wissen wir nicht. Was wir jedoch wissen, ist, dass der erste schriftliche Bericht über dieses Phänomen nicht dem legendären Berthold Schwarz, sondern dem sehr realen Mönch Roger Bacon zugeschrieben wird. Im Jahre 1247 beschrieb Bacon die explosive Natur einer Mischung aus vierzig Prozent Salpeter, dreißig Prozent Holzkohle und dreißig Prozent Schwefel. Dieser Bericht gelangte jedoch erst viel später an die Öffentlichkeit, weil der einfallsreiche Bacon, alarmiert durch das explosive Potenzial seiner Entdeckung, die Rezeptur mit Hilfe eines Geheimcodes verschlüsselte. Einige meinen, es sei Berthold Schwarz gewesen, der diesen Code schließlich knackte.

Bacons Chemie war ziemlich schlecht. Sein Rezept führte zu einer unvollständigen Verbrennung; große Mengen Brennstoff, die von den heißen Gasen in die Luft geblasen wurden und sich in Form von weißem Rauch äußerten, blieben unverbrannt. Das wurde zu einem Problem, sobald sich die Aufmerksamkeit, wie es nicht anders sei konnte, der Möglichkeit zuwandte, die neue Entdeckung als zerstörerische Waffe einzusetzen. Ab dem 14. Jahrhundert wurde Schwarzpulver in Gewehrläufe geladen und zur Explosion gebracht, um Eisenkugeln zu verschießen. Diese ersten Gewehre waren nicht sehr effizient, weil das Schießpulver nur unvollständig verbrannte.

Ein ständiges Verbessern der Zusammensetzung führte schließlich zu dem idealen Mischungsverhältnis von fünfundsiebzig Prozent Salpeter, fünfzehn Prozent Holzkohle und zehn Prozent Schwefel. Nun wurden riesige Kanonenkugeln angefertigt, die die Wälle zuvor uneinnehmbarer Festungen zerstören konnten. Doch bald tauchte ein neues Problem auf: Der Nachschub an Salpeter wurde knapp.

Die beiden einzigen zuverlässigen Salpeterquellen waren Ablagerungen in Indien und in Spanien. Diese Ablagerungen hatten sich im Laufe vieler Jahrhunderte gebildet; Salpeter ist nämlich eines der Endprodukte, die beim Zerfall von tierischer und pflanzlicher Materie anfallen. Dann erkannten einige scharfsinnige Europäer, dass man vielleicht gar nicht so weit weg nach Salpetervorräten Ausschau halten musste. Vielleicht tat es schon die nächste Scheune.

Wie sich herausstellte, bestanden die weißen Verkrustungen an Scheunenwänden, die schon so viele Stallknechte geärgert hatten, tatsächlich aus Salpeter. Die Zersetzung von Mist und anderen organischen Abfallprodukten hatte diese wertvolle Substanz hervorgebracht. Bald wurden verschiedene Pläne entworfen, um Salpeter zu sammeln. Außerhalb der Dörfer wurden «Salpeterbetten» angelegt, wo Mist und andere Abfallprodukte gelagert und mit Urin befeuchtet wurden. Napoleon erließ sogar eine Order, die die Bürger anwies, auf diese Lagerstätten zu urinieren. In Preußen wurde den Bauern befohlen, Misthaufen anzulegen, und in Schweden zahlten Landbewohner einen Teil ihrer Steuern in Form von Kompost.

Nun, da es genügend Nachschub an Salpeter gab, veränderte sich die Art der Kriegsführung völlig. Und das galt auch für andere Aspekte des Lebens. Kohle konnte leichter abgebaut und Berge konnten durchtunnelt werden. Und vielleicht hatte der geheimnisvolle Berthold Schwarz (der seinen Nachnamen nicht richtig buchstabieren konnte und häufig noch einen Buchstaben hinzufügte) etwas damit zu tun. Zumindest würde ich mir das wünschen.

Mit Chemikalien spielen

Wenn Sie nach einem Geschenk für ein Kind suchen, schlage ich Ihnen einen Chemiekasten vor. Ich bekam meinen ersten, als ich etwa zwölf Jahre alt war, und ich kann mich noch gut daran erinnern, wie aufregend es war, zum ersten Mal Wasser in «Wein» zu verwandeln. Seitdem habe ich Hunderte von «magischen Chemievorführungen» gegeben, in denen viele der grundlegenden Reaktionen vorkommen, die ich in jüngeren Jahren gelernt habe, und ich glaube, dass das Publikum sie heute immer noch ebenso faszinierend findet wie die Zuschauer früher.

Es ist gewiss angemessen, jede Diskussion über Chemiekästen mit einer Verbeugung vor einem Engländer namens Michael Faraday zu beginnen, einem der größten Naturwissenschaftler des 19. Jahrhunderts. Faraday entdeckte Benzol sowie den Elektrolyseprozess, und er stellte den ersten elektrischen Dynamo her. Er hielt an der Royal Institution in London wunderbare öffentliche Vorlesungen, und seine berühmten *Christmas Lectures* (Weihnachtsvorlesungen) für Kinder gelten noch immer als Klassiker.

Viele Kinder wandten sich der Chemie zu, weil sie von Faradays Vorlesungen begeistert waren und besonders eifrig seine Ermutigung aufgriffen, «zu Hause zu arbeiten». Chemiekästen, damals «Kästen zur chemischen Belustigung» genannt, wurden so beliebt, dass überall in London Geschäfte eröffneten, die sich diesen Trend zunutze machten. Auf diese Weise wurde so viel Interesse geweckt, dass 1874 viele von hundertachtzig bekannten Chemikern auf die Frage, was ihr Interesse an Chemie geweckt habe, antworteten, es sei der «Kasten zur chemischen Belustigung» gewesen, mit dem sie in ihrer Jugend experimentiert hatten.

Heute sind die Kinder anscheinend leider nicht mehr mit so viel Neugier und Enthusiasmus ausgestattet. Kino, Fernsehen, Videospiele, Computer und eine verwirrend große Palette von Spielzeug wetteifern um ihre Aufmerksamkeit. Kinder, die mit Lasern, Spezialeffekten und Nintendo aufgewachsen sind, lassen sich wahrscheinlich nicht so leicht mit chemischen Farbveränderungen amüsieren wie ihre viktorianischen Vorfahren. Die Assoziation von «chemisch» mit «giftig» hat ebenfalls dazu geführt, dass Eltern sich zweimal überlegen, ob sie ihren Kindern einen Chemiekasten kaufen sollten. Das ist schade, denn chemisches Wissen, das auf Experimenten beruht, ist heute wichtiger und nützlicher als je zuvor.

Es gibt interessante und anregende Experimente aller Art, die von Kindern durchgeführt werden können. Wenn die Anweisungen gewissenhaft befolgt werden und man etwas gesunden Menschenverstand benutzt, können Chemiekästen stundenlang sichere und lehrreiche Unterhaltung bieten. Gesunder Menschenverstand ist jedoch vielleicht nicht so allgemein verbreitet, wie wir annehmen möchten. Einige Beispiele für einen ungeeigneten Gebrauch von Chemiekästen sollen diesen Punkt belegen.

Eines der klassischen Kinderexperimente ist die Herstellung eines chemischen Wetterpropheten. Dieses Projekt dreht sich um die Tatsache, dass Kobaltchlorid blau ist, wenn es trocken ist, und rosa, wenn es Feuchtigkeit aufnimmt – eine solche Substanz nennt man «hygroskopisch». Auch Salz hat diese Eigenschaft, und darum versuchen wir, dem Zusammenkleben, das durch die Feuchtigkeitsaufnahme aus der Luft entsteht, entgegenzuwirken, indem wir ein paar Reiskörner in den Salzstreuer geben. Ein chemischer Wetterprophet lässt sich herstellen, indem man ein Stück Filterpapier mit einer Kobaltchloridlösung befeuchtet und das Filterpapier dann trocknen lässt. Während das Papier trocknet, verändert sich seine Farbe von Rosa nach Blau. Wenn das Papier dann am Fenster oder an der Außenmauer platziert wird, schlägt die Farbe wieder nach Rosa um, sobald die Luft feucht wird. Viele Neuheiten wie auch kommerzielle Produkte basieren auf diesem Prinzip.

Doch Kinder können auch auf andere Ideen kommen – wie beispielsweise Kobaltchlorid in den Saft der kleinen Schwester zu geben, um zu sehen, ob er die Farbe wechselt. Als eine Mutter in England ihren sechsjährigen Sohn bat, seiner kleinen Schwester ein Glas schwarzen Johannisbeersaft einzuschenken, sah der Jungforscher darin eine willkommene Gelegenheit, zu experimentieren, und mischte fünfundzwanzig Gramm Kobaltchlorid in das Getränk. Seine Mutter hatte jedoch den Verdacht, er habe etwas Seifenpulver hineingeschüttet. Sie befahl ihm, den Saft selbst zu trinken, was der Junge auch tat, bevor er sich zur Schule aufmachte. Den ganzen Morgen beklagte er sich über Bauchschmerzen, und als er sich zu übergeben begann, brachte man ihn sofort ins Krankenhaus. Er erhielt ein Brechmittel, um seinen Magen zu leeren, und er wurde ohne weitere Probleme nach achtundvierzig Stunden entlassen. Der Kobaltspiegel in seinem Blut war extrem hoch, doch er kehrte nach einigen Monaten ohne Behandlung auf den Normalwert zurück.

Andere sind nicht so gut weggekommen. Ein vierzehnjähriges Mädchen musste ein Medikament (EDTA) einnehmen, um das Kobalt aus ihrem Körper zu entfernen, nachdem sie (aus unbekannten Gründen) eine größere Menge Kobalt aus ihrem Chemiekasten verschluckt hatte, und ein neunzehnjähriger Junge starb, nachdem er eine Kobaltchloridlösung getrunken hatte. Angesichts dessen, was wir über die Giftigkeit von Kobaltverbindungen wissen, überrascht es nicht. Als dem Bier in der Provinz Quebec in den 1960er Jahren Kobaltsulfat zugesetzt wurde, um die Schaumbildung zu kontrollieren, stellte sich rasch heraus, dass es für den Tod von mindestens zwanzig Menschen verantwortlich war; diese Menschen erlitten tödliche Herzschäden.

Beim Gebrauch von Chemikalien ist stets Vorsicht angesagt. Das soll eine letzte Geschichte illustrieren. Ein elfjähriges Mädchen interessierte sich für das Wachstum von Kristallen, und so bereitete sie ganz nach Vorschrift eine Kupfersulfatlösung zu. Vor dem Schlafengehen stellte sie ein Glas Saft auf ihren Nachttisch. Als sie des Nachts durstig aufwachte, trank sie die falsche Lösung. Es war ein verhängnisvoller Fehler.

Solche Einzelfälle haben zusammen mit der Furcht vor Schadensersatzprozessen zu vielleicht weniger interessanten, aber dafür praktisch idiotensicheren Chemiekästen geführt. Ich weiß dies so genau, weil ich vor kurzem nach einem Chemiekasten gesucht habe, mit dem ich meine vierjährige Tochter in die Freuden der Chemie einführen könnte (es ist nie zu früh). Ich war nicht vorbereitet auf das, was ich fand. Mein eigener erster Chemiekasten hieß «Die Chemie erkunden»; nun führte mich der Verkäufer zu einem Regal voller Kästen mit Namen wie «Stinkende blinkende Halt-dir-die-Nase-zu-Wissenschaft» und «Klebrige, schäumend-schleimige ätzende chemische Experimente». Um heutzutage Kinder zu interessieren, müssen Hersteller anscheinend «die unerhörtesten, schleimigsten, schäumendsten, spukigsten Dinge versprechen, die du jemals gesehen hast».

Wie dem auch sei, ich kaufte den Kasten mit dem schäumend-schleimigen Titel. Zu Hause machten wir uns daran, eines der Experimente durchzuführen, und mischten Wäschestärke, Lebensmittelfarbe und Weißleim, um «scheußliche grässliche Riesenschlangen» herzustellen. Die Chemie, die dahinter steckte, war recht interessant; es ging unter anderem um die Bildung von Riesenmolekülen oder Polymeren. Ich kannte dieses Experiment aus einem meiner ersten Chemiekästen – unter dem Titel «Interessante Moleküle bauen».

Und unter diesem Namen präsentierte ich das Experiment auch meiner Tochter. Sie war ganz begeistert, bis ich erwähnte, dass das Handbuch die Produkte dieses Experiments als «scheußliche grässliche Riesenschlangen» bezeichnete. «Uuuuh! Wer will denn schon so was machen?», kam umgehend ihre Antwort. Und dann interessierte sie sich wieder für Barbiepuppen und Videos. Und ich machte mich auf die Suche nach einem eher traditionellen Chemiekasten, in dem es darum geht, Wasser in Wein zu verwandeln, statt «deine Freunde mit falschem Blut zu erschrecken». Schließlich ist es dieselbe Chemie.

Radar, Hula-Hoop und verspielte Schweine

Es war eine zufällige Entdeckung, doch sie veränderte die Essgewohnheiten der Nation ebenso wie den Ausgang des Zweiten Weltkriegs, brachte uns den Hula-Hoop-Reifen, Spielzeug für Schweine und Babys ohne Bäuerchen. Und nicht zu vergessen Frisbees und Barbiepuppen. Die Rede ist von Polyäthylen. Der chemische Name klingt vielleicht nicht vertraut, doch fast jeder ist mit diesem Material vertraut, sei es in Form von Einkaufstüten, ausquetschbaren Ketchupflaschen, Margarinebehältern, Tesafilm oder den Sicherheitsetiketten an Kissen und Matratzen mit ihren finsteren Warnungen, die uns über die rechtlichen Folgen ihres unerlaubten Entfernens informieren.

Unsere Geschichte beginnt an einem Montagmorgen im Jahre 1933. Zwei organische Chemiker, die bei *Imperial Chemical Industries* (ICI) in England arbeiteten, begannen die Woche mit der Überprüfung eines Experiments, das sie am vergangenen Freitag begonnen hatten. Ihre Forschungen konzentrierten sich auf chemische Reaktionen bei hohem Druck, und sie hatten ein Experiment vor, bei dem ein aus Petroleum gewonnenes Gas, Äthylen, mit einem anderen Reagens in einem Druckzylinder gemischt wurde.

Zu ihrer großen Überraschung zeigte die Tankanzeige am Montagmorgen keinen Druck an. Sie befürchteten schon, ihre Reagenzien seien ausgesickert, doch bei genauerem Hinsehen stellte sich heraus, dass sich im Reagenzgefäß ein weißes Pulver gebildet hatte. Die kleinen Äthylenmoleküle hatten sich miteinander verbunden und riesige Polyäthylen-Moleküle gebildet. Die beiden Chemiker hatten einen neuen Kunststoff entdeckt.

Innerhalb kurzer Zeit wurden die nötigen Verfahren für eine Massenproduktion entwickelt, und alles, was noch zu tun blieb, war, eine Verwendung für das neue Material zu finden. Die *British Telegraph Construction and Maintenance Company* (die Britische Gesellschaft für Telegrafenbau und -wartung) hörte vom Polyäthylen und beschloss, dieses neue Material als Isolator für Unterwasserkabel einzusetzen. 1938 gelang es dann, erfolgreich ein Telefonkabel zwischen Großbritannien und der Isle of Wight zu verlegen.

Dann brach der Krieg aus. Die Alliierten hatten sich insgeheim mit Radarortungssystemen beschäftigt, doch es war ihnen nicht gelungen, die nötige Ausrüstung in Flugzeugen zu installieren. Die Gerätschaften erforderten eine Menge spezifischer Isolation, doch die Materialien, die damals zur Verfügung standen, waren alle zu schwer, um in der Luft eingesetzt zu werden. Polyäthylen war leicht und erfüllte die Anforderungen hervorragend. Bald flog die *Royal Air Force* ihre Einsätze mit Hilfe von Radar, und britische Piloten versenkten innerhalb weniger Wochen mehr als hundert deutsche U-Boote. Hitler schrieb den «zeitweiligen» Rückschlag diesem «einzigartigen technischen Gerät» zu. Die Deutschen arbeiteten fieberhaft daran, ebenfalls eine eigene Radarausrüstung zu entwickeln, die sich mit in die Luft nehmen ließe, aber ohne die Polyäthylentechnologie war ihnen kein Erfolg beschieden. Das Kriegsglück hatte sich gewendet. Danach schossen kriegswichtige Anwendungen für Polyäthylen wie Pilze aus dem Boden.

Earl Tupper erfuhr von diesem Material, während er als Ingenieur bei der DuPont Company arbeitete. Er hatte eine Idee, die die Essgewohnheiten der Menschen auf Dauer verändern würde, weil dadurch Reste leichter aufbewahrt werden konnten. Sein Geistesprodukt war natürlich *Tupperware*, eine Serie von passend geformten Polyäthylenbehältern, die sowohl flexibel als auch stabil waren und einen luftdichten Verschluss garantierten.

Die Forschung lieferte bald viele neue Varianten von Polyäthylen. Ein spezieller Katalysator, der von zwei späteren Nobelpreisträgern, Karl Ziegler und Giulio Natta, entwickelt worden war, führte zu hoch verdichtetem Polyäthylen, das steifer war als die Originalsubstanz. Eine Herstellung im großen Stil wurde jedoch dadurch erschwert, dass das Material leicht brach. Glücklicherweise ließ sich auch Polyäthylen geringerer Qualität kommerziell verwerten, und zwar in Form von Hula-Hoop-Reifen. Hula-Hoop eroberte Amerika im Sturm. Der Rock 'n' Roll verwandelte das Land, und jeder wollte seine Hüften schwingen wie Elvis Presley. Der Hula-Hoop-Reifen war das perfekte Trainingsgerät. Um 1958 liefen tagein, tagaus 20 000 Hula-Hoop-Reifen vom Band. Als jemand einen Weltrekord aufstellte, indem er vierzehn Hula-Hoop-Reifen gleichzeitig um seine Hüften wirbeln ließ, wurde dies von den Medien gebührend gefeiert. Doch für manche war das zu viel des Guten. Viele Fundamentalisten wetterten gegen Hula-Hoop wegen der sexuellen Anspielungen, die sich hinter den Hüftschwüngen verbargen. Indonesien ging so weit, den Reifen zu verbieten, weil man befürchtete, diese laszyen Bewegungen könnten unschickliche Leidenschaften wecken.

Schließlich fand man für die großtechnische Herstellung des Materials eine Lösung, und so verfügen wir heute über Polyäthylene für ganz verschiedene Zwecke. Mit der Einführung von dünnen, flexiblen Flascheneinsätzen wurde die Ära der Babys ohne Bäuerchen eingeläutet. Die Babys saugten nun beim Trinken keine Luft mehr ein.

Sogar Schweinezüchter profitierten von den Fortschritten der Polyäthylentechnologie. Wenn Ferkel in der Enge von Schweineställen aufgezogen werden, neigen sie dazu, sich gegenseitig die Schwänze abzukauen. Das kann zu Infektionen führen, darum geben Schweinezüchter oft Gummiringe oder Bowlingkugeln in die «Ferkelstube», um die Ferkel von ihresgleichen abzulenken. Durch die Bewegung bzw. das Herumschubsen des Spielzeugs wird außerdem verhindert, dass das Fleisch wegen ungenügender Muskelentwicklung wässrig wird. Nun gibt es dank hochverdichtetem Polyäthylen, aus dem man Bälle herstellen kann, die sich mit Wasser füllen lassen, ein neues, verbessertes Ferkelspielzeug. Im Gegensatz zu dem, was viele vielleicht denken, mögen Schweine keinen Dreck; diese Bälle lassen sich leicht abwaschen, weil ihre Oberfläche keine Löcher oder Rillen aufweist, in denen sich Schmutz ansammeln könnte. Wenn die Ferkel heranwachsen, lassen sich diese Bälle sogar in der Größe anpassen.

So hat Polyäthylen den Alliierten geholfen, den Zweiten Weltkrieg zu gewinnen, und uns darüber hinaus Einkaufstüten, Tupperware und Schweinespielzeug beschert. Ein Verwendungszweck dieses Materials, der erst kürzlich entdeckt wurde, ist die Herstellung von künstlichen Hüftgelenken, die aus Polyäthylen mit ultrahohem Molekulargewicht bestehen. Diese Gelenke könnten sich als das Richtige für diejenigen herausstellen, die aufgrund von allzu eifrigem Hula-Hoop-Gebrauch an Polyäthylenitis leiden.

Und gerade wenn man denkt, dass die Palette der seltsamen und interessanten Verwendungszwecke von Polyäthylen erschöpft ist, kommt etwas Neues zum Vorschein. Ich würze meine Chemievorführungen gern mit etwas Magie und Humor. Und so kam mir eines Tages eine Idee. Wäre es für einen «chemischen Magier» nicht passend, eine Plastiktaube zu produzieren? Schließlich gehören Kunststoffe zu den wichtigsten Chemikalien, die wir kennen. Warum nicht eine Vorlesung über Kunststoffe damit beginnen, eine «synthetische» Taube herbeizuzaubern? Es dauerte eine Weile, doch schließlich fand ich ein geeignetes Geschöpf. Es konnte sogar seine elastisch angetriebenen Flügel bewegen und fliegen. Und raten Sie einmal, woraus die Flügel bestanden? Richtig, natürlich aus Polyäthylen! Wenn wir diese Flügel nun größer machen könnten, dann könnte man sie vielleicht einem Schwein anschnallen. Ich wette, das würde den Ferkeln noch mehr Spaß machen, als die Bälle aus Polyäthylen herumzurollen. Wann werden uns denn neue und interessante Verwendungszwecke für Polyäthylen ausgehen? Die Antwort liegt auf der Hand. Wenn Schweine fliegen – oder der Rhein rückwärts läuft.

Das große Phenol-Komplott

«Tötet Keime zu Millionen bei Kontakt.» Die meisten Nordamerikaner erinnern sich an diesen Slogan für das berühmte Listerin-Mundspül- und -Gurgelwasser. Der amerikanische Arzt Joseph Lawrence entwickelte die vertraute gelbe Mundspüllösung gegen Ende des 19. Jahrhunderts und benannte sie nach dem berühmten englischen Chirurgen Joseph Lister. Nein, Lister hatte keinen schlechten Atem. Das Produkt wurde ihm zu Ehren benannt, weil Lister allgemein als der Vater der Antisepsis gilt, der Wissenschaft der Infektionsverhütung.

Lister wusste, dass sich Frakturen, die durch die Haut brechen («offene Brüche»), oft infizieren, während diejenigen, die

die Haut nicht verletzen, gut verheilen. Damals war man der Meinung, das frei liegende Gewebe werde durch den Luftsauerstoff geschädigt; man nahm an, der Sauerstoff würde die organischen Komponenten in einer Wunde abbauen und zur Eiterbildung führen. Die übliche Methode zu Listers Zeit, einen Kontakt der Wunde mit Sauerstoff zu verhindern, bestand in möglichst festen Bandagen. Diese Wundabdeckungen förderten jedoch in Wahrheit das Bakterienwachstum und riefen in den Krankensälen einen wirklich unbeschreiblichen Gestank hervor. Viele Ärzte glaubten, dieser üble Geruch sei die Ursache für die Infektion und damit direkt verantwortlich für die extrem hohe Todesrate nach chirurgischen Eingriffen. Dennoch versuchte unverständlicherweise niemand, durch Eliminierung des Geruchs das Problem zu lösen. Der einzige Lichtblick in diesem Meer der Finsternis war Florence Nightingale, die legendäre Lady mit der Lampe, die für Seife, warmes Wasser und Sonnenschein plädierte, aber weitgehend ignoriert wurde.

Dann kam der Durchbruch. Ein Chemieprofessor, Thomas Anderson, führte Lister in die Gedankenwelt von Louis Pasteur ein, der gezeigt hatte, dass Verrottung und Gärung auch ohne Sauerstoff stattfinden konnte, solange Mikroorganismen präsent waren. Überdies wies er nach, dass sich diese Mikroorganismen durch Hitze abtöten ließen. Das brachte Lister, der ohnehin nie an die Sauerstofftheorie geglaubt hatte, auf eine Idee. Er hatte sich immer eher eine Art unsichtbaren Staub vorgestellt, der sich auf die Wunde legte. Sofort führte er ein Experiment durch. Er nahm frischen Urin, erhitzte ihn und schloss die eine Hälfte luftdicht in ein Glasröhrchen ein, während er die andere Hälfte der Luft aussetzte. Als er am nächsten Morgen an den Proben roch, stank die Probe, die der Luft ausgesetzt gewesen war, während die andere geruchlos war. Offensichtlich hatten Mikroorganismen aus der Luft die offene Probe infiziert.

Da man Patienten natürlich nicht erhitzen konnte, fragte er sich, ob sich die Mikroorganismen nicht auch mit geeigneten Chemikalien abtöten ließen. Lister dachte an Karbolsäure oder Phenol, weil er wusste, dass man damit stinkende Kläranlagen säuberte. Und er wusste weiterhin: Wenn der so behandelte Klärschlamm als Dünger benutzt wurde, litten die Kühe, die auf diesen Weiden grasten, nicht derart unter Parasitenbefall, wie es sonst üblich war. Vielleicht konnte das Zeug, das den Geruch beseitigte und die Parasiten vernichtete, auch Pasteurs Mikroorganismen abtöten.

Lister bekam von Anderson ein wenig Karbolsäure und probierte sie an einem Jungen aus, der von einem Karren überfahren worden war und einen offenen Schienbeinbruch erlitten hatte. Das Kind erholte sich ohne Komplikationen. Alsbald wusch Lister seine Instrumente mit Phenol, und er entwickelte auch ein Sprühgerät, mit dem er sein Desinfektionsmittel im ganzen Operationsraum verteilen konnte. Die Ergebnisse stellten sich prompt ein: Die Sterblichkeitsrate bei Amputationen sank von fünfzig auf fünfzehn Prozent. Dennoch hatte Lister gegen eine Menge Skepsis anzukämpfen, weil die Keime oder «die kleinen Biester», wie die Mikroben auch genannt wurden, nicht leicht zu beobachten waren. Aber 1867 nahm die renommierte britische Medizinzeitschrift *Lancet* Listers Artikel über Infektionsvorbeugung zum Druck an, und das Zeitalter der Antisepsis brach an. Phenol sollte in Zukunft Tausende von Leben retten – doch es sollte auch vielen ein Ende setzen, denn Forscher entdeckten bald, dass sich Phenol in das hochexplosive Trinitrophenol umwandeln ließ.

Jeder, der sich ein wenig für Geschichte interessiert, weiß, dass der Erste Weltkrieg mit der Ermordung von Erzherzog Ferdinand in Sarajevo begann, doch was viele nicht wissen, ist, dass die Vereinigten Staaten erst zwei Jahre später in den Krieg eintraten. Während dieser Zeit unternahmen die Deutschen zahlreiche Versuche, die Vereinigten Staaten aus dem Konflikt herauszuhalten und zu verhindern, dass sie Deutschlands Feinden technische Unterstützung anboten. Einer der einfallsreichsten Pläne, die von den Deutschen ausgeheckt wurden, ist unter dem Namen «Das große Phenol-Komplott» bekannt geworden.

Das «Komplott» drehte sich um einen Versuch, den Markt für Phenol und die hochexplosiven Verbindungen, die sich daraus herstellen ließen, zu monopolisieren. Die Phenol produzierende Industrie konzentrierte sich damals auf England, und nach Kriegsausbruch wurde ein Großteil des verfügbaren Phenols in die Munitionsproduktion gesteckt. Das führte zu einem Rückgang der Phenolexporte und damit zu einem Phenolmangel in den Vereinigten Staaten. Die Deutschen waren nun besorgt, diese Knappheit würde die Amerikaner veranlassen, eine eigene Phenolproduktion aufzuziehen. Die amerikanische Effizienz würde wahrscheinlich zu einer Überproduktion führen, wovon ein Teil zweifellos seinen Weg in die Hände von Deutschlands Gegnern finden würde. Daher wurde der deutsche Botschafter in den Vereinigten Staaten angewiesen, zu verhindern, dass amerikanische Chemieunternehmen die Alliierten, die bereits gegen Deutschland kämpften, mit Phenol versorgten.

Zu diesem Zweck versicherte sich der deutsche Botschafter der Unterstützung von Hugo Schweitzer, einem deutschen Chemiker, der in New York lebte. Zunächst erforderte

Schweitzers Job keine besonderen Anstrengungen, denn die amerikanische Phenolindustrie war kaum von Bedeutung. Doch dann, 1915, stieß er auf ein unvorhergesehenes, aber monumentales Problem: das amerikanische Genie Thomas Edison. Edison war damals intensiv damit beschäftigt, seine Phonographen und Schallplatten zu vermarkten. Die Schallplatten bestanden aus einem Kunststoff namens Bakelit, und Bakelit wird aus Phenol hergestellt. Da die Vereinigten Staaten keinen Zugang zu den britischen Phenolvorräten hatten, entschied sich Edison, seine eigene Phenolproduktion aufzuziehen, und der brillante Erfinder entwickelte einen derart effizienten Herstellungsprozess, dass er mehr als genug Phenol für seine Schallplatten hatte – und so begann er, sich nach einem Markt für seinen Überschuss umzusehen.

Schweitzer, damit beauftragt, zu verhindern, dass Edisons überschüssiges Phenol in Sprengstoff umgewandelt und nach Europa geschafft wurde, zermarterte sich das Hirn. Dank seiner Ausbildung in Chemie fiel ihm bald eine Lösung ein. Er wusste, dass Phenol bei der Herstellung von Aspirin gebraucht wurde. Überdies hatte die Firma Bayer, die in den Vereinigten Staaten produzierte, bereits den Phenolmangel zu spüren bekommen. Vielleicht konnte Schweitzer Edison davon überzeugen, dass es die humanste Lösung wäre, das überschüssige Phenol an die Aspirin-Hersteller zu verkaufen. Wer könnte dagegen etwas einzuwenden haben?

Edison hatte offensichtlich nichts dagegen; er unterzeichnete einen Vertrag mit Schweitzer, der es dem Spion ermöglichte, eine Menge an Phenol abzuzweigen, die umgerechnet mehr als 2000 Tonnen Sprengstoff entsprach. Doch der US-Geheimdienst bekam Wind von dem Komplott. Man konnte Schweitzer nicht ins Gefängnis werfen, weil die Vereinigten Staaten noch nicht Krieg gegen Deutschland führten und deutsche Firmen noch immer jedes amerikanische Produkt kaufen konnten, doch als Edison die wahren Motive hinter Bayers Phenoleinkauf erfuhr, beschloss er, sein überschüssiges Phenol an das US-Militär zu verkaufen. Das Große Phenol-Komplott war gescheitert. Dennoch müssen wir, wenn auch widerwillig, den Einfallsreichtum des deutschen Spions Schweitzer bewundern, dessen Wissen um das chemische Bindeglied zwischen Aspirin und Phenol den Alliierten beinahe eine Menge Kopfschmerzen bereitet hätte.

Aufstieg und Fall eines Gases

Die Perkin-Medaille ist eine der renommiertesten Auszeichnungen auf dem Gebiet der Chemie. Sie wird jedes Jahr bei einer Galaveranstaltung verliehen, deren Höhepunkt die Ansprache des Gewinners ist. Die meisten Preisträger halten die Standardansprache – sie danken jedermann in Reichweite und erinnern sich an ihre lange Laufbahn in der Chemie –, doch der Gewinner von 1937, Thomas Midgley, machte es anders. Midgley begann seine Ansprache, indem er etwas Freon einatmete, das er dann durch ein Rohr wieder ausatmete und damit einen Kerze ausblies. Es war eine sensationelle Demonstration der Ungiftigkeit und Unentflammbarkeit dieses Gases. Doch warum zog Midgley bei einer hochkarätigen gesellschaftlich-akademischen Veranstaltung eine derart theatralische Show ab? Um die chemische Gemeinschaft davon zu überzeugen, dass Freon, oder Dichlordifluormethan, ein ideales Kühlmittel war.

Midgley wurde eigentlich für seine Entdeckung der Antiklopf-Eigenschaften von Bleitetraäthyl in Benzin geehrt, doch sein Lieblingsprojekt war damals der Ersatz der problematischen Verbindungen Ammoniak und Schwefeldioxid in Kühlschränken. Der Erfinder hatte Schwierigkeiten, die Hersteller von der Sicherheit des Freongases zu überzeugen, und er hoffte, dass seine Demonstration auf diesem von viel Medienrummel begleiteten Preisdinner seine Bemühungen unterstützen würde. Seine Taktik ging auf, und bald summten und brummten Kühlschränke und Klimaanlagen mit Freon statt mit toxischem Ammoniak und Schwefeldioxid. Die Kunden mussten sich nicht länger wegen korrodierter Zuleitungen und gefährlicher ausströmender Gase Sorgen machen. Die Zahl der verkauften Kühlschränke stieg, die der Lebensmittelvergiftungen sank, und alles schien in bester Ordnung.

Doch dann begann uns der Himmel auf den Kopf zu fallen – oder er öffnete sich zumindest und ließ gefährliche Ultraviolettstrahlen passieren. In den 1970er Jahren kam der Verdacht auf, dass Fluorchlorkohlenwasserstoff – oder FCKW, wie er kurz genannt wird – wohl doch nicht so harmlos war, wie zunächst angenommen. Aus Spraydosen, Kühlschränken und Klimaanlagen gelangte er in die Luft, wanderte in die oberen Schichten der Atmosphäre und zerstörte die Ozonschicht, die uns vor exzessiver ultravioletter Strahlung schützt. Bald wurden Spraydosen mit Freon als Treibgas verboten und Pläne für den allmählichen Verzicht auf Fluorchlorkohlenwasserstoff entwickelt: Der Held verwandelte sich in einen Bösewicht.

Thomas Midgley lebte nicht lange genug, um die negativen Folgen seiner Erfindung mitzubekommen, was sehr schade ist, weil sich dieser brillante Kopf bestimmt mächtig ins Zeug gelegt hätte, um eine Lösung für dieses Problem zu finden. Der berühmte Chemiker erkrankte an Kinderlähmung und war ans Bett gefesselt. Er entwickelte ein Flaschenzugsystem, das ihm erlaubte, aus dem Bett aufzustehen, doch eines Tages verwickelte er sich so unglücklich in den Seilen, dass er sich darin erhängte. Meiner Meinung nach verlor die Wissenschaft damals einen ihrer klügsten Köpfe, doch nicht jedermann wird mir zustimmen. Vor einigen Jahren hatte ich das zweifelhafte Vergnügen, einer angeblich pädagogisch wertvollen, von der Liga der Quebecer Frauen gesponserten Aufführung beizuwohnen, in der Midgley als Fiesling dargestellt wurde, der zum Schluss den gerechten Lohn für ein Leben voller Umweltsünden erhält. Voller denkwürdiger Sentenzen – wie «Thomas ist tot und begraben. Er verschmutzt die Welt nicht länger» – endete der Sketch mit der Ermahnung, wir müssten uns davor hüten, so dumm wie Thomas Midgley zu sein. Mir scheint, die Pädagogen, die für diese Aufführung verantwortlich waren, haben etwas Nachhilfeunterricht nötig.

Im Kontext der 1930er Jahre waren Midgleys Beiträge spektakulär. Niemand konnte damals voraussehen, dass der bahnbrechende Fluorchlorkohlenwasserstoff ein Loch in die Ozonschicht sprengen würde. Damals waren das Fehlen von Kühlschränken und die damit einhergehenden Lebensmittelvergiftungen ein großes Problem. Midgleys Beiträge zur Kühltechnik retteten zweifellos viele Menschenleben. Ihn als unbekümmerten Umweltsünder darzustellen, zeigt nur die Ignoranz all derjenigen, die an diesem absurden, antiwissenschaftlichen Stück mitwirkten.

Es gibt jedoch echte Schurken in der FCKW-Saga. Die Produktions- und Verwendungskontrollen bei FCKW, die 1987 im Protokoll von Montreal festgeschrieben wurden, haben einen profitablen neuen Marktzweig aus der Taufe gehoben: das

Schmuggeln von Fluorchlorkohlenwasserstoff in großem Stil. Diese Substanz ist so gefragt, weil die legalen Alternativen, die entwickelt worden sind, die so genannten Hydrofluorkohlenwasserstoffe (HFKW), aufwendige Modifikationen der bereits existierenden Kühlschränke und Klimaanlagen erfordern. Es kostet zwischen drei- und achthundert Dollar, eine Autoklimaanlage so umzubauen, dass sie mit den umweltfreundlicheren Hydrofluorkohlenwasserstoffen laufen kann.

Schlecht funktionierende und gewartete Klimaanlagen verlieren häufig Freon, und es ist offensichtlich weit billiger, ein fehlerhaftes System zu reparieren und mit Freon wieder aufzufüllen, als es so umzurüsten, dass es mit Hydrofluorkohlenwasserstoffen läuft. Gegenwärtig darf recyceltes Freon in den Vereinigten Staaten immer noch benutzt werden, ebenso Fluorchlorkohlenwasserstoff, der noch auf Lager ist. Eine weitere Herstellung ist jedoch ungesetzlich, daher schwinden die Vorräte rasch dahin. Infolgedessen ist die Motivation groß, nach illegalen Lieferanten zu suchen. Und die sind nicht schwer zu finden: Das Protokoll von Montreal erlaubt einigen Dritte-Welt-Ländern, Freon weiterhin bis zum Jahr 2010 herzustellen; eine rasche Internetsuche bringt mehrere chinesische Firmen zum Vorschein, die bereit sind, Freon zu verschiffen, komplett mit falschen «Recyclingpapieren». Auch Mexiko stellt Freon legal für rund zwei Dollar das Pfund her; in den Vereinigten Staaten kann ein Pfund das Zehnfache einbringen, was den Schmuggel aus Mexiko sehr lukrativ macht. Nicht überraschend rangiert Freon daher nach Kokain an zweiter Stelle der illegalen Importe.

Der größte Teil des Freonschmuggels liegt in den Händen der russischen Mafia. Als industrialisiertes Land hätte Russland die Herstellung von FCKW eigentlich bis 1996 eingestellt haben sollen, doch obwohl dies internationale Gesetze verletzt, produzieren noch mindestens sieben Fabriken diese Chemikalien. Russische Sprühdosen verwenden noch immer Freon als Treibgas, und es wurden bislang keine großen Anstrengungen unternommen, um Freon durch andere Kühlmittel zu ersetzen. Gegenwärtig haben die Russen mit größeren Problemen zu kämpfen als mit einer schwindenden Ozonschicht.

Die russische Mafia hat das ökonomische Potenzial erkannt, das in der Verschiebung von Freon in den Westen liegt, und sie hat bisher an die 30 000 Tonnen Freon jährlich nach Westeuropa und Nordamerika geschmuggelt. Manchmal sind die Container, die sie benutzen, fälschlicherweise als legale Kühlmittel etikettiert, manchmal ist Fluorchlorkohlenwasserstoff aber auch in größeren Zylindern mit legalen Gasen verborgen. Es ist nicht einfach, die Schmuggelware zu entdecken. Gewöhnlich überprüfen die Inspektoren nur den Containerdruck – ein Zylinder mit Freon weist einen anderen Druck auf als einer mit einem legalen Kühlgas. Doch viele dieser Schmuggler verfügen über beträchtliche chemische Kenntnisse, und sie haben herausgefunden, dass sie dem Freon reaktionsträges Stickstoffgas beimischen und dadurch den Druck derart erhöhen können, dass er demjenigen eines legalen Gases entspricht. Um der Mafia einen Schritt voraus zu sein, sind amerikanische Inspektoren mit Geräten ausgerüstet worden, die am Ventil eines Zylinders angebracht werden und den Inhalt eines Zylinders identifizieren können, indem sie messen, wie stark das darin abgefüllte Gas bestimmte Infrarot-Wellenlängen absorbiert.

Die Weltbank hat die westlichen Industrieländer auch aufgefordert, den Schmuggel zu reduzieren und beizutragen, die Ozonschicht zu retten, indem sie vierzig bis fünfzig Millionen

Dollar spenden, um den russischen Freonfabriken zu helfen, auf andere Produkte umzusteigen. Bisher sind erst dreißig Millionen Dollar zusammengekommen, wahrscheinlich zur großen Erleichterung der russischen Mafia. Vielleicht kommt das nötige Geld nicht zusammen, weil einige Politiker sich darüber klar sind, dass man mit Ozonlöchern leichter leben kann als mit Kugellöchern.

Über die «Unaussprechlichen» sprechen

Wie angewiesen, zündete ich eine Kerze an, blies durch die Unterhose, die ich über einen Stickrahmen gespannt hatte, und versuchte, die Kerze auszupusten. Das war kein heidnisches Fruchtbarkeitsritual – ich folgte nur den Anweisungen des Herstellers, um zu beweisen, dass seine Serie Polypropylen-Unterwäsche dem Körper erlaubt, besser zu «atmen» als Unterwäsche aus Baumwolle oder Nylon.

Tatsächlich ließ sich die Kerze leichter auslöschen, wenn man durch das Polypropylengewebe blies als durch Baumwolle oder Nylon. Dann weichte ich die drei Unterhosen, wie angegeben, in Wasser ein und maß die Zeit, die jede Unterhose zum Trocknen benötigte. Und wieder war das Polypropylengewebe eindeutig der Sieger. Was sollte all das beweisen? Nun, bei der Unterwäsche aus Polypropylen, einer Faser, aus der man Teppiche herstellt, handelt es sich um *healthwear*, um Gesundheitskleidung. Die Demonstration sollte zeigen, dass die Polypropylen-Unterwäsche der Luft zu zirkulieren gestattet, sodass Feuchtigkeit von innen nach außen getragen wird, wo sie verdunsten kann. Durch das Tragen dieser Unterwäsche soll die Anfälligkeit für Scheideninfektionen durch Hefepilze stark reduziert werden, ein Übel, das, wenn wir der Fernsehwerbung Glauben schenken, das moderne Äquivalent der Beulenpest ist.

Die gesundheitlichen Vorzüge des «Feuchtigkeit aufsaugenden» Effekts müssen noch bewiesen werden, doch dies ist zweifellos eine wichtige Eigenschaft, wenn es darum geht, sich warm zu halten. Sich-trocken-Halten ist der Schlüssel zum Sich-warm-Halten, und daher überrascht es nicht, dass Polypropylen als Material für lange Unterhosen ein großer Erfolg war. An dieser Stelle sei jedoch gewarnt: Polypropylen hat einen sehr niedrigen Schmelzpunkt und ist daher ungeeignet für all diejenigen, die ihre Unterwäsche gern gebügelt anziehen.

Heute wird eine ganze Palette von Thermo-Unterwäsche angeboten, und die meisten Hersteller werben damit, dass diese Unterwäsche feuchtigkeitsdurchlässig ist. Eine Anzeige, die mir vor kurzem ins Auge fiel, pries die Marke «Thermaskin» (Wärmehaut) wie folgt an: «H_2O wird von Thermaskin angezogen wie Ameisen von einem Picknickkorb. Unser Spezialverfahren *Wohl fühlen sofort* trennt das H_2 vom O, sodass die Feuchtigkeit viel rascher verdampft.» Erzeugt Thermaskin also leicht entflammbares Wasserstoffgas? Wird diese Unterwäsche explodieren wie die Hindenburg? Der Werbetexter, der diese Anzeige verbrochen hat, braucht dringend einen Auffrischungskurs in Chemie: Verdampfung hat nichts mit der Zerlegung von Wasser in seine Komponenten zu tun; sie ist lediglich ein Vorgang, bei dem flüssiges Wasser in Wasserdampf überführt wird. Es besteht wirklich keine Notwendigkeit, potenzielle Kunden mit dem Schreckgespenst explodierender Unterhosen zu ängstigen.

Unterwäsche gesundheitsfördernde Eigenschaften zuzuschreiben, ist nichts Neues. Bereits im 19. Jahrhundert rief der Physiologieprofessor Dr. Gustav Jaeger die «Wollbewegung» ins Leben. Er plädierte für Unterwäsche aus unbehandelter, grob gestrickter Wolle, die dem Körper zu atmen erlaubt, während sie ihn gleichzeitig warm hält (angeblich sollten die von Pasteur gerade entdeckten Mikroben bei Unterkühlung leichter zu Krankheiten führen), doch über die medizinischen Folgen dieser Selbstkasteiung wird nichts berichtet – sieht man von Klagen über wundgescheuerte Haut ab.

Heutzutage liegt es anscheinend im Trend, Unterwäsche direkt als Waffe im Kampf gegen die lästigen Mikroorganismen einzusetzen. Die britische Textilfirma Courtaulds hat einen Weg gefunden, um Acrylfasern mit einer antimikrobiell wirkenden Verbindung zu imprägnieren, die unter dem Namen Irgasan bekannt ist. Dieses Desinfektionsmittel reibt sich langsam an der Körperoberfläche ab und kann die Bildung von störendem Geruch verhindern, der von Bakterien oder Pilzen hervorgerufen wird, die Verbindungen im Schweiß oder im Urin zersetzen. Man hofft sogar, diese Technik erfolgreich gegen *Candida albicans* einzusetzen, den Erreger, der für Hefepilzinfektionen bei Frauen verantwortlich ist.

Bisher hat sich Irgasan als sicheres Mittel erwiesen, und es wird bereits bei Mundwasser, Cremes und Zahnpasta eingesetzt. Courtaulds möchte diese Verbindung in Zukunft auch bei Handtüchern und Bettwäsche verwenden sowie auch Socken damit imprägnieren, um Fußpilz vorzubeugen. Wenn die Firma damit Erfolg hat, ist Unterwäsche sicherlich als Nächstes an der Reihe; es gibt bereits einen Prototyp antimikrobieller Boxershorts.

Ach ja, Boxershorts. Hätten Sie gedacht, dass Chemie dabei

eine Rolle spielen könnte? Und Biologie? Und dass es darüber eine Kontroverse geben könnte? In den letzten Jahren sind viele Männer zu den enger anliegenden Jockeyshorts übergegangen, was bei einigen Wissenschaftlern zu schlimmen Befürchtungen geführt hat: Sie vermuten, dass diese Shorts die Temperatur in den männlichen Kronjuwelen erhöhen und damit für abnehmende Spermienzahlen und sinkende Fruchtbarkeitsraten mitverantwortlich sein könnten.

Auch wenn es für die «Jockey-Sache» bisher keine Beweise gibt, ist wohl bekannt, dass die Spermienproduktion temperaturempfindlich ist. So kann eine zwanzigminütige Sitzung in der Sauna die Spermienzahl eines Mannes für mehrere Tage empfindlich reduzieren. Eine Samenbank in Los Angeles hat festgestellt, dass Samenspenden in den Wintermonaten eine höhere Spermienkonzentration aufweisen und die Spermien zudem beweglicher sind. Daher sollte uns nicht wundern, dass einige Wissenschaftler sogar behaupten, die Dinosaurier seien ausgestorben, weil die Männchen ihre Hoden im Körper trugen – als die Erdtemperatur anstieg, wurden sie steril.

Wir wissen nicht genau, was diese Dinosaurierspekulation auf uns Menschen übertragen bedeutet; wir wissen aber, dass speziell entworfene Unterwäsche mit eingebauten «Hodenkühlern» (das ist die Bezeichnung des Erfinders, nicht meine) als Fruchtbarkeitshilfe einigen Erfolg gehabt hat. Festzustellen ist auch, dass kilttragende Schotten, die der Tradition zufolge keine Unterwäsche tragen, meist kinderreich sind. Britische Wissenschaftler, denen vielleicht das schottische Modell im Kopf herumspukte, unternehmen gegenwärtig Versuche mit «Sackschlitz»-Unterhosen, die den Komfort von Jockeyshorts mit angemessener Kühlung kombinieren sollen. Unterdessen haben japanische Wissenschaftler herausgefunden, dass Männer, die sich indizierte Videos anschauen, ihre Spermienzahl mehr als verdoppeln; überdies sind ihre Spermien aktiver und schwimmen rascher auf ihr Ziel zu. Vielleicht sollten Videogeschäfte Spezialangebote für Jockeyshorts-Träger im Programm haben.

Und gerade dann, wenn man denkt, man habe die verrücktesten Abgründe der Unterwäschenchemie ausgelotet, stößt man auf Unterhosen, die eine Verbindung freisetzen, die angeblich das sexuelle Interesse anregt. Einem Unternehmen in der japanischen Stadt Kanebo ist es gelungen, Stoff mit winzigen Kapseln zu imprägnieren, die eine Substanz enthalten, die man auch in männlichem Achselschweiß findet. Dieses vermeintliche Aphrodisiakum wird freigesetzt, wenn die Kapseln durch Reibung aufgebrochen werden (das Unternehmen schweigt sich darüber aus, wie diese Reibung zustande kommen soll). Wenn dieses Produkt auf den Markt kommt, werden wir endlich wissen, ob «die Chemie zwischen den Beteiligten stimmt».

Ein wenig magische Chemie

Halloween ist eine Zeit, in der Hexen auf ihrem Besen reiten, schwarze Katzen umherstreifen und Vampire sich aus ihren Gräbern erheben. Aber es ist auch die Zeit für ein wenig Magie. Nein, ich spreche nicht von übernatürlichen Beschwörungen, Zaubersprüchen oder Verwünschungen, sondern von der ehrwürdigen Praxis der Fingerfertigkeit. Der letzte Tag im Oktober ist nicht nur Halloween, sondern auch der Internationale Tag der Magie, denn an diesen Tag im Jahre 1926 entwich der berühmteste Magier aller Zeiten, Harry Houdini, der Mann, den weder Ketten noch Handschellen halten konnten, in einem Krankenhaus in Denver in eine andere Welt.

Zauberer sind eigentlich Naturwissenschaftler. Natürlich geben sie vor, es nicht zu sein: Sie verblüffen ihr Publikum mit Effekten, die allen Naturgesetzen zu widersprechen scheinen – aber «scheinen» ist hier das Schlüsselwort. Was wirklich passiert, unterscheidet sich deutlich von dem, was der Beobachter denkt, es passiere. Zauberer bedienen sich tatsächlich sehr irdischer Prinzipien, um das «Unmögliche» möglich zu machen. Einer von Houdinis Lieblingstricks bestand darin, brennende Kerzen aus seinen zahlreichen Taschen zu zaubern. Er wirkte dieses «Wunder», indem er ein Streichholz in das Wachs neben dem Docht der Kerze steckte und ein Stück Sandpapier, das an der Innenseite seiner Tasche festgeheftet war, um den Kerzenstiel wickelte. Wenn er die Kerze rasch herauszog, flammte das Streichholz auf und zündete den Docht an.

Erich Weiss, der sich später Harry Houdini nennen sollte, wurde 1874 im ungarischen Budapest geboren, wanderte aber schon als Baby mit seiner Familie nach Appleton, Wisconsin, aus. (Harry behauptete selbst immer, in Amerika geboren zu sein.) Es heißt, der kleine Erich habe nie geweint – er habe still in seiner Wiege gelegen und seine Blicke aufmerksam und voller Neugier umherschweifen lassen. Als er als kleiner Junge einen Zirkus besuchte und einen Magier sah, der Kaninchen aus dem Hut zauberte und einem Mann den Arm erst absägte und dann wieder an den Körper heftete, war sein Schicksal besiegelt. Er würde Magier werden.

Er borgte sich den Namen des großen französischen Magiers und Illusionisten Jean-Eugène Robert-Houdin und verwandelte sich in Harry Houdini. Da er jedoch nicht genug

Geld hatte, um sich professionelle Zauberutensilien zu kaufen, musste er sich auf Effekte beschränken, die sich mit großer Fingerfertigkeit oder mit billigen, leicht beschaffbaren Materialien erzielen ließen, wie die «Eisentinktur», aus der man damals eine Art Tinte herstellte. Houdini begann, sich für Chemie zu interessieren. Er lernte, dass Eisenchlorid mit einer Verbindung reagierte, die aus Eichenholz gewonnen wird, einer so genannten Gerbsäure. Das Ergebnis war eine dunkle, tintenartige Lösung. Er entdeckte auch, dass sich der Eisen-Gerbsäure-Komplex, der für die Färbung verantwortlich war, mit Hilfe von Oxalsäure zerstören ließ; daraus entwickelte er einen cleveren Trick und wob eine spannende Geschichte darum.

Ein elegant gekleideter Houdini schlenderte auf die Bühne, sprach über gewisse Städte in Amerika, wo der Genuss von alkoholischen Getränken verboten war, und begann dann die Geschichte eines schlauen Burschen zu erzählen, der die Inspektoren, die akribisch über die Einhaltung des Verbots wachten, überlisten konnte, indem er Wein auf magische Weise herstellte. Während er die Geschichte erzählte, führte Houdini das Wunder vor. Er goss Wasser aus einer Karaffe in ein Glas, wo es sich in «Wein» verwandelte. Anschließend goss er den Inhalt des Glases in die Karaffe zurück, worauf sich der Inhalt der Karaffe ebenfalls in Wein verwandelte, doch dann hörte er den Inspektor an die Tür klopfen. Rasch schüttete er etwas Wein ins Glas zurück, woraufhin es sich wieder in Wasser verwandelte. Indem er dieses Wasser in die Karaffe zurückgoss, verwandelte er den ganzen Wein zurück in Wasser. Das Publikum jubelte, als Houdini triumphierend die Karaffe voller Wasser emporhielt. Eisenchlorid, Gerbsäure und Oxalsäure hatten ihre magische Wirkung nicht verfehlt.

Houdini hatte vielseitige Interessen. Er war als Entfesselungskünstler nicht weniger berühmt denn als Magier. Als Kind hatte er den gedeckten Apfelkuchen seiner Mutter so sehr gemocht, dass er ihn noch dampfend verschlang. Schließlich ging Frau Weiss dazu über, ihren Apfelkuchen einzuschließen, doch das konnte den kleinen Erich nicht abhalten. Er lernte rasch, wie sich das Schloss knacken ließ, und diese Übung löste bei ihm ein lebenslanges Interesse für Schlösser, Handschellen und Zwangsjacken aus. Er wurde der Mann, der jedes Schloss bezwang.

Er war zudem körperlich in Topform – er musste in ausgezeichneter Kondition sein, um solche berühmten Tricks wie die «Flucht aus der chinesischen Wasserfolterzelle» zu bewerkstelligen. Er rühmte sich, derart starke Bauchmuskeln zu haben, dass er jedem Schlag widerstehen könne, und das sollte ihm zum Verderben werden. Am 19. Oktober 1926 hielt Houdini einen Vortrag an der McGill-Universität in Montreal über die Techniken, mit denen falsche Medien ihre Kunden zu überzeugen suchen, dass sie mit der Geisterwelt in Kontakt treten können. Houdini, der mit allen Tricks dieser Scharlatane vertraut war und sie mit diebischem Spaß entlarvte, meinte oft selbstbewusst, dass Spiritisten den Tag, an dem er diese Welt verlasse, zum nationalen Feiertag erklären würden. Und er fügte hinzu, sie könnten dies in aller Sicherheit tun, denn er könne «aus dem Jenseits» nicht zurückkommen, doch er machte auch deutlich, dass, falls überhaupt jemand aus dem Jenseits mit dem Diesseits kommunizieren könne, ohne jeden Zweifel er es sei. Der Magier hatte eine Vorliebe für «erste Male».

Beim Vortrag an der McGill-Universität traf Houdini den jungen Sam Smiley, einen Kunststudenten, der ihn bei seinen

Ausführungen skizzierte. Houdini lud Smiley in seine Garderobe am Princess Theater ein, wo der junge Künstler mehr Muße zum Zeichnen hatte. Während Smiley an seinem Bild arbeitete, kam ein Theologiestudent namens Gordon Whitehead mit einem Buch für Houdini in die Garderobe und fragte diesen, ob es wahr sei, dass er jedem Schlag in den Magen widerstehen könne. Der Magier bestätigte dies, doch der Schlag kam, bevor er eine Chance hatte, sich darauf vorzubereiten. Nicht einmal zwei Wochen später starb der größte Magier aller Zeiten an einem Blinddarmdurchbruch.

Am Jahrestag von Houdinis Tod sind zahlreiche Séancen abgehalten worden, doch nie hat uns eine Botschaft aus dem Jenseits erreicht. Der Mann, der Ketten, Handschellen und Gefängniszellen überlistet hatte, konnte Gevatter Tod nicht entkommen.

Auf der Speisekarte

Alles «natürlich»!

Das Wörtchen «natürlich» ist ein Verkaufsschlager. Man schmücke ein Etikett nur mit Ausdrücken wie «natürliche Güte», «natürliches Aroma» oder «natürliche Vitamine», und die Verkaufszahlen schnellen in die Höhe, weil viele Leute glauben, natürliche Substanzen seien irgendwie besser als synthetisch hergestellte, und für die Vorzüge, die sie damit verbunden meinen, sind sie bereit, deutlich mehr zu bezahlen. Diese Kunden gehen auch allgemein davon aus, dass bei der Gewinnung natürlicher Substanzen keinerlei technische Herstellungsprozesse beteiligt sind. Mit beidem liegen sie falsch.

«Natürlich» mit «sicher» und «synthetisch» mit «gefährlich» gleichzusetzen, ist einer der größten wissenschaftlichen Trugschlüsse und ein weit verbreiteter dazu. Wenn man ein wenig nachdenkt, erkennt man rasch, dass Mutter Natur nicht nur freundliche Seiten hat. Toxine, die von Bakterien in Nahrungsmitteln produziert werden, sind völlig natürlich, was sie nicht weniger giftig macht; sie können sogar tödlich wirken. Eine der stärksten Krebs erregenden Substanzen, die wir kennen, ist Aflatoxin; es wird von Schimmelpilzen produziert. Rizin, eine Eiweißverbindung, die man in den bohnenförmigen Samen des Wunderbaums (*Ricinus communis*) findet, ist wahrscheinlich die giftigste Chemikalie, die jemals isoliert worden ist. Ein einziger Bissen vom Grünen Knollenblätterpilz (*Amanita phalloides*) kann tödlich sein. Natürlich vorkommende zyanogene

Verbindungen in Maniokknollen können tödlich wirken. Das HIV-Virus wurde nicht vom Menschen geschaffen. Natürliches Sonnenlicht kann zu Hautkrebs führen, und giftige Algen können Fische und die Menschen, die später diese Fische essen, vergiften. Sumach und Brennnesseln können zu äußerst ungemütlichen Erfahrungen mit der Natur führen, von Wespen- und Skorpionstichen oder Schlangenbissen ganz zu schweigen.

Dennoch ist der Glaube unausrottbar, dass Stoffe, die von der Natur produziert werden, den im Labor hergestellten überlegen seien. Natürliches Vitamin C, das aus Hagebutten gewonnen wird, ist viel teurer als Vitamin C, das im Labor aus Glukose hergestellt wird, obwohl beide völlig identisch sind; ihre Molekülstruktur ist gleich, und beide Substanzen lassen sich nicht unterscheiden. Natürliches Vanillearoma, das aus Vanilleschoten gewonnen wird, ist viel teurer als sein synthetisches Äquivalent, das man aus Papierabfällen herstellt. Das klingt vielleicht nicht gerade appetitanregend, doch die synthetische Verbindung namens Vanillin ist identisch mit dem Vanillin, das aus der Vanilleschote gewonnen wird. Zugegebenermaßen schmeckt die künstliche Version nicht hundertprozentig wie die natürliche, doch das liegt daran, dass das natürliche Aroma weniger rein ist – es enthält eine Reihe von anderen Komponenten, die neben Vanillin in der Vanilleschote vorkommen.

Für Hersteller besteht die Anziehungskraft von natürlichem Vanillin darin, dass die Kunden bereit sind, dafür weitaus tiefer in die Tasche zu greifen. Für viele Verbraucher besteht der Reiz in den vermuteten gesundheitlichen Vorzügen eines natürlichen Produktes, und daher reicht der Weltvorrat an natürlichem Vanillin nicht aus, um den Bedarf zu decken. Madagaskar, Tahiti und Indonesien sind führend in der Vanilleproduktion, doch sie können nicht genügend Schoten für den Weltmarkt liefern. Die Aromenindustrie hat auf die Situation reagiert und begonnen, synthetisches Vanillin herzustellen, doch die Profitmarge ist viel geringer, als sie sein würde, wenn es den Herstellern gelänge, einen Aromastoff aus dem Hut zu zaubern, den sie unter dem Etikett «natürliches Vanillearoma» verkaufen könnten.

Wie können wir aber an natürliche Vanille kommen, ohne Vanilleschoten zu ernten? Das ist vielleicht mittels eines Prozesses möglich, den man als «Biotransformation» bezeichnet. Biotransformationen sind Reaktionen, die sich natürliche Katalysatoren, so genannte Enzyme, zunutze machen. Tatsächlich ist eine der ältesten chemischen Reaktionen, die wir kennen, eine Biotransformation: die Umwandlung von Zucker in Alkohol. Enzyme, die in Hefezellen sitzen, beherrschen dieses Kunststück sehr gut. Seit Jahrtausenden stellen wir mit Hilfe dieser Biotransformation Wein und Bier her. Schimmelpilze sind ebenfalls eine hervorragende Enzymquelle; das Aroma von Brie geht zum Beispiel auf verschiedene Verbindungen zurück, die entstehen, wenn die Enzyme in den Schimmelpilzen, die auf die Oberfläche des Käses aufgesetzt werden, mit den Milchfetten und Milcheiweißen reagieren.

Die mikrobielle Welt versorgt uns mit einer potenziellen Armee von Enzymen, die eine breite Palette von Biotransformationen durchführen können. Und heute herrscht großes Interesse daran, spezifische Mikroorganismen zu finden, die einen bestimmten Enzymjob erledigen können, denn das Produkt einer solchen Reaktion darf auf dem Etikett noch immer als «natürlich» bezeichnet werden. Hier ein interessantes Beispiel: Einer der Hauptaromastoffe in Äpfeln ist eine Verbindung namens Apfelsäure. Diese Verbindung ist auch, wie der

Name schon sagt, für die Säuerlichkeit von Äpfeln verantwortlich. Man könnte sie theoretisch aus Äpfeln isolieren, konzentrieren und auf diese Weise Nahrungsmittel herstellen, auf deren Etikett «mit natürlichem Apfelaroma» stehen dürfte. Diese Apfelsäure ließe sich auch als Zusatz verwenden, um den Säuregehalt vorverarbeiteter Nahrungsmittel zu regulieren, die man noch immer als «natürlich» bezeichnen dürfte. Die Extraktion von Apfelsäure aus Äpfeln wäre aber unpraktisch und sehr teuer.

Auf der anderen Seite hat man jedoch einen ganz bestimmten Mikroorganismus gefunden, der aus Fumarsäure, wie man sie in vielen Pflanzen findet, Apfelsäure herstellen kann. Doch wir brauchen keine Fumarsäure aus Pflanzen zu gewinnen, weil ein Schimmelpilz namens *Rhizopus nigricans* diese Verbindung aus Glukose herstellen kann, und ein weiterer Schimmelpilz namens *Aspergillus niger* ist wiederum in der Lage, Glukose aus Stärke herzustellen. Stärke ist reichlich vorhanden und billig. Der entscheidende Punkt ist also, dass wir Apfelsäure durch eine Reihe von Biotransformationen herstellen können, die ein komplexes technisches Verfahren und High-Tech-Apparaturen erfordern, das Produkt aber dennoch als «natürlich» bezeichnen dürfen, weil die Transformation von natürlich vorkommenden Mikroorganismen vorgenommen wird.

Apfelsäure lässt sich auch sehr leicht und billig mit Hilfe chemischer Standardtechniken herstellen, doch obwohl sich die so produzierte Apfelsäure in keiner Weise von der natürlichen Substanz unterscheidet, darf sie per Gesetz auf dem Etikett nicht als «natürlich» bezeichnet werden, und daher bringt sie nur einen Bruchteil des Preises für das mikrobiologisch hergestellte Produkt. Nun verstehen Sie vielleicht, warum

Hersteller von Aromastoffen so intensiv nach Mikroorganismen suchen, die Vanillin aus irgendeinem häufigen Rohmaterial, wie Stärke, herstellen können: Wenn sie einen derartigen Mikroorganismus auftreiben, dürfen sie ihr Produkt als «natürlich» verkaufen, auch wenn es nicht wie natürliche Vanille schmeckt (weil natürliche Vanille, wie bereits erwähnt, noch mehrere andere Verbindungen enthält, die zu ihrem Gesamtaroma beitragen). Wir stehen daher vor folgender potenzieller Situation: Eine Substanz, zum Beispiel Vanille, wird je nach Herstellungsprozess entweder unter dem Etikett «natürlich» oder «künstlich» angeboten. Der Verbraucher wird für die natürliche Version viel mehr zahlen müssen, und die Profite der Zulieferer werden entsprechend größer sein. Es zahlt sich daher eindeutig aus, etwas von Chemie zu verstehen, gleichgültig, ob Sie nun Hersteller oder Verbraucher sind.

Während die Biotransformationen ganz offensichtlich vom kommerziellen Standpunkt interessant sind, um Produkte «marktfähiger» zu machen, besitzen sie darüber hinaus ein großes wissenschaftliches Potenzial, Produkte zu synthetisieren, die sich mit Hilfe chemischer Standardmethoden nur schwer oder unter großen Kosten herstellen ließen. Nehmen wir folgendes Beispiel: Eine der wichtigsten aromagebenden Verbindungen in der Grapefruit ist Nootkaton, das in der Frucht in sehr geringen Mengen vorkommt und schwierig zu extrahieren ist. Darum wird die natürliche Verbindung zu einem Preis von 10 000 Dollar pro Kilogramm verkauft. Eine synthetische Verbindung, die aus Valencen gewonnen wird, einer Substanz, die man in Orangenöl findet, ist billiger, ließe sich jedoch nur unter Schwierigkeiten in größeren Mengen herstellen, und nur die Großproduktion von Nootkaton ist kommerziell wirklich reizvoll. Wie aktuelle Untersuchungen gezeigt haben, kann

Grapefruitsaft die Wirkung mehrerer Medikamente verstärken – zum Beispiel von Zyklosporin, das eingesetzt wird, um die postoperativen Abstoßungsreaktionen nach Organtransplantationen zu vermindern, oder von Lovastatin, das dazu dient, den Cholesterinspiegel im Blut zu senken. Wahrscheinlich ist Nootkaton die Verbindung, die dafür verantwortlich ist. In Zukunft wird es vielleicht möglich sein, derartige Medikamente in geringerer Dosierung zu verschreiben, wenn gleichzeitig Nootkaton verabreicht wird. Damit würden auch weniger Nebenwirkungen auftreten, und da Zyklosporin aus einem Pilz extrahiert und Nootkaton per Biotransformation hergestellt wird, dürfte man diese High-Tech-Pille völlig legal als «ganz natürlich» bezeichnen.

Während die Bezeichnung «natürlich» häufig in inhaltsleerer und irreführender Art und Weise benutzt wird, muss man den Einfallsreichtum, den einige Marketingexperten zur Beschreibung ihrer Produkte verwenden, einfach bewundern. Das Etikett auf einer Pflegespülung mit der Aufschrift «nur natürliche Inhaltsstoffe» listet als einen dieser Bestandteile Dimethicon auf. Diese Verbindung ist vielen als «Silikon» bekannt. Silikon eignet sich hervorragend für eine Haarspülung, aber man kann es kaum als natürlich bezeichnen. Auf bohrende Nachfragen erklärte der Hersteller schließlich, man könne Silikone als natürliche Stoffe betrachten, da sie aus Sand gemacht würden, einer zweifellos natürlichen Substanz. Was soll's, wenn eine Menge High-Tech und ein paar Chemikalien nötig sind, um die Transformation durchzuführen? Wer würde sich durch ein paar geringfügige Details wie diese eine clevere Marketingstrategie vermiesen lassen?

Und wie steht es mit der «Natürlichen Zitronencremetorte», die Natriumpropionat, Natriumbenzoat und künstliche Farbstoffe enthält? Die Präsenz dieser Konservierungsstoffe und des Farbstoffs gibt keinen Anlass zur Sorge, doch man sollte eigentlich die Bezeichnung «natürlich» untersagen. «Keineswegs», meinte der Sprecher des Herstellers, das Etikett sei schon in Ordnung. «Natürlich» beziehe sich nicht auf die Torte, sondern lediglich auf das Zitronenaroma. Ich denke, sie hätten stattdessen auch künstliches Zitronenaroma verwenden können, doch aus dankenswerter Sorge um das öffentliche Wohlergehen entschied sich die Firma für das natürliche Zitronenaroma. Und dann gibt es da noch die Fernsehwerbung für ein Abführmittel, dass «natürlich wirkt, nicht chemisch». Und die Mineralwasserflasche, die «natürliches Kohlendioxid» enthält. Wir würden sicherlich nicht wollen, dass irgendetwas von diesem üblen synthetischen CO_2 unseren Körper verseucht. So ein Unsinn kann einen Mann schon zum Glas greifen lassen – aber was sollte er trinken? Natürliches Quellwasser, ganz klar. Wen kümmert's, dass es vielleicht Schwefelwasserstoff oder Arsen enthält. Diese Verbindungen sind zwar giftig, aber was soll's? Sie sind schließlich natürlich.

Das Leben ist eins der gefährlichsten

Chemie war Denham Harmans Lieblingsfach. Er war absolut fasziniert von chemischen Reaktionen, besonders von solchen, die zunächst sehr reaktive Zwischenprodukte erzeugten und anschließend eine große Zahl von Produkten bildeten. «Könnte so etwas auch in Lebewesen vorkommen?», fragte er sich. «Könnte dies eine Erklärung für Krankheitsprozesse sein?» Harman entschied sich, seine Liebe zur Chemie mit Verständnis für Biologie zu kombinieren, und begann, Medizin zu studieren. Nun hatte er alles, was er für eine fundierte Forschung brauchte.

In den 1950er Jahren begann Dr. Harman, die Auswirkungen von Bestrahlung auf Mäuse zu studieren, und stellte fest, dass die bestrahlten Tiere rascher alterten und früher starben. So etwas sei zu erwarten, meinte er, wenn die Bestrahlung die Produktion einer hoch reaktiven und destruktiven chemischen Spezies anfachte, die im Gewebe verheerenden Schaden anrichtete. Zunächst stieß diese Theorie nicht auf großes Interesse, doch bereits kurze Zeit später diskutierten die Wissenschaftler in aller Welt über Harmans schurkische «freie Radikale» – und dabei ging es nicht etwa um politische Dissidenten, die sich auf freiem Fuß befanden.

Diese eigenwilligen molekularen freien Radikale, vermutete Harman, ließen sich zähmen. Tatsächlich tat die Lebensmittelindustrie dies bereits, indem sie ihre Produkte mit gewissen Konservierungsmitteln stabilisierte. So war der Einsatz von Butylhydroxytoluol, kurz BTH genannt, weit verbreitet, um Fette vor dem Ranzigwerden zu schützen. Und das funktionierte nach Harmans Ansicht deshalb, weil das Ranzigwerden von Fetten eine Reaktion war, die von freien Radikalen vermittelt wurde, welche ihrerseits von BHT neutralisiert wurden. Um seine These zu belegen, mischte er der Nahrung von Ratten BHT bei und stellte fest, dass ihre Lebenserwartung stieg. Da es jedoch keine praktischen Beweise für Gesundheitsschäden durch freie Radikale gab, blieben die Wissenschaftler skeptisch – bis 1969. In diesem Jahr wurde in Zellen ein Enzym namens Superoxiddismutase (SOD) entdeckt. Offenbar bestand die einzige Funktion dieses Enzyms darin, einen Typ von freiem Radikal zu zerstören, der als Superoxid bekannt war. Warum sollte dieses Enzym in allen Zellen präsent sein, wenn freie Radikale nicht eine Gefahr darstellten?

Nun beschleunigte sich die Forschung auf diesem Gebiet. Anhand einer neu entwickelten Technik, des Elektronenspinresonanzverfahrens (ESR), ließ sich zeigen, dass es in lebenden Systemen tatsächlich freie Radikale gibt, und bald wurden sie mit Herzerkrankungen und Krebs, den Hauptursachen für einen frühen Tod in Industrienationen, in Zusammenhang gebracht. Aber wo lag die Verbindung?

Naturwissenschaftlich gesprochen, ist «Leben» nichts anderes als das Ergebnis gleichzeitig ablaufender chemischer Reaktionen in unserem Körper. Einige dieser Reaktionen sind am Aufbau von Muskelgewebe beteiligt, andere an der Zerstörung eindringender Bakterien, wiederum andere am Haarwachstum oder an der Synthese von Geschlechtshormonen und noch andere an der Entstehung unserer Gedankenmuster. Dann gibt es da noch die Reaktionen, die die notwendige Energie erzeugen, um all die anderen Prozesse zu speisen – und darin liegt das Problem. Leben ist nämlich tödlich. Die Reaktionen, welche die Energie produzieren, die uns erlaubt, weiterzuleben, bringen auch die heimtückischen freien Radikale hervor, die unser Ableben beschleunigen können.

So wie ein Ofen Öl als Energieträger verbrennt, verbrennen unsere Zellen Glukose, und für diesen Verbrennungsprozess brauchen unsere Zellen wie der Ofen einen ständigen Nachschub an Sauerstoff. Der Sauerstoff wird durch die Lungen aufgenommen, an die Hämoglobinmoleküle in den roten Blutkörperchen gebunden und via Blutstrom zu den Billionen mikroskopisch kleiner Öfen transportiert, die wir Zellen nennen. Hier beginnt der Sauerstoff, Energie aus Glukose freizusetzen, indem er die chemischen Bindungen aufbricht, die das Molekül zusammenhalten. Chemische Bindungen sind nicht mehr als ein Paar Elektronen zwischen miteinander verknüpften Atomen. Der Sauerstoff entzieht der Glukose ein Elektron und zerstört damit den «Leim», der das Molekül zusammenhält. Damit wird eine Kaskade von Ereignissen in Gang gesetzt, die Glukose schließlich in Kohlendioxid und Wasser zerlegt, wobei Energie frei wird.

Nun steht der Sauerstoff mit einem zusätzlichen Elektron da – eine ungesättigte chemische Bindung. Er ist zu einem freien Radikal (Sauerstoffradikal) geworden, das verzweifelt nach einem Molekül sucht, mit dem es reagieren kann, um seinen Elektronenhunger zu stillen. Und in diesem zellulären chemischen Eintopf gibt es viele Kandidaten. Fette und Proteine lassen sich zum Beispiel leicht oxidieren, das Gleiche gilt für Desoxyribonukleinsäure (abgekürzt DNS oder, nach der englischen, heute auch im Deutschen üblichen Bezeichnung, DNA), dem eigentlichen Kontrollmolekül des Lebens. Wenn diese Moleküle sich opfern, um den Appetit des reaktionshungrigen Sauerstoffradikals zu stillen, werden sie jedoch leider so verändert, dass sie ihre eigentliche Funktion nicht mehr erfüllen können. Manche Eiweiße verlieren ihre Elastizität, und unsere Haut wird faltig. Andere Proteine, die dafür verantwortlich sind, Cholesterin im Blutstrom zu transportieren, werden zu einer Form oxidiert, die die Arterien schädigt, was unter Umständen zu Herz-Kreislauf-Erkrankungen führen kann. Die Fette in den Zellmembranen können ranzig werden, was die Lebensspanne der Zellen verkürzt. Und schlimmer noch: Eine Schädigung von DNA-Molekülen, die die Zellvermehrung kontrollieren, kann Krebs hervorrufen. Keine schöne Vorstellung!

Wir sind noch nicht am Ende. Leider gibt es auch noch andere Wege, auf denen sich freie Radikale bilden können. Gewisse weiße Blutkörperchen produzieren sie als Waffe gegen eindringende Mikroorganismen, doch unter dieser körpereigenen Abwehr kann auch gesundes Gewebe leiden, was zu Entzündungen führt. Sonnenlicht, Röntgenstrahlen und Umweltgifte, wie Ozon, können ebenfalls die Bildung von freien Radikalen auslösen. Wenn man dieses düstere Szenario Revue passieren lässt, fragt man sich, warum wir eigentlich so lange leben, wie wir es tun. Nun, unser Körper verfügt über einige bemerkenswerte Abwehrmittel, die Antioxidantien. Wir sind dem Angriff der freien Radikale nicht schutzlos ausgeliefert. Unsere Zellen reagieren darauf, indem sie Enzyme wie Superoxiddismutase und Gluthationperoxidase synthetisieren, die freie Radikale zerstören. Und dann gibt es da noch die wichtigen Antioxidantien in unserer Nahrung, über die so viel geschrieben wird. Vitamin C, Vitamin E und Beta-Karotin reagieren allesamt mit freien Radikalen und schützen damit andere Moleküle vor deren Angriff, wie Professor Keith Ingold von der Universität Ottawa auf elegante Weise beweisen konnte. Wir reden nicht von esoterischen Theorien: Immer mehr Untersuchungen sprechen inzwischen dafür, dass wir unsere gesundheitlichen Aussichten verbessern können, wenn wir unseren Konsum an Nahrungsmitteln erhöhen, die reich an Antioxidantien sind.

Die Frage, die im Kopf des Chemikers herumspukt, ist jedoch, ob wir das ganze Antioxidantien-Szenario mit unserer Konzentration auf Vitamin C, Vitamin E und Beta-Karotin nicht vielleicht allzu stark vereinfacht haben. Schließlich sind Lebensmittel eine unglaubliche Collage verschiedener Chemikalien. Wäre es nicht möglich oder sogar wahrscheinlich, dass die positiven gesundheitlichen Effekte eines hohen Obst- und Gemüsekonsums das Ergebnis des Zusammenwirkens vieler Antioxidantien sind? Die meisten der mehr als zweihundert Untersuchungen, die die gesundheitsförderliche Wirkung von Antioxidantien belegt haben, basierten auf Obst- und Gemüsekonsum statt auf der Einnahme von Nahrungsergänzungsmitteln. Diese Lebensmittel bestehen – neben den Superstar-Vitaminen – aus zahlreichen Komponenten, die zur antioxidativen Wirkung beitragen können. Eine Untersuchung, die an der Cornell-Universität durchgeführt wurde, hat zum Beispiel klar gezeigt, dass Vitamin C als integraler Bestandteil von Fruchtsaft die Bildung von karzinogenen Nitrosaminen im Körper wirksamer verringert als Vitamin C in Supplementform: Offenbar fördert die Chlorogensäure im Saft die Vitamin-C-Aktivität. Was sollen wir also tun?

Eines ist jedenfalls sicher: Wir sollten jeden Tag eine möglichst breite Palette an Obst und Gemüse essen – verteilt auf mindesten fünf Mahlzeiten. Und je bunter der Teller, desto besser. Doch sicher ist auch, dass nur eine Minderheit in den Vereinigten Staaten und in Europa dieser Empfehlung folgt, und aus verschiedenen sozialen und ökonomischen Gründen wird sich daran trotz allen guten Zuredens so schnell wohl auch nicht viel ändern. Überdies kann es sein, dass selbst eine obst- und gemüsereiche Ernährung nicht genügend Vitamin E erhält. Und obwohl viele Behauptungen über die gesundheitlichen Vorzüge von Antioxidantien übertrieben sein mögen, spricht der aktuelle Stand der Forschung dafür, die tägliche Ernährung durch zweihundert Milligramm Vitamin C und zwei- bis vierhundert Internationale Einheiten Vitamin E zu ergänzen. Wenn es auch unrealistisch wäre zu erwarten, dass diese Vitamine die Auswirkungen einer ungesunden Lebensweise kompensieren könnten, überwiegen ihre potenziellen Vorteile gegenüber den Risiken.

Möglicherweise zeigen zukünftige Forschungen, dass andere Antioxidantien – vielleicht sogar BHT – ebenfalls als Nahrungsergänzungsmittel geeignet sind, um den Alterungsprozess zu verlangsamen, der schließlich auch nichts anderes als ein Verfallsprozess ist. Diejenigen, denen die Aussicht auf BHT-Pillen nicht schmeckt, können einfach etwas mehr Cerealien essen, doch prüfen Sie das Etikett: Vergewissern Sie sich, dass das Produkt mit BHT konserviert ist.

Geschichten, die ins Auge fallen

Die Heldentaten der Royal Air Force im Zweiten Weltkrieg sind legendär geworden. Warum waren die britischen Piloten so erfolgreich beim Abschuss der deutschen Bomber? Dem britischen Luftfahrtministerium zufolge beruhte dieser Erfolg auf dem Verzehr großer Mengen von Karotten. Diese Erklärung erschien selbst dem deutschen Geheimdienst glaubhaft, denn Wissenschaftler hatten bereits herausgefunden, dass ein Vitamin-A-Mangel zu Nachtblindheit führen kann. Überdies war bekannt, dass Beta-Karotin, eines der orangefarbenen Karotine, die man in Karotten findet, im Körper in Vitamin A umgewandelt werden konnte. Wenn Karotten dazu führten, dass die britischen Piloten nachts besser sehen konnten, würden sie bei deutschen Piloten gewiss ähnlich wirken. Daher wies die deutsche Luftwaffe ihre Piloten an, Karotten zu essen, bevor sie zu einer Mission aufbrachen, doch ganz gleichgültig, wie viele Möhren sie auch aßen, die Briten behielten die Lufthoheit. Und das lag, wie sich später herausstellte, daran, dass die Erfolge der Royal Air Force gar nichts mit Karotten zu tun hatten.

Die ungewöhnlich gute Nachtsicht der britischen Piloten ging nicht auf Vitamin A zurück, sondern auf eine neue Erfindung namens Radar. An der Süd- und der Ostküste Englands waren Radargeräte installiert worden, die die sich nähernden deutschen Bomber für die britische Luftwaffe sichtbar machen konnten. Das britische Luftfahrtministerium hatte die Karottengeschichte nur ausbaldowert und dem deutschen Geheimdienst diesen Floh ins Ohr gesetzt, damit er nach Karotten statt nach Radarantennen Ausschau hielt. Die Karotten mögen die Sehfähigkeit der Piloten vielleicht nicht verbessert haben, doch aktuelle Untersuchungen haben ergeben, dass Beta-Karotin tatsächlich eine wichtige Rolle für den Erhalt der Gesundheit spielt. Das liegt wahrscheinlich an seiner Fähigkeit, als Antioxidans zu wirken und die lästigen freien Radikale zu neutralisieren, die mit Krebs und Herzkrankheiten in Verbindung gebracht worden sind. Eine Studie an der Johns-Hopkins-Universität, an der mehr als 25 000 Menschen teilnahmen, denen über einen Zeitraum von zehn Jahren Blutproben entnommen wurden, stützt diese Annahme. Personen mit einem niedrigen Beta-Karotinspiegel erkrankten viermal häufiger an einer bestimmten Form von Lungenkrebs. Eine Studie der *Western Electric* in Chicago, in der der Gesundheitszustand von 2107 Arbeitern neunzehn Jahre lang überwacht wurde, ergab ebenfalls, dass die Häufigkeit von Lungenkrebs bei Rauchern, die einen geringen Karotinkonsum aufwiesen, siebenmal höher war als bei Rauchern, die viel karotinreiche Lebensmittel verzehrten. Am *Albert Einstein College for Medicine* in New York fanden Forscher heraus, dass die

Wahrscheinlichkeit, an Gebärmutterhalskrebs zu erkranken, bei Frauen mit einer geringen Karotinaufnahme um das Dreifache erhöht ist.

Es gibt auch interessante Verbindungen zwischen der Aufnahme von Beta-Karotin und Herzerkrankungen. Die 22 000 Ärzte, die an der *Physicians' Health Study* (Studie über die Gesundheit von Ärzten) teilnahmen, waren aufgefordert, jeden zweiten Tag entweder eine Tablette mit fünfzig Milligramm Beta-Karotin oder ein Placebo einzunehmen. Zwar ergaben sich bei den Krebsraten keine signifikanten Unterschiede, doch die Karotin-Tabletten verringerten bei denjenigen Versuchspersonen, die bei Antritt der Studie Anzeichen von Herzerkrankungen gezeigt hatten, das Herzinfarktsrisiko um die Hälfte.

Die weltweit umfangreichste Langzeituntersuchung an Frauen ist die berühmte *Nurses' Health Study* (Studie über die Gesundheit von Krankenschwestern), die von der *Harvard Medical School* koordiniert wurde. An dieser Studie nehmen mehr als 80 000 Krankenschwestern teil, die seit 1980 in bestimmten Zeitabständen anhand detaillierter Fragebögen Auskunft über ihre Ernährungsgewohnheiten geben und denen nach einem statistischen Zufallsverfahren Blutproben entnommen wurden, um den Vitamin- und Beta-Karotin-Gehalt des Blutes zu bestimmen. Auf die Laufzeit der Studie bezogen, wiesen Frauen, die mit ihrer Nahrung täglich mehr als fünfzehn bis zwanzig Milligramm Beta-Karotin zu sich nahmen, im Vergleich zu Frauen, die täglich weniger als sechs Milligramm konsumierten, ein um vierzig Prozent verringertes Schlaganfallrisiko und ein um zweiundzwanzig Prozent reduziertes Herzinfarktrisiko auf. Von tausend Frauen, die unter Angina pectoris litten, hatten diejenigen mit dem höchsten Karotinkonsum ein um achtzig Prozent geringeres Herzinfarktrisiko.

Diese Untersuchungen wurden in der Boulevardpresse breit publiziert, und viele Menschen begannen, Beta-Karotin-Tabletten zu schlucken, doch 1994 war der Boom plötzlich zu Ende, denn eine finnische Studie hatte ergeben, dass Raucher, die Beta-Karotin als Nahrungsergänzungsmittel zu sich nahmen, mit *höherer* Wahrscheinlichkeit an Lungenkrebs erkrankten. Das war ein Schock, denn die Forscher hatten erwartet, dass Raucher – die natürlich ein höheres Lungenkrebsrisiko als Nichtraucher haben – den größten Nutzen aus der Einnahme von Beta-Karotin ziehen würden. Kritiker versuchten, diese Befunde als Ausnahmen abzutun, doch sie wurden zum Schweigen gebracht, als eine amerikanische Studie an Rauchern ebenfalls eine fast dreißigprozentige Zunahme an Lungenkrebs bei Probanden zeigte, die täglich dreißig Milligramm Beta-Karotin in Supplementform zu sich nahmen. Was ging da vor sich? Forscher an der Tufts-Universität versuchten, der Antwort mit Hilfe von Frettchen auf die Spur zu kommen. Sie fütterten ihre Versuchstiere mit hohen Dosen an Beta-Karotin, das von diesen wieselartigen Tieren auf die gleiche Weise wie beim Menschen metabolisiert wird. Ein Teil der Frettchen inhalierte überdies sechs Monate lang das Rauch-Äquivalent von dreißig Zigaretten pro Tag. Die Häufigkeit von Lungentumoren nahm zu, besonders bei den rauchenden Frettchen. Doch diesmal bot die Blutanalyse der Tiere eine mögliche Lösung des Paradoxes: In hohen Konzentrationen wirkt Beta-Karotin nämlich als Oxidationsmittel – statt als Antioxidans.

Die Antioxidanswirkung von Beta-Karotin wird der Tatsache zugeschrieben, dass diese Verbindung freie Radikale dadurch neutralisiert, dass sie ein Elektron abgibt. Im Verlauf dieses Prozesses wird Beta-Karotin jedoch selbst zu einem freien Radikal, das gewebsschädigend wirken kann, wenn es nicht von irgendeinem anderen Molekül «besänftigt» wird, dem es ein Elektron wegschnappen kann. An dieser Stelle kommen die Vitamine C und E ins Spiel. Diese Verbindungen können das Karotin-Radikal entsorgen, ohne dabei eine gefährliche Spezies zu erzeugen. Da Raucher bekanntermaßen einen niedrigen Vitamin-C-Spiegel haben, wird verständlich, dass sie sich durch die Einnahme von Beta-Karotin-Supplementen einem erhöhten Risiko aussetzen.

Weitere Belege für das ungewöhnliche Verhalten von Beta-Karotin liefert – ausgerechnet – Hühnerfutter. Um die Effizienz der Futterverwertung zu steigern, wird dem Futter in der Regel Fett zugesetzt. Ungesättigte Fettsäuren eignen sich zu diesem Zweck besonders gut, weil sie das Ernährungsprofil des Endprodukts verbessern, doch ungesättigte Fette im Fleisch oxidieren leichter als gesättigte Fette, was zu einer Minderung von Geschmack und Textur führt. Die Hersteller haben daher versucht, das Futter mit Vitamin E und Beta-Karotin anzureichern, um die Oxidationsrate zu verringern. Dabei entdeckten sie, dass sich Beta-Karotin wie ein Oxidationsmittel verhält, es sei denn, Vitamin E wird ebenfalls zugegeben. Bei einer genügend hohen Vitamin-E-Zugabe zeigt Beta-Karotin jedoch die erwartete antioxidative Wirkung.

Was sollen wir nun mit diesen Informationen anfangen? Für den Augenblick sollten wir Beta-Karotin-Nahrungsergänzungsmittel wohl erst einmal nicht zu uns nehmen, doch bestimmt weiterhin Lebensmittel verzehren, die reich an Beta-Karotin sind, weil Beta-Karotin möglicherweise andere Nahrungskomponenten braucht, um seinen positiven Effekt ausüben zu können. Es gibt keine Empfehlung, was die tägliche

Aufnahme von Beta-Karotin angeht, doch eine Literaturdurchsicht zeigt, dass es sich empfiehlt, einen täglichen Konsum von zwanzig bis fünfundzwanzig Milligramm anzustreben. Um diese Menge zu veranschaulichen, sei gesagt, dass eine Süßkartoffel rund fünfzehn Milligramm enthält, eine Karotte zwölf Milligramm, eine halbe Cantaloupe-Melone fünf Milligramm, eine Tasse Spinat vier Milligramm und ein Brokkolikopf zwei Milligramm Beta-Karotin.

Die Vorzüge von Beta-Karotin fallen wirklich ins Auge – und da wir gerade übers Sehen sprechen, eine letzte Geschichte. Sie hat nichts mit Nachtblindheit zu tun, sondern mit der Katarakt, auch grauer Star genannt, die weltweit der Hauptgrund für Erblindung ist. Wenn wir älter werden, bewirken Reaktionen von freien Radikalen mit den Proteinen in unserer Linse, dass diese verklumpen und Ablagerungen bilden, die das Licht streuen, bevor es zur Netzhaut gelangen kann. Diese Ablagerungen nennt man Katarakte; sie führen dazu, dass sich die Linse trübt. Neuere Untersuchungen haben gezeigt, dass ein hoher Konsum von antioxidativ wirkenden Nahrungsmitteln, insbesondere von Karotinoiden, das Risiko für eine Kataraktbildung senkt.

Karotten haben vielleicht die deutsche Luftwaffe nicht besiegt, sie können jedoch möglicherweise dazu beitragen, den Krieg gegen Krebs und Herzkrankheiten zu gewinnen. Dadurch, dass sie das Kataraktrisiko senken, könnten sie uns sogar helfen, die Zukunft klarer zu sehen. In gelben und orangefarbenen Obst- und Gemüsesorten steckt eine Menge Gesundheit – und das ist kein Humbug.

Die Kunst des Eierkochens

«Der Schrein ohne Deckel, Schlüssel, Scharnier / birgt einen goldenen Schatz, glaub es mir!» So beschreibt J. R. R. Tolkien das Ei. Es ist tatsächlich ein faszinierender kleiner Schrein, wenn heute auch nicht jedermann der Ansicht ist, dass sein goldener Inhalt einen Schatz darstellt. Die Leute machen sich Sorgen wegen des Cholesterins, und im Eigelb steckt davon wirklich eine ganze Menge – zwei- bis dreihundert Milligramm –, doch es gibt auch eine Menge Missverständnisse, wie dieses Cholesterin unseren Blutcholesterinspiegel beeinflusst.

Die Menge an Cholesterin, die in unserem Blut zirkuliert, hängt in viel größerem Maße vom Gehalt unserer Nahrung an gesättigten Fetten ab als von deren Cholesteringehalt. Untersuchungen haben gezeigt, dass der Cholesteringehalt des Blutes bei den meisten Menschen um maximal 2,5 Prozent pro verzehrtes Ei zunimmt; bei denjenigen, die auch einen erhöhten Triglyzeridspiegel haben, ist es etwas mehr. Das könnte bei jemandem, der jeden Tag zwei Eier isst, eine Rolle spielen, doch für die diejenigen unter uns, die drei bis fünf Eier pro Woche verzehren, ist dieser Effekt ziemlich unbedeutend. Es gibt sogar offenbar einige Glückspilze, deren Cholesterinspiegel völlig unabhängig davon ist, was sie essen: Das *New England Journal of Medicine* hat über den Fall eines 88-jährigen Mannes berichtet, der fünfzehn Jahre hindurch jeden Tag bis zu fünfundzwanzig weich gekochte Eier verzehrt hat und dennoch einen völlig normalen Cholesterinspiegel hatte. Doch bevor jemand dieses Beispiel zum Anlass nimmt, seine eigene Vorliebe für Eier zu rechtfertigen, möchte ich darauf hinweisen, dass Leute, die einen relativ hohen

Eierkonsum haben, Studien zufolge mit höherer Wahrscheinlichkeit an einem Herzinfarkt sterben, gleichgültig, wie ihr Cholesterinspiegel ist. Einige Forscher vermuten daher, dass Cholesterin in der Nahrung auf irgendeine Weise schädlich wirken kann, ohne dass es die Menge an Cholesterin im Blut erhöht.

Offensichtlich lässt sich über die Wirkung von Eiern auf das Herz trefflich streiten. Eierliebhaber und Eierverschmäher können beide Untersuchungen anführen, die ihre Sichtweise belegen, denn es ist sehr schwierig, harte Fakten über die Auswirkungen des Eierkonsums zu erhalten – fast genauso schwierig, wie ein perfekt hart gekochtes Ei zu produzieren. Doch zumindest in diesem Fall ist die Wissenschaft kein Weichei; mit etwas chemischem Wissen können wir ein Ei kreieren, das beim Kochen nicht platzt, sich leicht pellen lässt, kein eingedelltes stumpfes Ende hat und nicht die abstoßende grünliche Verfärbung um den Dotter aufweist.

Zunächst müssen wir verstehen, warum ein Ei hart wird, wenn man es kocht. Das ist einfach eine Frage der Proteinchemie. Ein rohes Ei besteht überwiegend aus Wasser, in dem Eiweißmoleküle, einige Fette und Cholesterin gelöst sind. Die Eiweiße (Proteine), lange Ketten aus Aminosäuren, sind wie kleine Fadenknäuel und treten kaum miteinander in Wechselwirkung. Erhitzen führt dazu, dass sich die Moleküle entrollen und dadurch die Stellen auf ihrer Oberfläche freilegen, wo Verbindungen zu anderen Proteinmolekülen geknüpft werden können – es ist, als ob sich die Fäden entrollen, strecken und anschließend miteinander verflechten. Diese mikroskopische Zusammenballung manifestiert sich makroskopisch als Verfestigung – das Ei wird hart. Die derart verfestigten Moleküle reflektieren überdies mehr Licht, sodass das gekochte Ei seine Transparenz verliert. Wenn das Ei zu lange erhitzt wird, werden die Wassermoleküle, die in der Proteinmatrix gefangen sitzen, herausgequetscht, was zu einer noch dichteren Proteinstruktur und zu einem wenig appetitlichen «Gummiei» führt.

Und was ist mit dem gefürchteten eingedellten stumpfen Ende? So etwas kann auftreten, weil ein rohes Ei die Schale nicht vollständig ausfüllt, sondern eine kleine Lufttasche aufweist, die dem Küken seine ersten Atemzüge erlaubt. Wenn diese Luft beim Kochen nicht entweichen kann, bevor das Eiweiß hart wird, entwickelt sich am stumpfen Ende eine Delle. Bei älteren Eiern passiert so etwas leicht, denn sie haben bereits Feuchtigkeit verloren und weisen daher eine größere Lufttasche auf. Wenn diese Luft erhitzt wird, dehnt sie sich aus und beginnt durch die poröse Schale zu entweichen – das zeigt sich oft anhand einer verräterischen Säule von Luftblasen, die aus einem in heißem Wasser liegenden Ei aufsteigt.

Wenn sich die Luft allzu rasch ausdehnt, kann sie die Schale sprengen und die Köchin mit weißen «Girlanden» ärgern. Diese bilden sich, wenn das flüssige Eiweiß, das Albumin, austritt und im heißen Wasser gerinnt. Dieses Problem lässt sich dadurch umgehen, dass man ein wenig Salz oder Zitronensaft ins Wasser gibt, denn diese Substanzen führen ebenso wie Hitze dazu, dass sich die Proteine sofort auseinander rollen, sich miteinander verbinden und hart werden, sobald das Eiweiß austritt. Auf diese Weise wird der Riss in der Schale rasch versiegelt. Noch besser ist es jedoch, diesem Ungemach vorzubeugen, statt das Problem zu lösen, nachdem es bereits eingetreten ist: Nehmen Sie eine Nadel oder eine Reißzwecke und stechen Sie vor dem Kochen ein kleines Loch ins Ei; die entweichende Luft verhindert, dass sich ein erhöhter Druck aufbaut, und ermöglicht dem Eiweiß, den Raum auszufüllen, der zuvor von der Luft eingenommen wurde. Und so gibt es keine Delle am stumpfen Ende.

Doch das ist längst noch nicht alles, was gelehrte Eierköpfe übers Eierkochen herausgefunden haben. Wenn man ein kaltes Ei in heißes Wasser gibt, beginnt die Schale, sich auszudehnen. Da die Schale aber nicht überall gleichmäßig dick ist, dehnen sich manche Stellen rascher aus als andere – die daraus resultierenden Spannungen führen schließlich dazu, dass die Schale bricht. Die Lösung ist, das Ei in kaltes Wasser zu geben, das Wasser zum Kochen zu bringen, die Hitze zu reduzieren, das Ei zehn Minuten lang köcheln zu lassen, es dann in kaltes Wasser zu tauchen und anschließend zu pellen. Wenn Ihnen das zu umständlich erscheint, können Sie sich auch nach einem Bauern umschauen, der seine Hennen mit Mineralwasser tränkt; das erhöht die Karbonatkonzentration im Blut der Tiere und führt zu dickwandigeren Eiern. So verfährt man in sehr warmen Klimazonen, wo die Hennen stark hecheln und dabei eine Menge Kohlendioxid verlieren.

Eine Eierschale kann auch beim Abkühlen wegen der dabei auftretenden Spannungen platzen, denn einige Stellen der Schale ziehen sich rascher zusammen als andere. Der junge Mann, der sieben Eier in ihrer Schale fünf Minuten lang in der Mikrowelle erhitzte, fand das auf die harte Tour heraus. Irgendwie überstanden die Eier den Druckaufbau im Mikrowellenherd, doch als sich der hungrige Mann zu Tisch setzte, um zu essen, explodierten sechs der sieben Eier, und er erlitt schwere Brandverletzungen im Gesicht.

Wie leicht sich ein Ei schälen lässt, hängt von seinem Alter ab. Frische Eier haben in der Regel einen höheren Kohlendioxidgehalt, und ein Teil dieses Gases löst sich in der im Ei enthaltenen Feuchtigkeit und bildet Kohlensäure. Wenn ein Ei altert, diffundiert das Kohlendioxid hinaus, und der Inhalt wird weniger sauer. Das schwächt die innere Membran, die das Ei umhüllt, und verhindert, dass sie an dem hart gewordenen Eiweiß klebt. Forscher haben nachgewiesen, dass sich frische Eier, die man Ammoniakdämpfen aussetzt, die in der Lage sind, Säuren zu neutralisieren, leicht pellen lassen. Und woher wissen Sie, ob es beim Pellen Probleme geben wird? Legen Sie das Ei einfach in einen Topf mit kaltem Wasser: Ein frisches Ei hat eine kleine Lufttasche und sinkt, ein älteres Ei schwimmt hingegen.

Selbst ein perfekt geformtes und gepelltes hart gekochtes Ei kann tief im Inneren ein Geheimnis bergen – die grünlich gefärbte äußere Dotterschicht. Kein Grund zur Sorge, es handelt sich nur um eine geringe Menge von harmlosem Eisensulfid. Eigelb enthält Eisen, und dieses Eisen reagiert mit dem Schwefelwasserstoffgas, das sich bildet, wenn sich einige Proteine im Eiweiß beim Erhitzen zersetzen. Je älter das Ei, desto eher kommt es zur Bildung von Schwefelwasserstoff. Wenn sich das Gas bildet, steigt sein Druck aufgrund der hohen Temperatur, und es wandert in kühlere Regionen – namentlich zum Dotter. Daher ist das Heilmittel gegen Dotterverfärbung, das gekochte Ei möglichst rasch in kaltes Wasser zu tauchen, wodurch eine alternative Region mit niedrigem Druck entsteht, die den Schwefelwasserstoff anzieht.

Fassen wir nun das Ganze zusammen: Nehmen Sie ein Ei, das mindestens eine Woche im Kühlschrank gelegen hat, stechen Sie mit einer Reißzwecke ein Loch ins stumpfe Ende, legen Sie das Ei in kaltes, gesalzenes Wasser, bringen Sie das Wasser zum Kochen, reduzieren Sie die Hitze und lassen das Ei zehn Minuten köcheln, tauchen Sie es in kaltes Wasser und pellen Sie es. Und lassen Sie die Finger von der Mikrowelle! Sie könnten sonst schön dumm dastehen!

Das Chinarestaurant-Syndrom

«Kein MNG» heißt es auf dem Schild im Fenster des Chinarestaurants in Anspielung auf den beliebten Geschmacksverstärker. Warum sollte man ihn weglassen? Gehen Leute nicht ins Restaurant, um leckeres Essen vorgesetzt zu bekommen? Natürlich tun sie das, doch sie hoffen auch, dass sie für ein derartiges Geschmackserlebnis nicht mit ihrer Gesundheit bezahlen müssen, und es wird allgemein angenommen, dass genau das passiert, wenn man Speisen mit Mononatriumglutamat würzt. Diese Annahme ist weitgehend falsch.

Mononatriumglutamat (MNG) ist vielleicht der am meisten verteufelte und missverstandene Nahrungsmittelzusatz, den wir kennen. Die meisten Leute vermuten, MNG sei eine dieser fragwürdigen Substanzen, die von der modernen Chemietechnologie auf die Menschheit losgelassen werden. Glutaminsäure und ihre Derivate sind aber auch in der Natur weit verbreitet. Selbst im menschlichen Körper findet sich Glutamat; es ist der wichtigste erregende chemische Botenstoff oder Neurotransmitter im Zentralnervensystem.

In der fernöstlichen Küche werden Speisen schon seit langem mit Algen und Sojasauce gewürzt, doch erst 1908 entdeckte ein japanischer Forscher die geheimnisvolle Substanz, die hinter ihrer Wirkung stand: Mononatriumglutamat, das Salz einer häufig vorkommenden Aminosäure. Heute wird MNG in großem Maßstab mit Hilfe eines Fermentationsprozesses hergestellt, bei dem Rübenzucker oder Maissirup in Glutaminsäure umgewandelt werden.

Man findet Glutaminsäure auch in einer breiten Palette von Lebensmitteln. Die Fähigkeit von Pilzen und Tomaten, das Aroma verschiedener Speisen zu verstärken, beruht auf ihrem hohen Gehalt an freien Glutaminsäuren. Käse wie Parmesan und Camembert verdanken ihren typischen Geschmack ebenfalls zum Teil der Glutaminsäure. Offensichtlich kommt Glutaminsäure also in der Nahrung, die wir tagtäglich zu uns nehmen, häufig vor. Tatsächlich zeigen Berechnungen, dass unser Konsum von natürlich vorkommender Glutaminsäure viel größer ist als derjenige von MNG-Zusätzen. Warum daher die ganze Aufregung über Mononatriumglutamat?

Im Jahre 1968 stellte Dr. Ho Man Kwok, ein amerikanischer Arzt chinesischer Abstammung, kurze Zeit nach Verzehr einer Mahlzeit in einem Chinarestaurant ein beklemmendes Gefühl in der Brust, Versteifung der Kiefermuskulatur, Kopfschmerzen und ein Brennen im Nacken fest. In einem Brief an das *New England Journal of Medicine* prägte er den Begriff «Chinarestaurant-Syndrom» für diesen Symptomkomplex.

Die Häufigkeit des «Chinarestaurant-Syndroms» ist ein kontroverses Thema. Zweifellos leiden einige Leute unter einem derartigen Symptomkomplex, und in einigen Fällen lassen sich diese Beschwerden durch die intravenöse Verabreichung von MNG auslösen. Die subjektiven Symptome sind jedoch nicht durchgängig, und objektive Symptome, wie Herzschlagfrequenz, Blutdruck und Hauttemperatur, ändern sich während eines «Anfalls» nicht. Eine sehr viel ernsthaftere, aber glücklicherweise sehr seltene Reaktion auf MNG ist ein Asthmaanfall. Es gibt zumindest einen belegten Fall, in dem es in diesem Zusammenhang zu einem Atemstillstand kam – so geschehen bei einer Frau innerhalb einer Stunde nach Verzehr einer Mahlzeit, die aus Wonton-Suppe, Mandelhähnchen und Szetschuan-Rindfleisch bestand. Vor der Mahlzeit hatte sie elf Stunden lang nichts gegessen und reagierte bekanntermaßen empfindlich auf Sulfit. Hier ergab ein Doppelblindversuch, dass MNG vermutlich der Auslöser war.

In diesem Zusammenhang sind noch andere Befürchtungen geäußert worden. Eine Studie aus dem Jahre 1969, die von John Olney an der Universität Washington durchgeführt wurde, kam zu dem Schluss, dass massive MNG-Dosen bei Mäusen zu einer Zerstörung von Gehirnzellen führen. Dieser Befund führte dazu, dass die Hersteller von Babynahrung freiwillig MNG aus ihren Produkten eliminierten. Die Bedeutung dieses Befundes für den Menschen ist jedoch fraglich, denn eine Reihe weiterer Untersuchungen mit Primaten, zu denen auch wir Menschen gehören, ergab keine negativen Folgen, wenn die Tiere zwangsweise mit hohen MNG-Dosen gefüttert oder ihnen MNG-Spritzen verabreicht wurden.

Nur in einem seltenen Fall war MNG anscheinend die Ursache für Anfälle bei einem kleinen Jungen. Die Tatsache, dass die Anfälle aufhörten, als alle MNG-haltigen Lebensmittel von seinem Speiseplan gestrichen wurden, ist jedoch kein überzeugender Beweis dafür, dass Mononatriumglutamat tatsächlich schuld daran war, denn mit den vorverarbeiteten Lebensmitteln wurden auch zahlreiche andere Nahrungskomponenten eliminiert.

Neue Nahrung erhielt die MNG-Diskussion 1992, als das einflussreiche CBS-Programm *60 Minuten* einen Bericht über eine Frau brachte, die behauptete, sie habe sich einer unnötigen Operation unterziehen müssen, weil nicht erkannt worden sei, dass MNG der Grund ihrer Magenbeschwerden war.

In derselben Sendung kam auch eine Mutter zu Wort, die die Hyperaktivität ihres Sohnes und seine schlechten Schulnoten auf MNG zurückführte. Und dann trat Olney im weißen Laborkittel auf und behauptete ohne überzeugende Beweise, dass MNG bei einigen Menschen zu Gehirnschäden führen könne. Der ganze Bericht war unverantwortlich und überging die zahlreichen Untersuchungen seit 1968, die zeigen, dass es vielleicht einige isolierte Überempfindlichkeitsreaktionen gibt, MNG jedoch keineswegs der Übeltäter ist.

1992 beauftragte die amerikanische *Food and Drug Administration* (FDA; das Pendant zu unserem Bundesgesundheitsamt) ein unabhängiges Gremium von Wissenschaftlern, sich des Themas MNG anzunehmen, da die Bevölkerung sehr verunsichert war. In einem umfassenden Bericht, der 1995 veröffentlicht wurde, kam das Gremium nach gut kontrollierten Doppelblindversuchen zu dem Schluss, dass MNG kein Problem darstellt, wenn es in normalen Mengen konsumiert wird, in hohen Dosen jedoch bei einem sehr kleinen Prozentsatz der Bevölkerung zu Magenbrennen, Gesichtsstarre, Kopfschmerzen, Schwindel und Schwächegefühl führen kann.

Typischerweise gibt es einen Schwelleneffekt: Die Symptome, die ich gerade aufgezählt habe, wurden nur bei Leuten beobachtet, die mehr als 2,5 Gramm MNG bei einer einzigen Mahlzeit zu sich genommen hatten. Je nach Speisefolge kann man diese Menge im Lauf einer chinesischen Mahlzeit zu sich nehmen. Dennoch meinten die Forscher, es sei wohl unfair, der chinesischen Küche ein negatives Etikett zu verpassen, denn andere Gerichte, wie Spaghetti mit Tomatensauce und Parmesankäse, können eine ebenso hohe Glutamatkonzentration aufweisen, daher schlugen sie vor, den Namen «Chinarestaurant-Syndrom» durch den neutralen Begriff «MNG-Symptomkomplex» zu ersetzen.

Jüngst hat eine kanadische Untersuchung die Sicherheit von MNG weiter unterstrichen. Eine Studie mit einundsechzig Probanden, die behaupteten, empfindlich auf MNG zu reagieren, ergab eindeutig, dass sich bei einem Konsum von weniger als 2,5 Gramm kein Unterschied zwischen MNG und einem Placebo feststellen ließ. Das liegt weit über dem durchschnittlichen Tageskonsum eines Nordamerikaners oder Europäers.

Wissenschaftliche Untersuchungen zeigen deutlich, dass MNG keine Geißel der Menschheit ist. Oft dient es als Sündenbock für alle negativen Effekte, die jemand nach einer Mahlzeit verspüren mag – tatsächlich berichten rund vierzig Prozent der Bevölkerung von unangenehmen Symptomen, gleichgültig, welche Nahrung ihnen im Test vorgesetzt wird. Einige reagieren jedoch wirklich auf MNG, besonders dann, wenn sie hohe Dosen auf leeren Magen zu sich nehmen. Die Symptome variieren, und sie sind in der Regel ebenso vorübergehend wie harmlos und spiegeln sich nicht in objektiven Messwerten oder erhöhten Glutamat-Blutwerten wider. In seltenen Fällen können große MNG-Mengen Asthmaanfälle auslösen.

All dieses Gerede über Essen und Geschmacksverstärker hat mich hungrig gemacht. Ich könnte Pizza essen gehen. Bei dieser Mischung aus Pilzen, Käse und Tomatensauce läuft mir das Wasser im Mund zusammen – das muss an all diesem natürlichen Glutamat liegen. Ich liebe dieses Pizzeria-Syndrom nun einmal!

Für eine Tasse Tee ist immer Zeit

Ich finde, wir sollten mehr Epigallocatechin-3-gallat zu uns nehmen. Das mag ein Zungenbrecher sein, doch das Zeug hat es in sich. Denn EGCG, wie es glücklicherweise abgekürzt wird, könnte einen signifikanten Schutz gegen zwei der Hauptgeißeln unserer Tage bieten, Krebs und Herzkrankheiten. Und die gute Nachricht ist, dass wir, um seine Vorzüge zu genießen, weder Tabletten zu schlucken noch seltsame Gebräue zu trinken oder irgendwelche Sprossen zu verzehren brauchen, sondern uns ganz einfach angewöhnen müssen, Tee zu trinken.

Sich diese Gewohnheit anzueignen, ist nicht schwierig. Milliarden Leute rund um die Welt trinken regelmäßig Tee – Tee ist nach Wasser das am häufigsten konsumierte Getränk. Es heißt, dass die erste Tasse Tee zufällig am Hof des chinesischen Kaisers Shen Nung vor fast 5000 Jahren aufgebrüht wurde. Das Trinkwasser des Kaisers wurde stets abgekocht, und einige Blätter der brennenden Zweige unter dem Kessel wurden aufgewirbelt und fielen in das kochende Wasser. Als der Kaiser das Gebräu trank, stellte er fest, dass es nicht nur seinen Durst löschte, sondern auch sein Schlafbedürfnis verringerte. Was für den Kaiser gut genug war, sollte es auch für die Bevölkerung sein, und Tee wurde bald zum beliebtesten Getränk in ganz China.

Im 17. Jahrhundert gelangte Tee nach Europa, doch es dauerte einige Zeit, bis das Teetrinken dort populär wurde. Tee war teuer, und viele Kirchenmänner verteufelten ihn als gefährliches Rauschmittel. Manchmal nahmen ihre Verleumdungen spektakuläre Formen an: In England demonstrierte Pastor Hale, dass der Schwanz eines Milchferkels, den man in eine

Tasse Tee tauchte, auf der Stelle sämtliche Haare verlor. Die meisten Leute erkannten die Absurdität dieses Experiments, und trotz aller Anstrengungen des Kirchenmannes erlitt der Teeverkauf keine Einbußen.

Heute wird mehr Tee getrunken als je zuvor. Alle Teesorten – mit Ausnahmen von Kräutertees – werden aus den Blättern des Teestrauchs *Camellia sinensis* hergestellt. Dabei entscheidet die Wahl der Blätter über das Aroma des Getränks: Orange-Pekoe-Tee wird zum Beispiel aus dem zweiten Blatt gleich nach der Knospe gebraut, Pekoe aus dem dritten Blatt. Ganz offensichtlich ist das Pflücken von Tee keine einfache Angelegenheit, und das Gleiche gilt für die Enträtselung seiner Geheimnisse.

Wie viele Naturprodukte enthält Tee Hunderte von organischen Verbindungen. Die typischsten dieser Inhaltsstoffe werden oft als Flavonoide oder Polyphenole bezeichnet. Eine Unterklasse der Flavonoide, die Catechine, zu denen auch EGCG gehört, ist sowohl für das Aroma als auch für die positiven gesundhitlichen Wirkungen von Tee verantwortlich. Wie hoch der Gehalt des Endprodukts an diesen Verbindungen ist, hängt von der Verarbeitung der Blätter ab. Um schwarzen Tee herzustellen, werden die getrockneten Blätter zerstoßen, wodurch Enzyme freigesetzt werden, die im Verlauf einiger Stunden mit den Catechinen reagieren und zu Aroma- und Farbveränderungen führen. Das wird häufig als Fermentierung bezeichnet. Grüner Tee ist nicht fermentiert; er wird hergestellt, indem man die Blätter zunächst erhitzt, um jede Enzymaktivität zum Erliegen zu bringen. Oolong-Tee, der zu den Rauchtees zählt, wird auf besondere Weise fermentiert. Die höchste Catechinkonzentration findet man daher in grünem Tee.

Das aktuelle Interesse an den gesundheitsfördernden Auswirkungen von Tee wurde durch eine niederländische Studie aus dem Jahre 1993 geweckt, in der eine Verbindung zwischen Nahrungsmitteln mit einem hohen Flavonoidgehalt und einer niedrigen Rate an Herzerkrankungen festgestellt wurde. Besonders bemerkenswert war der Schutz, den offenbar schon der Genuss von vier Tassen Tee pro Tag bewirkte, sowie die Beobachtung, dass Herz-Kreislauf-Erkrankungen in China, wo viel Tee getrunken wird, sehr selten sind – sie kommen vier Fünftel weniger vor als in westlichen Industrienationen. Die Studie bot eine logische Erklärung für diesen Schutzeffekt: Ein hoher Cholesterinspiegel im Blut ist ein bekannter Risikofaktor für Herzkrankheiten, doch wir wissen, dass es erst dann zur eigentlichen Schädigung der Arterien kommt, wenn das Cholesterin oxidiert wird. Dieser Vorgang führt zu diesen hochaktiven und potenziell gefährlichen Verbindungen, die heute in aller Munde sind: freie Radikale. Die niederländische Studie wies nach, dass Catechine hochwirksame «Antioxidantien» sind, das heißt, sie fangen freie Radikale ab und machen sie unschädlich.

Freie Radikale spielen vermutlich auch bei der Entstehung von Krebs eine Rolle, daher ist es vielleicht nicht verwunderlich, dass die Lungenkrebsrate in Japan niedriger ist als in den Vereinigten Staaten, obwohl die Japaner mehr rauchen. Sie trinken schließlich eine Menge grünen Tee. Eine chinesische Untersuchung hat gezeigt, dass Menschen, die große Mengen grünen Tees tranken, seltener unter Speiseröhrenkrebs litten, und in einer amerikanischen Studie wurde festgestellt, dass langfristiges Teetrinken vor Bauchspeicheldrüsenkrebs schützt.

Auch bei Tierversuchen ließ sich die gesundheitsfördernde

Wirkung von Tee belegen. Ratten, die mit Cholesterin und grünem Tee-Extrakt gefüttert wurden, wiesen einen niedrigeren Cholesterinspiegel auf als eine Kontrollgruppe, die keinen grünen Tee zu sich genommen hatte. Mäuse, die grünen Tee mit ihrem Trinkwasser aufnahmen, entwickelten weniger Tumoren, als sie Karzinogenen aus Tabakrauch ausgesetzt wurden. Und Mäuse, die mit ultraviolettem Licht bestrahlt wurden, hatten seltener Hautkrebs, wenn sie grünen Tee zu trinken bekamen.

Laborexperimente bestätigen die antioxidative Wirkung von Tee. Freie Radikale, die chemisch in einem Teströhrchen erzeugt werden, werden von Tee effektiver neutralisiert als von Antioxidantien, wie man sie in Obst und Gemüse findet. Nur Knoblauch kommt dem nahe. In jüngster Zeit ist es möglich geworden, die Fähigkeit verschiedener Substanzen zu messen, freie Radikale im menschlichen Plasma einzufangen, und wieder erwies sich Tee als Superstar. Im Labor tötet EGCG in Kultur gehaltene menschliche Krebszellen, ohne die normalen Zellen zu schädigen. Andere Untersuchungen haben gezeigt, dass Tee die Konzentration von Enzymen erhöht, die Toxine aus dem Körper entfernen, und die Aktivität eines anderen Enzyms, Urokinase, verringern, das von Krebszellen dazu benutzt wird, in gesundes Gewebe einzudringen. Aber natürlich kann keine Populationsstudie, kein Tierexperiment und kein Labortest beweisen, dass Tee Menschen effektiv vor Krebs schützt. Das können nur kontrollierte klinische Studien am Menschen, und inzwischen liegen die Ergebnisse einer solchen Studie vor. Chinesische Forscher verfolgten die Fortschritte einer Gruppe von Patienten, bei denen präkanzerogene Schädigungen im Mundbereich festgestellt worden waren. Normalerweise würde man erwarten, dass ein hoher

Prozentsatz dieser Menschen Krebs entwickelt. Der einen Hälfte der Patienten wurde regelmäßig eine Mischung aus grünen und schwarzen Tee-Extrakten, der anderen Hälfte ein Placebo verabreicht. Nach sechs Monaten waren die Schädigungen bei der Gruppe, die Tee getrunken hatte, drastisch zurückgegangen. Sehr eindrucksvoll.

Eine Folge dieser Teestudien war, dass einige Drogerien und Reformhäuser in den USA inzwischen Teekapseln anbieten. Auf dem Beipackzettel ist zu lesen, dass eine solche Kapsel vier Tassen Tee entspricht, und das Produkt liefert möglicherweise auch das, was draufsteht – insbesondere die Catechine –, doch niemand hat bisher eine kontrollierte klinische Studie mit diesen Nahrungsergänzungsmitteln durchgeführt. In einigen Eisdielen wird sogar Grüner-Tee-Eis angeboten. Wie viele und welche Catechine diese Delikatesse enthält, die einem das Wasser im Mund zusammenlaufen lassen kann, bleibt jedoch offen. Warum nicht stattdessen Tee trinken? Er schmeckt gut und bekommt uns möglicherweise gut. Von welchen Nahrungsmitteln kann man das schon sagen?

Wenn Sie immer noch nicht zum Herd eilen, um den Wasserkessel aufzusetzen, dann hören Sie sich Folgendes an: Tee-Catechine hemmen die Aktivität von Bakterien im Mund, die zahnzersetzende Säuren bilden; Tee enthält Fluorid, das die Zähne stärkt, und das ist noch nicht alles – Sie können sich mit Tee sogar die Haare färben oder Ihre Füße darin baden, um die Geruchsbildung zu hemmen. Hat Tee auch Nachteile? Kinder sollten vielleicht nicht zu viel davon trinken, denn er enthält Koffein – Tee hat etwa ein Drittel des Koffeingehalts von Kaffee –, und seine Polyphenole können die Eisenresorption stören. Für alle übrigen von uns sind ein paar Tassen Tee pro Tag genau das, was unser Chemiehaushalt benötigt. Ich bin dazu übergegangen, Gunpowder-Tee (*gunpowder*: Schießpulver) zu trinken, der so heißt, weil seine Blätter zu kleinen grünen Bällen aufgerollt werden, die wie Gewehrkugeln aussehen. Der Tee ist grün, enthält also viel EGCG. Ich habe sogar schon daran gedacht, sein antioxidatives Potenzial dadurch zu verstärken, dass ich ihn zusammen mit Knoblauch aufbrühe, doch das würde sicher zu einem Sturm im Teekessel führen.

Köstliche Tomaten

Am 26. September 1820 versammelten sich rund 2000 Bürger von Salem, New Jersey, vor dem Gerichtssaal, um einem Ereignis beizuwohnen, das sie für einen Selbstmordversuch hielten. Oberst Robert Gibbon Johnson machte Anstalten, einen ganzen Korb voller Tomaten zu essen. In Europa galten Tomaten – oder «Liebesäpfel», wie sie dort auch genannt wurden – als Aphrodisiakum und wurden viel verzehrt, doch in England und in Amerika hielt man sie für giftig und machte sie für eine ganze Reihe von Krankheiten verantwortlich, von Magenkrebs bis Hirnhautentzündung.

Für diese Vermutungen gab es überhaupt keinen Anlass, abgesehen von der Tatsache, dass Tomaten zur selben Pflanzenfamilie wie der tödliche Bittersüße Nachtschatten gehören. Die Leute nahmen einfach an, dass auch Tomaten giftig sein müssten. Grüne Tomaten enthalten tatsächlich eine potenziell toxische Substanz, das Tomatin, doch in reifen Tomaten ist die Menge an Tomatin verschwindend gering.

Johnson war zwar als Rechtsanwalt ausgebildet, hatte aber

schon bald begonnen, sich für Landwirtschaft zu interessieren. Er war kreuz und quer durch Europa gereist und hatte miterlebt, wie die Italiener ohne negative Folgen große Tomatenmengen verzehrten. Also dachte er, die Zeit sei reif für eine Ehrenrettung der Tomate in Amerika. Im Jahre 1808 stellte Johnson die Frucht Farmern in New Jersey vor und bot einen Preis für die größte Tomate, doch als er ankündigte, er würde öffentlich einen Korb voller Tomaten verzehren, warnte ihn sein Arzt eindringlich: «Du wirst Schaum vor dem Mund entwickeln und dich vor Magenschmerzen krümmen. All diese Oxalsäure – eine einzige Dosis, und du bist ein toter Mann.» Johnsons New Jerseyer Mitbürger waren geneigt, den düsteren Prophezeiungen des Arztes zu glauben.

Als der Schicksalstag anbrach, begann der unerschrockene Johnson, eine Tomate nach der anderen zu essen, während die örtliche Musikgruppe einen Trauermarsch spielte. Männer und Frauen starrten den Wagemutigen ungläubig an. «Es wird die Zeit kommen, in der diese saftigen Tomaten, reich an Nährwert, die Grundlage einer großen Gartenindustrie bilden werden», erklärte der unternehmungsfreudige Johnson seinen Zuhörern. Zum Erstaunen der Umstehenden fuhr er fort, den Korb zu leeren, und die Kunde von seinem Kunststück wurde von der Presse im ganzen Land verbreitet. Seitdem ist der Anbau von Tomaten in Nordamerika zu einem der wichtigsten landwirtschaftlichen Erwerbszweige geworden.

Tomaten wurden so populär, dass Importeure die Früchte zur Ergänzung der lokalen Produktion per Schiff von den Westindischen Inseln einführten. Ja, die *Früchte*. Botanisch sind Tomaten genau das: Laut Definition ist die Frucht der Teil der Pflanze, der die Samen enthält und sich aus dem Fruchtknoten der Blüte entwickelt. Daher sind Tomaten ebenso wie grüne Bohnen, Auberginen und Gurken, «technisch» gesehen, Früchte.

Die tief verwurzelte Vorstellung, dass es sich bei Tomaten um Gemüse und nicht um Früchte handelt, wird durch eine Entscheidung des obersten amerikanischen Gerichts, des Supreme Court, gestützt. Ende des 19. Jahrhunderts durften Früchte zollfrei in die Vereinigten Staaten eingeführt werden, Gemüse jedoch nicht. Ein New Yorker Importeur verlangte nun, seine Tomaten von den Westindischen Inseln sollten zollfrei bleiben, da es sich bei ihnen botanisch um Früchte handelte. Der verantwortliche Zollbeamte ließ sich durch diese Argumentation nicht überzeugen und belegte die Sendung mit einem zehnprozentigen Zoll. Der Importeur ging vor Gericht, und der Prozess durchlief alle Instanzen bis zum Supreme Court, der seine Entscheidung aufgrund der sprachlichen Gewohnheit traf. Tomaten werden in der Regel zur Hauptspeise serviert und nicht wie Früchte zum Dessert, urteilten die Richter. Der Importeur musste den Zoll zahlen, und wir können Tomaten juristisch als Gemüse bezeichnen.

Die Popularität von Tomaten führte zu einem anderen Problem. Ließen sich reife Tomaten über weite Strecken transportieren, ohne weich zu werden oder zu verderben? Leider lautete die Antwort darauf «Nein», doch dieses Hindernis löste eine intensive Erforschung der chemischen Prozesse aus, die an der Reifung beteiligt sind. Schon bald stellte sich heraus, dass Tomatenpflanzen ein Gas namens Äthylen produzierten, das die Reifung einleitete. Und so wurde ein Plan gefasst: Man pflücke die Tomaten, während sie noch grün und fest sind, verschiffe sie an ihren Bestimmungsort und lasse sie reifen, indem man sie mit (billigem und überall verfügbarem) Äthylen begast; die grünen Tomaten würden auf der Reise nicht verderben. Der Plan funktionierte. Die grünen Tomaten wurden in Kartons verpackt, verschifft und begast. Sie sahen wunderbar aus – rot und appetitlich –, doch irgendetwas fehlte: Geschmack. In eine solche Tomate zu beißen, war nicht viel anders, als in den Pappkarton zu beißen, in dem sie verschifft wurde. Das Äthylengas löste die Farbproduktion aus, das war richtig, doch es führte nicht zur Bildung der Säuren und Zucker, die für das wunderbare Aroma und den herrlichen Duft sonnengereifter Tomaten typisch sind. An diesem Punkt machten sich die Gentechniker ans Werk, in der Hoffnung, uns das ganze Jahr hindurch mit schmackhaften Tomaten versorgen zu können.

Wenn eine Tomate in der Sonne reift, entwickelt sie nicht nur Geschmack, sondern beginnt auch, ein fruchterweichendes Enzym namens Polygalakturonase zu produzieren. Wenn es möglich wäre, dieses Enzym zu blockieren, könnte man die Tomaten pflücken, wenn sie reif sind, und sie verschiffen, ohne Gefahr zu laufen, dass sie weich würden. Polygalakturonase bildet sich auf Anweisung eines Moleküls namens Boten-

RNA hin, das sich seinerseits vom «Meistermolekül» des Lebens, der DNA, ableitet. Den Teil des DNA-Moleküls, der den Code für die Bildung einer bestimmten RNA enthält, bezeichnen wir als Gen.

Die Gentechniker mussten nun einen Weg finden, die Boten-RNA zu deaktivieren, bevor diese die Bildung des Weichmacher-Enzyms auslösen konnte. Man wusste, dass sich RNA-Moleküle an andere RNA-Moleküle binden können, wenn diese eine so genannte komplementäre Molekülstruktur haben – etwa so, als füge man die Teile eines Puzzles zusammen.

Theoretisch ließe sich so etwas erreichen, indem man ein «Gegensinn»-Gen in die Tomatenpflanze einbaute, das die Bildung eines anderen Boten-RNA-Moleküls kodiert, das an die «Missetäterin» RNA bindet und diese neutralisiert. Anfang der 1990er Jahre gelang den Biotechnologen des kalifornischen Unternehmens Calgene genau dies, und die «Flavr-Savr»-Tomate, die «Wohlgeschmack-Tomate», war geboren.

Optimismus allenthalben. 1993 prophezeite man bei Calgene: «Wir werden riesige Mengen Tomaten verkaufen, und die Farmer, die Verkäufer, unsere Aktionäre – alle werden reich werden.» Natürlich teilten nicht alle diese Meinung: Widerspruch kam von verschiedenen Aktivisten, die sich wegen der möglichen Auswirkungen des genetischen Herumbastelns an Lebensmitteln sorgten. Auf öffentlichen Veranstaltungen beschworen sie Bilder aus dem klassischen Kultfilm *Der Angriff der Killertomaten* herauf, in dem gigantische Tomatenmutanten außer Rand und Band geraten und Randale machen. Sie drohten, die Unternehmen, die genetisch veränderte Tomaten verwendeten, zu boykottieren und die Tomaten öffentlich zu zertrampeln.

Diese extreme Opposition gegen genetisch veränderte Tomaten ist wissenschaftlich nicht nachvollziehbar. Seit einer ganzen Weile verändern wir die Genetik unserer Nahrungspflanzen mit verschiedenen Kreuzungsmethoden, und bisher hat es noch keine schweren Schäden gegeben. Verständlich sind die Sorgen jedoch, wenn völlig fremde Gene in Nutzpflanzen eingesetzt werden. Beispielsweise ist kürzlich ein Gen aus Nüssen in Sojabohnen eingesetzt worden, um deren Nährwert als Viehfutter zu erhöhen. Einige fürchteten, die derart genetisch veränderten Sojabohnen könnten bei Menschen, die allergisch auf Nüsse reagieren, Allergien auslösen, und Hauttests mit diesen transgenen Sojabohnen haben diese Möglichkeit tatsächlich bestätigt.

Im Fall der Tomaten wurden jedoch keine Gene eingebaut, die für ein neues Protein kodierten. Der einzige Effekt des gentechnischen Eingriffs bestand darin, die Konzentration einer bereits in der Tomate existierenden Verbindung zu verringern – Polygalakturonase. Selbst die überzeugtesten Gegner der «Wohlgeschmack-Tomate» mussten zugeben, dass dies kein Risiko darstelle, doch sie argumentierten, die gentechnische Veränderung von Lebensmitteln müsse gestoppt werden, bevor es zu potenziell gefährlichen Veränderungen komme.

Die rosige Zukunft, die der «Wohlgeschmack-Tomate» vorausgesagt worden ist, hat sich nicht erfüllt. Bei Geschmackstests lag sie nach Ansicht der Juroren irgendwo zwischen den «Papp»-Tomaten und den sonnengereiften Tomaten. Die Hauptschwierigkeit bei dem ganzen Tomaten-Unternehmen war jedoch technischer Natur; anscheinend entsprach das angewendete gentechnische Verfahren nicht ganz dem Stand der Wissenschaft, und der Prozentsatz der Pflanzen, die tatsächlich das gewünschte genetische Merkmal aufwiesen, war zu gering, um kommerziell interessant zu sein. Die Firma Calgene behauptet jedoch, es sei nur eine Frage der Zeit, bis dieses Problem gelöst werde.

Daher sind bisher keine «Wohlgeschmack-Tomaten» auf dem Markt, doch es gibt israelische Tomaten, die selbst nach einer Schiffsreise von mehreren tausend Kilometern noch gut schmecken. Israelische Forscher haben eine Methode gefunden, das Gen zu unterdrücken, auf das Calgene abzielte, und zwar mit Hilfe traditioneller Kreuzungstechniken. Sie haben die Tomate erfolgreich mit der Wildkirsche «vermählt», die eine natürliche Anti-Polygalakturonase-Aktivität aufweist. Diese schmackhaften Tomaten sind nun das ganze Jahr hindurch auf dem Markt.

Und darum sollten wir Tomaten essen – das ganze Jahr hindurch, zumindest, wenn wir dem Rat der Ernährungswissenschaftler folgen. Eine jüngste Untersuchung, die von der *Harvard School of Public Health* durchgeführt wurde, ergab, dass Männer, die zehn oder mehr Portionen von auf Tomaten basierenden Lebensmitteln pro Woche essen, zu fünfundvierzig Prozent weniger an Prostatakrebs erkranken. Spaghettisauce ist das Nahrungsmittel auf Tomatenbasis, das am häufigsten auf den Tisch kommt. Dabei üben gekochte Tomaten anscheinend eine größere Schutzwirkung aus als rohe Tomaten oder Tomatensaft, wahrscheinlich deshalb, weil die Hitze das rote Pigment Lycopin aus den Zellen freisetzt.

Lycopin, ein Karotinoid, könnte eine der schützenden Verbindungen sein. Das hat die Reformkostindustrie dazu veranlasst, Lycopintabletten zu produzieren und als Krebs bekämpfendes Nahrungsergänzungsmittel zu bewerben. Und in diesem Fall könnte an der Werbung etwas dran sein. Eine Studie, die 1999 am Karmanos-Krebsforschungsinstitut in Detroit durchgeführt wurde, ergab, dass Prostatatumoren bei Männern, die präoperativ täglich dreißig Tage lang zwei Tabletten mit fünfzehn Milligramm Lycopin erhielten, an Größe abnahmen und der Krebs weniger aggressiv wurde. Die Blutkonzentration von prostataspezifischem Antigen (PSA), ein Maß für die Tumoraktivität, sank ebenfalls um zwanzig Prozent. Um so viel Lycopin aus frischen Tomaten zu beziehen, müssten wir jeden Tag etwa ein Kilo davon essen; natürlich würden wir damit gleichzeitig auch andere organische Verbindungen zu uns nehmen, wie Chlorogensäure und Kumarinsäure, die ebenfalls mit Wohlbefinden in Verbindung gebracht worden sind.

Wir sind anscheinend seit den Zeiten von Robert Gibbon Johnson einen weiten Weg gegangen und haben viel erreicht, was unsere Wertschätzung der Tomate angeht. Und noch immer wird Johnsons Beitrag zu unserem Gaumenvergnügen (und, wie sich inzwischen herausgestellt hat, zu unserer Gesundheit) jeden August in Salem gedacht: Dann steht ein Mann in der Kleidung der damaligen Zeit auf den Stufen des Gerichtsgebäudes und schickt sich an, in eine frische New Jerseyer Tomate zu beißen, während die Umstehenden rufen: «Nein! Tu's nicht!» Ohne die warnenden Rufe zu beachten, beißt er herzhaft in die rote Frucht, und dann tun es ihm die anderen nach – schließlich stimmt die Chemie bei der Tomate.

Prickelnder Genuss

Der Führer durch das wohl berühmteste Champagnerhaus der Welt erzählt seinen Gästen beim Rundgang eine faszinierende Geschichte: Moët & Chandon in Reims produziert Dom Pérignon, den König der Schaumweine. Das traditionelle halbkugelförmige Champagnerglas, erklärt der Führer, sei damals nach der Brust von Madame Pompadour geformt worden. Die Mätresse Ludwigs XV. soll der Legende zufolge einen Glasbläser mit der Herstellung dieser Gläser beauftragt haben, um dem König eine Freude zu machen, der von ihrem Busen so betört war. Die Touristen schlucken die Geschichte gern, wahrscheinlich sogar leichter, als sich Champagner aus diesen halbkugelförmigen Gläsern trinken lässt.

Wie diese Gläser auch immer entstanden sein mögen, eines ist sicher: Sie haben die falsche Form, um daraus Champagner zu trinken. Ohne Zweifel liegt der Reiz dieses erhabenen Getränks in den Gasperlen – rund fünf Millionen pro Glas. Und es wird sehr viel Mühe darauf verwendet, sie im Getränk zu halten. Ein flaches Glas hat eine große Oberfläche, an der die Flüssigkeit mit der Luft in Kontakt kommt, und erhöht dadurch die Geschwindigkeit, mit der die Bläschen entkommen. Im Idealfall sollte Champagner daher aus hohen, engen Gläsern genippt werden. Warum sollten wir der Art und Weise, wie wir unseren Champagner trinken, so viel Wert beimessen? Weil wir, wenn wir schon ein Vermögen für eine Flasche dieses «Königs der Weine und Weines der Könige» gezahlt haben, auch voll von dessen angestrebter Wirkung profitieren sollten – das heißt, die Bläschen sollten im Mund zerplatzen und nicht im Glas, das wir noch in der Hand halten.

Die Löslichkeit von Kohlendioxid nimmt mit steigender Temperatur ab. Wenn Champagner kühl serviert wird, wird daher die Menge an Gas, das entweicht, bevor wir das Glas heben, minimiert und damit sichergestellt, dass wir ein aufregendes Prickeln verspüren, wenn die kalte Flüssigkeit mit unserem warmen Mund in Berührung kommt. Es ist auch wichtig, Champagner aus Gläsern guter Qualität mit möglichst wenig Unreinheiten zu trinken. In kleinen Kerben können sich winzige Luftblasen fangen, wenn das Getränk eingeschüttet wird, und das gelöste Kohlendioxid verdampft dann in diese Blasen. Da Kohlendioxid weniger dicht ist als die umgebende Lösung, streben die Blasen nach oben. Aus demselben Grund sind Sektquirle, deren Oberfläche viele kleine Macken aufweisen kann, bei Champagner offensichtlich fehl am Platz.

So viel zu den Bläschen. Was ist nun mit dem Getränk selbst? Dieses königliche Nass wird hauptsächlich aus den blauen Trauben hergestellt, die in der französischen Champagne angebaut werden. Von dem Augenblick an, wenn die Pinot-noir-Trauben (Roter Burgunder) im Weinberg gepresst werden – wo eine fast fanatische Sorge darauf verwendet wird, dass nicht einmal ein kleiner Fetzen dunkler Schale in dem weißen Saft endet –, bis zu dem Moment, wenn der Korken knallt, wird Champagner mehr gehegt und gepflegt als irgendein anderer Wein auf der Welt.

Dom Pérignon, ein blinder Mönch, brachte die ganze Sache im 18. Jahrhundert ins Rollen. Er entdeckte, dass die Kohlendioxidperlen nicht entkommen konnten, wenn man eine Flasche Wein vor Abschluss des Gärungsprozesses dicht verschloss, wodurch ein perlendes Getränk entstand. Aufgrund seines gut entwickelten Geruchssinns, Folge seiner Blindheit, konnte er das Aroma des Weines durch den geschickten Verschnitt verschiedener Traubensäfte optimieren. Bis heute wird Champagner nach der von Dom Pérignon entwickelten Methode hergestellt.

Die verschnittenen Traubensäfte werden vergoren, gefiltert und auf Flaschen gezogen. Rosafarbener Champagner verdankt seine Tönung einem Schuss Rotwein. Bevor die Flasche verkorkt und der Korken mit einem Drahtkäfig gesichert wird, werden zusätzlich etwas Zucker und Hefe zugegeben, um die so genannte zweite Gärung in Gang zu bringen, die im Verlauf von mehreren Jahren in der Flasche stattfindet. Während dieser Zeit sammelt sich ein Bodensatz an, der vorwiegend aus toten Hefezellen besteht und mittels einer ausgeklügelten Prozedur entfernt werden muss. Die Flaschen werden mit dem Hals nach unten in Regalen gelagert, in denen sich der Neigungswinkel allmählich vergrößern lässt. Um sicherzustellen, dass sich der Bodensatz im Hals ansammelt, schreitet der «Umlagerer» die Gänge ab, um jeder Flasche einen kleinen Dreh nach rechts und dann nach links zu geben. Pro Tag bewegt er etwa 30 000 Flaschen, doch dies ist eindeutig keine sehr anregende Tätigkeit. Der «Umlagerer» muss dafür reichlich entlohnt werden, und das schlägt sich in den Endkosten des Champagners nieder.

Nachdem die zweite Gärung abgeschlossen ist, ist die Flasche bereit für das Degorgieren. Der Hals wird in eine gefrierende Salzlösung getaucht, bis sich der Wein und der Bodensatz im Hals verfestigen. Bei der klassischen Vorgehensweise entkorkt ein höchst erfahrener und geschickter Degorgierer die Flasche, sodass der Eispfropfen herausschießen kann; inzwischen übernehmen Maschinen diese Arbeit, es sei denn, es handelt sich wirklich um Champagner allererster Güte. Anschließend wird Zucker zugegeben – die Menge entscheidet darüber, ob der Champagner später *brut* (herb), *sec* (trocken) oder *demi-sec* (halbtrocken) sein wird –, wonach die Flasche rasch wieder verschlossen wird. Noch ein paar Jahre Alterung, und der Korken kann knallen.

Im Gegensatz zum nordamerikanischen Brauch ist es schlechter Stil, den Korken gegen die Decke zu schießen. (Es gilt auch als unfein, Champagner aus einem Schuh zu trinken.) Der Korken sollte festgehalten und die Flasche beim Einschenken vorsichtig gedreht werden, sodass die Bläschen im Glas und nicht auf dem Boden landen. Für diejenigen, denen es an Geschick mangelt, hat ein französischer Erfinder einen Korken entwickelt, der mit einem Hahn versehen ist, der, wenn er gezogen wird, den Druck ablässt. Dann kann das Drahtgehäuse entfernt und der Korken problemlos gezogen werden.

Traditionalisten wenden sich mit Grausen von dieser Erfindung ab, doch sie könnte Schlimmes verhindern. Dabei fallen mir verschiedene Beispiele ein: Vor ein paar Jahren verlor eine britische Schönheitskönigin durch einen fliegenden Korken beinahe das Augenlicht, und bei einer anderen Gelegenheit schoss ein Korken bei der Eröffnung einer Kunstausstellung in Bristol direkt durch ein teures viktorianisches Ölgemälde.

Nun, da wir alles über Bläschen und Korken und zweite Gärung wissen, bleibt doch noch eine quälende Frage: Stimmt es, dass Champagnertrinker schneller blau werden? Ja, so ist es. Kohlendioxid beschleunigt den Übertritt von Alkohol in die Blutbahn. Die Freisetzung des Gases aus dem Champagner im Magen führt dazu, dass sich das Pförtnerventil zwischen Magen und Dünndarm öffnet. Da die Resorption im Dünndarm rascher erfolgt als im Magen, verspürt man die Wirkung des Alkohols schneller als bei nichtperlenden alkoholischen Getränken. Das gilt besonders dann, wenn Champagner im Flugzeug getrunken wird, wo die Gasblasen aufgrund des geringeren Luftdrucks noch rascher freigesetzt werden.

Und schließlich, was ist an der alten Geschichte dran, dass man die Kohlensäure in einer angebrochenen Flasche Champagner halten kann, wenn man einen silbernen Löffel in den

Hals hängt? Seien Sie gewarnt! Mit dieser Maßnahme erreichen Sie nämlich genau das Gegenteil des erwünschten Effekts: Damit schaffen Sie Kondensationsmöglichkeiten, was zu einem noch rascheren Verlust der Bläschen führt. Ein letzter Kommentar: Eine Flasche Champagner zu schütteln, bevor man sie öffnet, ist entschieden vulgär. So etwas ist nur dann akzeptabel, wenn der Inhalt dazu bestimmt ist, jemandem nach dem Gewinn der Fußball-Weltmeisterschaft oder des Formel-1-Rennens über den Kopf gegossen zu werden. Diese Kerle können es sich leisten, das prickelnde Nass zu verschwenden.

Von der Heilkraft heißer Hühnersuppe

Wenn ich spüre, dass eine Erkältung im Anzug ist, gehe ich das Problem gern wissenschaftlich an. Das heißt, ich löse etwas Zystein, Alliin, Piperin und einige Natriumionen in heißem Wasser auf und trinke das Gebräu. Das ist nicht meine Erfindung. Im 12. Jahrhundert empfahl der berühmte jüdische Arzt und Philosoph Moses Maimonides ein sehr ähnliches Gemisch von Chemikalien zur Behandlung von Erkältungen, nur nannte er es Hühnersuppe. Dieses Rezept erwies sich als sehr viel populärer als der Rat, die haarige Schnauze eines Maultiers zu küssen, wie es der antike römische Schriftsteller und Naturhistoriker Plinius vorschlug. Es war für den europäischen Gaumen auch akzeptabler als die Suppe aus frisch getöteten Schlangen, die von chinesischen Ärzten empfohlen wurde.

Kann diese Mischung aus Hühnerfleisch, Gemüse und Gewürzen tatsächlich therapeutischen Wert haben? Forscher am

Medizinischen Zentrum der Nebraska-Universität in Omaha wiesen nach, dass Hühnersuppe die Bewegung von weißen Blutkörperchen, den so genannten neutrophilen Leukozyten, hemmt. Diese wandern an den Ort der Infektion und setzen Enzyme frei, die Bakterien und Viren attackieren. Doch sie greifen unter Umständen auch körpereigene Zellen an und rufen dadurch Entzündungen hervor. Ein rauer, entzündeter Hals ist ein typisches Erkältungssymptom. Auf irgendeine Weise verringert Hühnersuppe die entzündliche Wirkung der neutrophilen Leukozyten, ohne deren antiviralen Effekt zu schmälern.

Zystein, eine Aminosäure, die bei der Entwicklung des Fleischaromas eine Schlüsselrolle spielt, ist in Hühnerfleisch reichlich vorhanden und liefert einen wertvollen Geschmacksbeitrag – aber sie tut vielleicht noch mehr. Ein enger chemischer Verwandter von Zystein, N-Acetylzystein, wird oft verschrieben, um zähen Schleim im Bronchialtrakt zu lösen, sodass er sich leichter abhusten lässt. Es gibt gute Gründe für die Annahme, dass Zystein im Körper einen ähnlichen Effekt hat und zum Abschwellen von Gewebe sowie zu einer leichteren Vireneliminierung führt.

Gestützt wird diese These durch eine einfallsreiche Untersuchung, die Ende der 1970er Jahre am Mount-Sinai-Hospital in Miami durchgeführt wurde. Die Forscher statteten die Nasen von fünfzehn Freiwilligen mit Miniatursensoren aus, die die Geschwindigkeit maßen, mit der Nasenschleim abgesondert wurde. Anschließend wurden die Probanden aufgefordert, entweder Hühnersuppe, heißes Wasser oder kaltes Wasser zu trinken. Was nun die Beschleunigung des Schleimflusses anging, so war Hühnersuppe sehr viel wirksamer als kaltes Wasser und noch immer um zehn Prozent effektiver als heißes

Wasser. Diese Ergebnisse sind jedoch nicht so beeindruckend, wenn man bedenkt, dass dieser Effekt nur eine halbe Stunde lang anhielt. Ich mag Hühnersuppe, aber jede halbe Stunde?

Möglicherweise ist Schleimlösen jedoch nicht der wichtigste Effekt von Zystein. Diese Verbindung ist im Körper einer der Vorläufer von Glutathion, einer sehr wichtigen Komponente unseres Immunsystems. Eine Erhöhung des Glutathionspiegels sollte sicherlich anregend auf das Immunsystem wirken und die Abwehrkräfte steigern. Vielleicht fanden die Forscher des Mount-Sinai-Hospitals keine signifikante Verbesserung des Schleimflusses, als sie das heiße Wasser durch Hühnersuppe ersetzten, weil die Suppe, die sie servierten, allzu fade war. Man würze die Suppe kräftig und sehe zu, wie der Schleim rinnt! Haben wir nicht alle schon einmal erlebt, wie Knoblauch, schwarzer Pfeffer und Chili die Augen zum Tränen und die Nase zum Laufen bringen?

Knoblauch enthält Alliin, Pfeffer Piperin, und Chili ist voll gepackt mit Kapsaizin. Alliin besitzt, wie sich gezeigt hat, chemisch eine starke Ähnlichkeit mit dem aktiven Inhaltsstoff in dem nordamerikanischen Medikament Mucodyne, das dazu dient, die Lungensekretion zu verdünnen. Der Arzt William Harvey, der im 17. Jahrhundert die Theorie der Blutzirkulation entwickelte, empfahl seinen Patienten, eine Knoblauchzehe in die Spitze ihres Schuhs zu stecken, um Blutstauungen entgegenzuwirken. Wissenschaftler haben bestätigt, dass sich bei Leuten, die diesem Rat folgen, Knoblauchgeruch im Atem feststellen lässt, was zeigt, dass es tatsächlich zu einer Resorption in den Blutstrom kommt, doch ich ziehe es vor, anstelle meiner Schuhe meine Suppe mit Knoblauch zu würzen.

Schwarzer Pfeffer und Chili enthalten beide Verbindungen,

die Guaifenesin ähneln, einem Expektorantium (einem Schleim lösenden Mittel), das man in nicht verschreibungspflichtigen Hustenmitteln findet. Die Japaner haben bei Schnupfen und grippalen Infekten ihr eigenes Heilmittel auf Ingwerbasis: Sie mischen gehackten Ingwer und Zucker mit heißem Wasser oder heißem Sake (wenn sie sich davon eine ordentliche Portion einverleibt haben, vergessen sie sicherlich alle Erkältungswehwehchen). Das wirft eine interessante Frage auf.

Könnte es sein, dass das wahre Geheimnis die Hitze ist und nicht die gelösten Chemikalien? Diese Frage stellten sich Ende der achtziger Jahre der französische Nobelpreisträger André Lwoff und sein Kollege Aharon Yerushalmi am Weizmann-Institut in Israel. Ausgehend von der Arbeitshypothese, das Schnupfenvirus halte sich lieber in der Nase als woanders im Körper auf, weil die Temperatur dort um vier Grad Celsius niedriger ist, entwickelten die Forscher einen Virusvernichtungsapparat. Mit diesem High-Tech-Gerät, genannt Rhinotherm, konnte man sich durch ein Röhrchen, das zwei bis drei Zentimeter unter die Nase gehalten wurde, heiße, feuchte Druckluft in die Nase sprühen.

Nach den ersten Versuchen behaupteten die Forscher, drei Viertel ihrer Testpersonen seien nach drei halbstündigen Sitzungen im Abstand von einigen Stunden innerhalb eines Tages von ihrem Schnupfen kuriert gewesen. Leider konnten Folgeuntersuchungen diese frühen Studien nicht bestätigen. Eine gut geplante und durchdachte Untersuchung an der Cleveland Clinic zeigte sogar, dass Patienten, die mit dem Rhinotherm behandelt wurden, stärker unter Schniefen und verstopfter Nase litten als eine Kontrollgruppe. Vielleicht sollte man einmal versuchen, das Gerät statt mit Wasser mit Hühnersuppe zu füllen!

Nun sind wir also wieder bei der Hühnersuppe angekommen. Vielleicht kuriert sie keinen Schnupfen, doch sie kann bestimmt helfen, unser Elektrolytgleichgewicht zu regulieren. Der Flüssigkeitsstrom in die Zellen und aus den Zellen wird im Körper von Natrium- und Kaliumionen reguliert. Dehydrierung, ein Symptom, das bei einer ganzen Reihe von Krankheiten auftritt, kann dieses Gleichgewicht stören und zu weiteren Symptomen führen, die von einem leichten Prickeln bis zu schwerem Durchfall reichen. Gemüsesorten, insbesondere Pastinak, haben ein sehr hohes Kalium/Natrium-Verhältnis und können Elektrolytstörungen ausgleichen. Als Barney Clark, der erste Amerikaner, dem ein Herz transplantiert wurde, aufgrund einer Mineralstoffstörung wegen der zahllosen Medikamente, die er einnehmen musste, unter Krämpfen litt, wurde ihm Hühnersuppe verschrieben – eingeführt durch eine Magensonde.

Fassen wir nun sämtliche Informationen zusammen: Füllen Sie einen großen Topf mit zwei Liter kaltem Wasser. Geben Sie sechs in Scheiben geschnittene Karotten, drei halbierte Pastinaken, eine ganze Zwiebel, eine gewürfelte Sellerieknolle, vier Stangen Bleichsellerie, eine halbe grüne Pfefferschote und acht abgezogene Knoblauchzehen hinzu. Als Nächstes kommt meine Geheimzutat. Ich benutze Knorr-Hühnerbrühwürfel – sechs Stück. Warum soll ich mir die Mühe machen, das Zystein aus einem Huhn zu extrahieren, wenn mir jemand anders die Arbeit schon abgenommen hat, und zwar noch weit effizienter? Nun geben Sie schwarzen Pfeffer und etwas frischen Dill hinzu, damit es besser schmeckt. Lassen Sie das Ganze vierzig Minuten lang köcheln und essen Sie jeden Tag mindestes einen Teller davon. Ihr Schnupfen wird garantiert innerhalb einer Woche verschwinden. In besonders hartnäckigen Fällen können es auch volle sieben Tage sein. Denn es ist bekannt, dass eine Erkältung mit Medikamenten eine Woche und ohne sieben Tage dauert!

Sojabohnen, Kohl und Brustkrebs

Warum die ganze Aufregung um Sojabohnen? Weil die Brustkrebsquote bei japanischen Frauen nur ein Viertel derjenigen ihrer nordamerikanischen Geschlechtsgenossinnen beträgt, und Japanerinnen essen viel Sojaprodukte. Das heißt nicht unbedingt, dass der Sojaverzehr irgendetwas mit Brustkrebs zu tun hat, doch wenn wir uns die wissenschaftlichen Daten ansehen, sieht es so aus, als sei die «Soja-Connection» mehr als nur eine Zufallsbeziehung.

Unsere Geschichte beginnt in den vierziger Jahren des 20. Jahrhunderts, als australische Farmer bemerkten, dass sich Schafe, die gewisse Kleepflanzen abweideten, nicht normal fortpflanzten. Wie sich herausstellte, enthielt der Urin dieser Schafe eine Verbindung namens Äquol in hoher Konzentration, den man zuvor im Urin trächtiger Pferdestuten gefunden hatte. Bakterien im Darm der Schafe hatten eine im Klee natürlich vorkommende Verbindung in Äquol umgewandelt, und man wusste, dass Äquol eine biologische Aktivität ähnlich der von Östrogen aufwies. Die Forscher wunderten sich nicht besonders darüber, dass eine östrogenähnliche Substanz die Fruchtbarkeit stören könnte, da bereits bekannt war, dass Östrogen eine wichtige Rolle bei der menschlichen Fortpflanzung spielt. Sie begannen sich jedoch zu fragen, ob andere Nahrungsmittel möglicherweise ebenfalls natürlich vorkommende Verbindungen enthalten, die Östrogenaktivität aufweisen.

Damit betrat die Sojabohne die Bühne. Forscher entdeckten, dass dieses asiatische Grundnahrungsmittel Verbindungen enthält, die kollektiv als Isoflavone bezeichnet werden und die tatsächlich ein östrogenähnliches Verhalten zeigen. Genistein und Daidzein waren von besonderem Interesse, weil sie teilweise mit dem Urin ausgeschieden wurden und mit der Menge an Soja in der Nahrung in Beziehung standen. Das erregte allgemein Aufmerksamkeit, denn es war inzwischen deutlich geworden, dass zwischen Östrogen und Brustkrebs irgendein Zusammenhang bestand. Frauen, die im Laufe ihres Lebens längere Zeit Östrogene einnahmen, wiesen, wie man wusste, ein höheres Brustkrebsrisiko auf als andere; zu dieser Gruppe gehören Frauen, die früh in die Pubertät gekommen sind, deren Wechseljahre spät eingesetzt haben und die wenige oder keine Kinder haben. Mit anderen Worten sieht es so aus, als ob jeder Faktor, der die Gesamtzahl der Menstruationszyklen im Lauf eines Lebens verringert, das Brustkrebsrisiko senkt.

Kommen wir nun zu den Japanerinnen zurück. Sie haben längere Menstruationszyklen, im Durchschnitt zweiunddreißig Tage im Vergleich zu Nordamerikanerinnen mit neunundzwanzig Tagen, was sich im Laufe eines Lebens zu dreißig bis vierzig Menstruationszyklen weniger summiert. Sie scheiden auch mit ihrem Urin bis zu tausendmal mehr Phytoöstrogen aus als Nordamerikanerinnen. Die These, dass Sojabohnen etwas damit zu tun haben, verdichtet sich noch stärker, wenn man bedenkt, dass Japanerinnen dreißigmal mehr Sojaprodukte zu sich nehmen als Nordamerikanerinnen und dass diejenigen, die nach Nordamerika auswandern und die dortigen Ernährungs- und Lebensgewohnheiten übernehmen, ähnliche Krebsraten wie die dort heimische Bevölkerung zeigen.

Aktuelle Forschungen sind sogar auf einen möglichen Mechanismus für die Verbindung zwischen Isoflavonen und Brustkrebs gestoßen. Wie wir wissen, reagieren einige Zellen im Brustgewebe empfindlich auf Östrogen, das heißt, diese Zellen enthalten gewisse Proteine (Östrogenrezeptoren), an die sich Östrogen bindet, ähnlich wie ein Schlüssel, der ins Schloss passt. Diese Bindung setzt eine Reihe von Ereignissen im Zellkern in Gang, die schließlich zur Herstellung eines gewissen Proteins führen, das eine Zellvermehrung auslöst. Solche abnormen Zellvermehrungen können zu Krebs führen. Isoflavone wirken anscheinend wie «schwache Östrogene». Sie passen in die Östrogenrezeptoren, stimulieren aber keinerlei Zellaktivität. Gleichzeitig verhindern sie, dass Östrogen sich an die Rezeptoren bindet. Es ist, als sei der falsche Schlüssel ins Schloss gesteckt worden: Der Schlüssel lässt sich nicht drehen, doch er verhindert, dass ein anderer Schlüssel eingeführt werden kann.

So viel zu Annahmen und Theorien. Was für praktische Beweise haben wir, die belegen, dass der Konsum von Sojaprodukten tatsächlich Brustkrebs vorbeugen könnte? Eine Reihe von Tierversuchen hat gezeigt, dass der Verzehr von Soja oder isolierten Isoflavonen eine Tumorentwicklung hemmt. Die Datenlage beim Menschen ist weniger direkt, doch Forscher haben Gruppen von Brustkrebspatientinnen mit entsprechend ausgewählten Kontrollgruppen verglichen und festgestellt, dass das Risiko bei Frauen vor den Wechseljahren, die täglich Sojaprodukte zu sich nahmen, bis zu fünfzig Prozent geringer war.

Eine klassische Untersuchung, die in Singapur durchgeführt wurde, ergab, dass die Brustkrebsrate umgekehrt mit der Menge an Sojaprodukten in Beziehung steht, die regelmäßig täglich zu sich genommen werden, also: je mehr Soja, desto weniger Brustkrebs. Mehr als zwanzig Studien mit asiatischen Frauen haben gezeigt, dass selbst eine einzige Tasse Sojamilch oder eine halbe Tasse Tofu täglich das Brustkrebsrisiko verringert. Überdies nehmen bei Frauen in den Wechseljahren, die beginnen, täglich zwanzig Gramm Sojaproteinpulver zu sich zu nehmen (das entspricht in etwa einem Soja-Burger, einer Tasse Sojamilch oder einer Portion Tofu), die Wechseljahrsbeschwerden ab, während gleichzeitig die Knochendichte der Wirbelsäule zunimmt. Was Frauen vor den Wechseljahren angeht, so verlängert sich durch eine derartige Ernährung die Länge ihres Menstruationszyklus um durchschnittlich zweieinhalb Tage, und der Isoflavongehalt ihres Urins erhöht sich drastisch. Soja weist eindeutig eine östrogenartige Aktivität auf.

Und gerade ist festgestellt worden, dass Genistein, das wichtigste Isoflavon, noch eine weitere positive Wirkung hat: Offenbar hemmt es das Wachstum der Blutgefäße, die Tumoren ernähren. Diese Hemmung der «Angiogenese» (des Blutgefäßwachstums) könnte sich als die wichtigste antikarzinogene Wirkung dieser Verbindung erweisen und sogar erklären, warum Männer, deren Urin einen hohen Genisteingehalt aufweist, offenbar vor Prostatakrebs geschützt sind. Auch wenn es sein kann, dass Isoflavone die interessantesten antikanzerogenen Verbindungen in Sojabohnen sind, gibt es noch andere – Folsäure, zum Beispiel, verhindert nachweislich Mutationen der DNA. Offenbar lässt sich die Aufzählung der positiven Eigenschaften von Soja beliebig verlängern. Sojaprotein kann sogar den Cholesterinspiegel senken, und wenn man es in Rindergehacktes mischt, senkt es die Menge an Karzinogenen, die sich beim Braten bilden.

Dennoch gibt es einige Unstimmigkeiten. Eine Untersuchung an japanischen Frauen hat gezeigt, dass diejenigen mit Brustkrebs nicht weniger Sojaprodukte zu sich genommen hatten als eine Kontrollgruppe, die nicht von dieser Erkrankung betroffen war. Chinesische Frauen, die nur etwa ein Drittel so viel Sojaprodukte zu sich nehmen wie ihre japanischen Geschlechtsgenossinnen, weisen dieselbe niedrige Brustkrebsrate auf. Natürlich ist es möglich, dass eine gewisse Menge an Soja schützt; größere Mengen bringen aber keinen erhöhten Schutzeffekt mit sich.

Auch wenn es Unsicherheiten hinsichtlich der Rolle von Soja bei der Brustkrebsvorbeugung gibt, kann es gewiss nicht schaden, unseren Isoflavonkonsum zu erhöhen. Denken Sie jedoch daran, dass nicht alle Sojaprodukte gleich reich an Isoflavonen sind: Sojaöl, Tofu-Hot-Dogs und Tofu-Eiscreme sind schlechte Isoflavon-Quellen, Tofu selbst, Sojamilch, Tempeh, Miso, Sojamehl und Sojaprotein enthalten hingegen reichlich Isoflavone. Doch bevor wir uns allzu sehr für Isoflavone begeistern, sollte man sich klarmachen, dass Brustkrebs eine komplexe Erkrankung ist, zu der viele Faktoren beitragen können. Die Krankheit hängt mit dem Alter zusammen und wird durch starken Alkoholkonsum begünstigt. Möglicherweise besteht auch eine Beziehung zu hohen Konzentrationen an gewissen fettlöslichen Pestiziden. Was den Fettgehalt der Ernährung angeht, sind die Ergebnisse von Untersuchungen nicht eindeutig; bei einigen wurde infolge gesättigter Fette, bei anderen infolge eines erhöhten Kohlenhydratkonsums ein erhöhtes Risiko festgestellt. Einfach ungesättigte Fette, wie Canola-Öl (eine Rapsölsorte) oder Olivenöl, sind offenbar empfehlenswert. Körperliche Bewegung, Obst und Gemüse wirken vorbeugend.

Besonders wirksam sind Gemüsesorten aus der Familie der

Kreuzblütler, die Kohlgewächse. Sie enthalten Indol-3-carbinol, das vor östrogensensitivem Brustkrebs schützt. Könnte das der Grund dafür sein, dass vor der Wiedervereinigung die Brustkrebsrate in Ostdeutschland, wo preisgünstige Kohlgerichte häufig auf den Tisch kamen, viel niedriger war als in der westdeutschen Wohlstandsgesellschaft? Kohl lässt sich leicht zubereiten, doch was macht man mit Sojabohnen? Sie können sie über Nacht in Wasser einweichen und sie dann wie andere Bohnen kochen, Sie können sie aber auch im Ofen oder in der Mikrowelle rösten und als Snack essen. Und dann ist da noch Tofu. Oder wie wäre es mit einer Antikrebsmischung aus Kohl und Sojabohnen? Ich arbeite noch daran, und sie schmeckt hervorragend – der einzige Wermutstropfen sind die üblen Blähungen, die sie hervorruft.

Die Füße Gottes

Der französische Dichter Léon-Paul Fargue atmete den Geruch des Camemberts in seiner Hand tief ein: «Ah, die Füße Gottes!», rief er aus. Eine seltsame, doch korrekte Beschreibung der Mischung aus Buttersäure und Methylmerkaptan, den beiden Verbindungen, die typisch sind für das Aroma dieses Käses. Dieselben Verbindungen verursachen auch den üblen Geruch von Schweißfüßen.

Käse wie Camembert, Brie, Roquefort und Limburger reifen durch Behandlung mit Schimmelpilzen oder Bakterien. Diese Mikroorganismen produzieren eine Reihe von Enzymen, die die Fette und Eiweiße im Käse langsam abbauen, wobei eine Vielzahl aromatischer, wenn auch geruchsintensiver

Verbindungen entsteht. Gleichzeitig führen diese chemischen Veränderungen dazu, dass der Käse weich wird. Aus diesem Grund sind die genannten, mit Schimmelpilzen zum Reifen gebrachten Käsesorten stets relativ flache Räder; sonst würde sich die äußere Schicht verflüssigen, während der innere Kern hart bliebe. Wenn Sie sich fragen, wann der richtige Zeitpunkt ist, einen dieser Käse zu essen: dann, wenn die Enzymaktivität gerade das Zentrum erreicht hat, sodass es etwas «läuft» – oder «au coulant», wie der echte Käseliebhaber sagen würde.

Die Mikroben, die Buttersäure aus den Fetten und Methylmerkaptan aus den Eiweißen im Käse freisetzen, sind den Organismen sehr ähnlich, die zwischen unseren Zehen lauern. Der französische Ausdruck «ça sent du Roquefort, Jacques» ist daher höchst passend, wenn es darum geht, ein Opfer von *Brevibacterium epidermis* auf die Existenz eines Problems aufmerksam zu machen. Experimente haben sogar gezeigt, dass Extrakte von Zehennagelschnipseln und Limburger Käse eine sehr ähnliche Fettzusammensetzung haben. Vielleicht noch interessanter ist die Beobachtung, die Forscher machten, als sie nackte Freiwillige als Mückenköder einsetzten: Diejenigen Mückenformen, die sich ausschließlich auf Fußgelenk und Füße stürzen, werden auch von Limburger Käse angelockt.

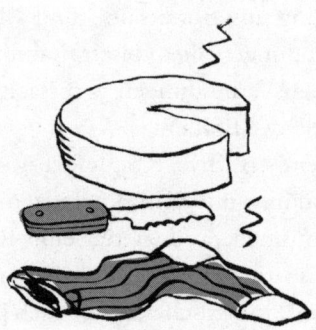

Oberflächengereifter Käse kann mehr als Mücken anlocken – Bienen zum Beispiel. Eine der Verbindungen, die sich aufgrund von mikrobieller Aktivität in reifendem Käse bildet – 2-Heptanon –, ist zufällig durch eine Laune der Natur auch die Chemikalie, die Bienen ausscheiden, um andere Bienen vor einer drohenden Gefahr zu warnen. Daher ist es wahrscheinlich keine gute Idee, neben einem Bienenkorb ein Roquefort-Sandwich zu essen.

Sich an anderer Stelle etwas Roquefort, Brie oder Camembert zu gönnen, ist jedoch eine prima Idee. Die mikrobiellen Nebenprodukte dieser Käsesorten sorgen für ein dynamisches, belebendes Aroma. Doch haben Sie sich jemals gefragt, wie man herausgefunden hat, was passiert, wenn man einen Käse mit einem schleimigen Schimmelpilz versetzt? Natürlich war da der Zufall im Spiel. Käse wird schon seit sehr langer Zeit hergestellt. Der Sage nach war es ein Nomade im Mittleren Osten, dem um 2300 v. Chr. auffiel, dass Milch gerann, die er in einem aus Tiermagen gefertigten Sack mit sich trug. Heute wissen wir, warum: Ein Enzym namens Labferment, das man in der Magenauskleidung junger Säugetiere findet, führt dazu, dass die Proteine, die in der Milch gelöst sind, verklumpen und sich von der flüssigen Molke trennen.

Bald begann man, Käse mit voller Absicht herzustellen, denn er war länger haltbar als Milch. Wie sich herausstellte, ließ sich aus praktisch jeder Form von Milch Käse zubereiten – Jak-, Rentier-, Wasserbüffel- und Meerschweinchenmilch, sie alle können gerinnen. Allein Kamelmilch macht eine Ausnahme; ihre Eiweißzusammensetzung unterscheidet sich von derjenigen anderer Milchtypen, und ihre Löslichkeit wird vom Labferment nicht beeinflusst. Erst vor kurzem haben Wissenschaftler herausgefunden, dass sich Kamelmilch zum Gerinnen bringen lässt, wenn man Kalziumphosphat und rund zehn Prozent Schafsmilch zugibt. Es lebe der Camel-Bert!

Als die Käseherstellung populär wurde, begann man, große Mengen herzustellen und zum späteren Gebrauch zu lagern. Höhlen waren ideale Lagerplätze, weil die dort herrschenden niedrigen Temperaturen das Verderben verlangsamen. In einigen Fällen setzten sich jedoch Schimmelpilzsporen aus der Luft auf dem Käse ab, erkannten ihn als idealen Brutplatz und bedeckten ihn rasch mit einer flaumigen Schicht. Ein Wagemutiger kostete von dem flaumigen Zeug und entdeckte, dass es köstlich schmeckte: Damit begann der Siegeszug des oberflächengereiften Käses. Roquefort ist dafür ein gutes Beispiel. Die Kalksteinhöhlen im französischen Roquefort beherbergen Sporen von *Penicillum roquefortii*, und diese Sporen sind es, die dem klassischen Blauschimmelkäse sein Aroma und sein Aussehen verleihen. Heutzutage wird eine Suspension des Schimmelpilzes über den Käse gesprüht, der anschließend mit Nadeln aus rostfreiem Stahl angestochen wird, damit der Pilz ins Innere des Käses eindringen kann.

Früher benutzte man dazu Kupfernadeln, weshalb die Leute glaubten, das Pigment in blauem Käse gehe auf das gelöste Kupfer zurück. Diese Farbe wird jedoch von den Schimmelpilzen hervorgerufen und hat mit den Nadeln nichts zu tun. Damit das blaue Pigment noch stärker hervortritt, wird die Schafsmilch, die bei der Produktion von Roquefort verwendet wird, manchmal gebleicht.

Die Käsesorten Camembert, Brie und Limburger entstanden alle in ähnlicher Weise wie Roquefort. In allen Fällen entwickelte sich das spezifische Aroma, als Mikroorganismen, die nur in dieser Gegend vorkommen, den Käse besiedelten. Da diese Mikroorganismen inzwischen als Kulturen im Handel sind, können wir heute zum Beispiel Canadian Brie kaufen. Käsekenner argumentieren, dass dieser Käse zwar durchaus gut schmecke, aber eben doch kein «richtiger Brie» sei – das authentische Produkt müsse von französischen Kühen stammen, die französisches Gras abweideten.

Und nun zur Krux des Schimmelkäseproblems – die Schlacht zwischen den Rindenliebhabern und Rindenhassern. Essen wir die Rinde des Käses mit oder nicht? Käseliebhaber folgen im Allgemeinen der Weisheit Karls des Großen. Der Legende zufolge machte einst der Kaiser des Heiligen Römischen Reichs in der Residenz eines seiner Bischöfe Rast. Da es Freitag war, bot man ihm statt Fleisch Käse an. Karl, der niemals zuvor Schimmelkäse gesehen, geschweige denn gekostet hatte, schnitt die Rinde ab und aß das Innere. «Warum tut Ihr dies, mein Herrscher?», fragte ihn daraufhin der Bischof. «Ihr werft das Beste weg!»

Karl der Große probierte die Rinde, und sie schmeckte ihm so gut, dass er dem Bischof befahl, ihm jedes Jahr zwei Wagenladungen dieses Käses zu schicken. Er hatte Recht – die Rinde des Käses ist sehr aromatisch –, doch in den Vereinigten Staaten sind die Menschen in der Regel sehr pingelig, wenn es darum geht, flaumige Schimmelpilze in den Mund zu nehmen. Sie befürchten, diese Substanzen könnten gesundheitsschädlich wirken, und verleihen dieser Besorgnis manchmal in absurder Weise Ausdruck.

Kürzlich bereitete ich einen Vortrag über Käse vor und plante, ihn mit einer Käseprobe zu krönen; darum kaufte ich allerlei Käsesorten ein – von schlichtem Hüttenkäse bis zu aufdringlichem Ziegenkäse. Ich wollte auch einen eleganten, noblen Brie servieren und plante, zu Vergleichszwecken einen lokalen Brie fragwürdiger Genese anzubieten, doch ich fand etwas noch Besseres, um den gewünschten Kontrast zu schaffen: Ob Sie es glauben oder nicht – einen abgepackten American Brie, bei dem die Rinde schon entfernt war. Das optimale Fertiggericht für Rindenhasser. Ich musste diesen Käse einfach probieren. Zunächst roch ich daran. Kein noch so zarter Hinweis auf die «Füße Gottes» – stattdessen etwas, das mehr an eine Achselhöhle aus Plastik erinnerte. Nichtsdestotrotz probierte ich das Zeug. Das Einzige, was mir dazu einfiel, war geschmolzener Bodenbelag.

Ich denke, ich werde bei dem echten Produkt bleiben, bis etwas Besseres des Weges kommt. Gerade habe ich von einem japanischen Blaukäse gehört, der aus Sojamehl hergestellt und mit einem speziellen fernöstlichen Schimmelpilz zur Reife gebracht wird. Ich kann es kaum erwarten, ihn zu kosten.

Die Speise der Götter

Lassen Sie uns eines von vornherein klarstellen: Schokolade ist kein Aphrodisiakum und verleitet Leute nicht dazu, sich zu verlieben. Sie kann jedoch unter Umständen unsere Stimmung heben und vielleicht sogar einen gewissen Schutz vor den schädigenden Auswirkungen eines hohen Cholesterinspiegels bieten. Die Aphrodisiakum-Geschichte ist schon sehr alt. Sie geht auf das Jahr 1519 und den ersten Besuch des spanischen Eroberers Hernando Cortez in Mexiko zurück. Cortez fand dort vieles nach seinem Geschmack, insbesondere die Aztekenprinzessin Doña Maria. Seine Zuneigung wurde offenbar erwidert, denn die Prinzessin machte Cortez mit einem Getränk bekannt, das aus den Schoten eines Baums gewonnen wurde, den die Azteken «chocolatl» oder «Speise der Götter» nannten. Das Gebräu wurde mit getrocknetem Chilipfeffer gewürzt und konnte nach Doña Marias Aussagen «zu amourösen Abenteuern anregen».

Cortez muss von der Wirkung beeindruckt gewesen sein, denn bei seiner Rückkehr nach Spanien brachte er Kaiser Karl V. als Geschenk Kakao mit, wie wir die Substanz heute nennen. Innerhalb weniger Jahre gaben sich die Menschen in ganz Europa dem Genuss von Schokolade hin und stimmten Loblieder auf diese wunderbare Erfindung an. Das heißt mit Ausnahme von Nonnen: Ihnen war dieser Genuss wegen der potenziellen Folgen untersagt. Dieses Verbot war jedoch unnötig, weil Schokolade leider keine aphrodisische Wirkung hat. Der Mythos geht wahrscheinlich auf die Präsenz allgemein anregender Verbindungen in der Schokolade zurück, wie Koffein, Theobromin und das neu entdeckte Anandamid.

Schokolade enthält mehr als dreihundert verschiedene Verbindungen mit eindrucksvollen Namen wie Furfurylalkohol, Dimethylsulfid, Phenylessigsäure und Phenylethylamin. Diese letztgenannte, amphetaminartige Substanz ist es, die verlockenderweise als die «Chemikalie der Liebe» bezeichnet worden ist. Möglicherweise haben Verliebte einen höheren Phenylethylamin-Spiegel (gewöhnlich PEA abgekürzt) als Normalsterbliche – diese Vermutung basiert auf der Tatsache, dass ihr Urin reicher an einem bestimmten PEA-Stoffwechselprodukt ist. Mit anderen Worten: Menschen, die von Amors Pfeil getroffen sind, pinkeln anders als Unverliebte.

Diese Beobachtung hat zu folgender Argumentation geführt: Sich verlieben geht mit einem erhöhten PEA-Spiegel einher, Schokolade enthält PEA, daher kann Schokolade dazu führen, dass wir uns verlieben. Falsch. Der PEA-Gehalt im Blut eines Menschen steigt nach dem Genuss von Schokolade nicht an. Der größte Teil dieser wunderbaren Substanz wird bei der Verdauung abgebaut. Überdies ist Schokolade nicht einmal eine besonders gute PEA-Quelle – Sauerkraut ist da viel besser, doch dieses Kraut gibt keine auch nur annähernd so hübsche Geschichte für den Valentinstag her.

Warum sind wir so versessen auf Schokolade? Könnte das irgendetwas mit Anandamid zu tun haben, einer Verbindung, die das Gehirn normalerweise produziert, um Lust zu signalisieren? In der Tat lassen sich Anandamid-Rezeptoren durch körperfremde Substanzen stimulieren, beispielsweise durch Tetrahydrocanabinol, oder THC, dem aktiven Wirkstoff in Marihuana. In seiner chemischen Zusammensetzung weist er Ähnlichkeit mit Anandamid auf und löst darum ein angenehmes Gefühl aus. Schokolade enthält Anandamid, sollte sie aus diesem Grund nicht denselben Effekt haben? Wahrscheinlich nicht.

Die Menge an Anandamid in Schokolade ist sehr gering, wenn man sie mit der Menge vergleicht, die auf natürliche Weise im Körper produziert wird: Ein Erwachsener müsste mehr als zehn Kilo Schokolade essen, um high zu werden (oder vielleicht doch etwas weniger). Eine Reihe anderer, kürzlich aus Schokolade isolierter Verbindungen, N-Oleylethanolamin und N-Linoleylethanolamin, hemmen den Abbau von Anandamid und könnten zu einem erhöhten Blutspiegel dieser Substanz führen, doch ich kann Ihnen versichern, dass Schokolade nicht high macht wie das Haschischrauchen.

Es gibt noch einen weiteren Kandidaten für den geheimnisvollen Inhaltsstoff, der für die Beliebtheit von Schokolade verantwortlich sein könnte. Endorphine sind natürlich vorkommende Substanzen, die im menschlichen Gehirn synthetisiert werden als Antwort auf eine Vielfalt von Reizen. Im Allgemeinen werden sie mit Wirkungen in Verbindung gebracht, die denen ähnlich sind, die Opium hervorruft. So wird beispielsweise das «Hochgefühl» von Läufern der körpereigenen Endorphinproduktion zugeschrieben. Einigen Forschern zufolge stimuliert Schokolade die Endorphinfreisetzung. Diese Hypothese basiert auf der Beobachtung, dass Testpersonen, die mit dem Endorphinblocker Naxalon behandelt wurden, am Verzehr von Snickers oder Marsriegeln nicht mehr Spaß hatten als am Kauen von Selleriestangen.

Schokolade ist selbstverständlich auch reich an Kohlenhydraten – hauptsächlich Zucker. Zahlreiche Untersuchungen haben gezeigt, dass Kohlenhydrate die Konzentration einer wichtigen Gehirnchemikalie, des Serotonins, erhöhen, die entschieden antidepressiv wirkt. In der Tat besteht die Wirkung mehrerer gebräuchlicher Antidepressiva darin, die Serotoninkonzentration im Gehirn zu erhöhen. Doch müssen wir wirklich komplexe chemische Prozesse im Gehirn verstehen, um unsere Vorliebe für Schokolade zu erklären? Kann es nicht sein, dass diese einzigartige Kombination von Aroma, Zucker und Fetten – die bei Körpertemperatur zu schmelzen beginnt – ganz einfach großartig schmeckt? Natürlich kann das sein. Das wirft jedoch ein neues Problem auf: Etwas, das so gut schmeckt, kann bestimmt nicht gut für uns sein.

Neuere Untersuchungen sprechen glücklicherweise dafür, dass Schokolade wirklich einige positive ernährungsphysiologische Eigenschaften hat. Auch wenn sie reich an Fetten ist, erhöhen die spezifischen Fette, die sie enthält, den Cholesterinspiegel offenbar nicht. Dann sind da noch die Polyphenole – dieselben Verbindungen, die im Zusammenhang mit den vermuteten positiven Effekten von Rotwein so viel Publizität erlangt haben. Laboruntersuchungen haben gezeigt, dass sie die Oxidation von LDL-Cholesterin (dem «schlechten» Cholesterin) in eine die Arterien schädigende Form verhindern können. Ein typischer Schokoriegel weist fast den gleichen Phenolgehalt wie ein Glas Rotwein auf; je dunkler die Schokolade, desto mehr Phenol enthält sie.

Zwar konnte noch keine Untersuchung einen Rückgang von Herzkrankheiten durch den Verzehr von Schokolade belegen, doch eine Aufsehen erregende Studie mit Testpersonen hat gezeigt, dass fünfunddreißig Gramm entfetteten Kakaos (etwa die Menge, die man in sieben Tassen heißer Schokolade findet) signifikant dazu beiträgt, die Oxidation von LDL zu verhindern.

Auch wenn die Polyphenol-Datenlage vielleicht nicht gesichert genug ist, um Schokolade von jeglichen Ernährungssünden freizusprechen, stimmen alle darin überein, dass an Schokolade riechen in jedem Fall harmlos ist. Möglicherweise wirkt es sich sogar positiv auf die Gesundheit aus. Eine Untersuchung an der Yale University hat ergeben, dass Studenten, die Schokoladenduft ausgesetzt waren, während sie fürs Examen lernten, sich besser an das Gelernte erinnern können, wenn sie diesen Duft auch im Examen riechen.

Noch anregender sind die Forschungen des Chicagoer Neurologen Alan Hirsch, der die Penisse von Testpersonen mit kleinen Blutdruckmanschetten ausstattete und feststellte, dass gewisse Gerüche, darunter Schokoladengeruch, den Blutdruck in diesem Organ erhöhen. Auch wenn unklar bleibt, welche Schlussfolgerungen man aus dieser Studie ziehen sollte – warum nicht einmal kräftig an der dunklen Schokolade riechen, bevor man sie am Valentinstag verschenkt?

Es stimmt, unser wissenschaftlicher Spaziergang hat keine überzeugende Erklärung für die Anziehungskraft liefern können, die Schokolade auf uns ausübt, doch diese Verlockung ist bestimmt vorhanden. Eine kürzlich durchgeführte Gallup-Umfrage ergab, dass die Mehrheit britischer Frauen bereit wäre, für Schokolade jeden Sex aufzugeben. Ich muss diese britische Schokolade unbedingt ausprobieren.

Gemüse à la ALA

Schon lange habe ich einmal Portulak probieren wollen, und schließlich kam meine Chance: Einige Freunde, die ihre Ferien auf Kreta verbringen wollten, versprachen, mir etwas von diesem Gemüse mit den fleischigen kleinen Blättern mitzubringen, das von den Einheimischen «Glistridia» genannt wird. Der Grund für mein Interesse ist, dass Gemüse-Portulak mit der bemerkenswerten Gesundheit der Kreter in Zusammenhang gebracht wird – sie haben offenbar die niedrigste Rate an Herzerkrankungen auf der ganzen Welt.

Diese Geschichte beginnt eigentlich kurz nach dem Zweiten Weltkrieg, als der amerikanische Epidemiologe Ancel Keys sich weltweite Statistiken über Herzerkrankungen ansah und dabei dramatische geografische Unterschiede feststellte. Daraufhin leitete Keys eine umfassende wissenschaftliche Untersuchung ein, die er die «Sieben-Länder-Studie» nannte. Ihn interessierten die Faktoren, die für diese Unterschiede verantwortlich sein könnten. Die Studie konzentrierte sich auf Finnland, die Vereinigten Staaten, Holland, Italien, Jugoslawien, Nordgriechenland und Kreta, und die gesammelten Daten belegten eindeutig, dass Finnland die meisten Herzerkrankungen aufwies, Kreta hingegen die wenigsten. Überdies war auch die Krebsrate in Kreta niedrig, und die Kreter erfreuten sich eines besonders langen Lebens.

Ein einleuchtender Ausgangspunkt auf der Suche nach einer Erklärung für diese bemerkenswerten Unterschiede war eine genauere Untersuchung der Ernährungsgewohnheiten. Die finnische Ernährung ist sehr reich an Fett, insbesondere an gesättigten Fetten aus Fleisch und Milchprodukten. Da Wissenschaftler bereits eine Verbindung zwischen einer üppigen Ernährung und Herzkrankheiten vermuteten, war das hohe Aufkommen von Herz-Kreislauf-Erkrankungen bei den Finnen kaum überraschend. Was die Forscher jedoch erstaunte, war, dass die Kreter der Studie zufolge dieselbe Menge Fett zu sich nahmen. Doch dieses Fett war von anderer Art: Es handelte sich um Olivenöl.

Oliven und Olivenöl waren seit mehr als dreitausend Jahren das Hauptnahrungsmittel der Kreter. Wir wissen das so genau, weil ein griechischer Archäologe 1960 eine erstaunliche Entdeckung machte: In einem tiefen Brunnen fand er einen Krug mit Oliven, der auf 1500 v. Chr. zurückzudatieren war. Wir wissen, dass Kreta damals von einem starken Erdbeben erschüttert wurde, und die Oliven waren vielleicht in dem Brunnenschacht versenkt worden, um die Götter der Unterwelt zu besänftigen, die so heftig die Erde zum Beben brachten. Konnte die althergebrachte Gewohnheit, viel Oliven und Olivenöl zu sich zu nehmen, die erderschütternden Resultate der «Sieben-Länder-Studie» erklären?

Olivenöl gehört zu den einfach ungesättigten Fetten. Diese erhöhen den Cholesterinspiegel nicht in der Weise, wie es gesättigte Fette tun, und einige Wissenschaftler führen die gesundheitlichen Vorzüge der Mittelmeerküche auf Olivenöl zurück. Doch das könnte allzu einfach sein: Die japanische Insel Kohama weist eine Herzerkrankungsrate auf, die derjenigen von Kreta gleichkommt, doch dort verwendet niemand Olivenöl. Die Ernährung auf Kohama basiert auf üppigen Mengen an Canola- und Sojaöl, die sich chemisch von Olivenöl deutlich unterscheiden. Sie fallen in die Kategorie der mehrfach ungesättigten Fette, die wie die einfach ungesättigten Fette unserem Cholesterinspiegel zuträglicher sind als die gesättigten Fette. Dennoch ergab sich bei anderen mehrfach ungesättigten Fetten, wie Sonnenblumenöl, kein Zusammenhang mit derart eindrucksvollen gesundheitlichen Vorzügen; was ist also das Besondere an Canola- und Sojaöl? Beide sind reich an einem bestimmten Typ von mehrfach ungesättigtem Fett, der so genannten Alpha-Linolensäure, nach ihrer englischen Bezeichnung *alpha-linolenic acid* international ALA abgekürzt. Dies könnte zumindest ein Teil der Lösung für das kretisch-japanische Rätsel sein.

Ein hoher ALA-Spiegel im Blut wurde mit einer geringeren Häufigkeit von Herzerkrankungen und Schlaganfällen in Zusammenhang gebracht. Eine kürzlich an der University of California durchgeführte Untersuchung ergab, dass die Schlaganfallhäufigkeit für jede 0,13-prozentige Zunahme von ALA im Blut um siebenunddreißig Prozent sank, wahrscheinlich aufgrund des verringerten Risikos einer Blutgerinnselbildung. Das könnte den guten Gesundheitszustand der Einwohner von Kohama erklären; aber was geht in Kreta vor? Olivenöl enthält so gut wie keine Alpha-Linolensäure. Aber das, *worüber* die Kreter ihr Olivenöl gießen, enthält davon eine ganze Menge: Sie haben es sicher schon erraten – Portulak.

Dieses fleischige Blattgemüse ist eine vorzügliche ALA-

Quelle; das Gleiche gilt für Walnüsse, die auf Kreta ebenfalls in großen Mengen verzehrt werden. Und dennoch – diese Nahrungsmittel ohne weitere Beweise mit dem guten Gesundheitszustand der Kreter in Zusammenhang zu bringen, wäre wissenschaftlich nicht haltbar. Schließlich essen die Kreter auch eine Menge Schnecken, und niemand hat bisher die Theorie aufgestellt, dies sei der Grund für ihr Wohlbefinden. Offensichtlich bedarf das Alpha-Linolensäure-Argument weiterer Unterstützung.

Der französische Epidemiologe Serge Renaud entschied, die kretische Ernährung dem ultimativen Test zu unterziehen. Er wollte klären, ob sie tatsächlich Herzerkrankungen bei Risikopatienten vorbeugen könne. Er führte die Studie an 605 Testpersonen durch, die bereits einen Herzanfall erlitten hatten; die Hälfte sollte dem fettarmen Ernährungsplan folgen, der von der Amerikanischen Herzgesellschaft empfohlen wurde, die andere Hälfte würde sich «kretisch» ernähren – das heißt mit viel Brot, Grüngemüse, Nüssen, Obst, Wein zu den Mahlzeiten und natürlich Olivenöl. Die Testpersonen aßen häufig Fisch, nahmen aber nur sehr wenig Fleisch und Milchprodukte zu sich. Sie wurden insgesamt über einen sehr langen Zeitraum überwacht, doch Renaud zog bereits nach vier Jahren eine dramatische Schlussfolgerung aus der Untersuchung. Die Gruppe, die sich fettarm ernährte, wies zu diesem Zeitpunkt eine Herzanfallrate auf, die sechsmal höher war als in der Gruppe, die sich nach Art der Kreter ernährte, und Renaud fühlte sich aus ethischen Gründen verpflichtet, diese Information zu veröffentlichen, sodass diejenigen, die es wünschten, ihre Ernährung umstellen konnten.

Die ganze Studie hindurch wurden Cholesterinspiegel, Triglyzeride und Blutdruck der Testpersonen sorgsam überwacht.

Überraschend im Lichte der sensationellen Ergebnisse waren diese Messwerte bei beiden Gruppen praktisch identisch, doch es gab einen interessanten Unterschied: Das Blut der Probanden, die der Kreta-Ernährung folgten, enthielt siebzig Prozent mehr Alpha-Linolensäure. Während sich das Blut verdünnt, verdichten sich offenbar die Hinweise auf ALA.

Die Nahrungsmittelindustrie hat auf diese Ergebnisse reagiert und ist dabei, Nahrungsmittel mit einem höheren ALA-Spiegel zu produzieren, zum Beispiel Eier. Leinsamen sind besonders reich an ALA und werden von Hühnern gern gefressen. Die Eier, die sie anschließend legen, enthalten fast zwanzigmal so viel von dieser Fettsäure wie andere Eier. Nur die Zeit und weitere Untersuchungen werden zeigen können, ob wir irgendwann einmal einen Werbeslogan sehen werden wie «Senken Sie Ihr Herzinfarktrisiko: Essen Sie Eier!».

Um vom Alpha-Linolensäure-Gehalt von Leinsamen zu profitieren, müssen wir nicht den Umweg über die Ernährung von Hühnern nehmen. Wir können Leinöl an die Salatsauce geben oder auch eine Hand voll Leinsamen darüber streuen. Und Leinsamenbrot schmeckt ungemein lecker. Stellen Sie sich nur einmal vor, wie gesund die Kreter wären, wenn sie ihr Portulak-Gemüse mit Leinöl anmachten und dazu Leinsamenbrot äßen!

Nun sind wir also wieder zum Portulak zurückgekehrt. Meine Freunde haben mir etwas davon aus Kreta mitgebracht; der Geschmack ist zwar interessant, aber gewöhnungsbedürftig. Eine kretische Nachspeise, die ich aus zerstoßenen Nüssen, Sesam, Zimt und Traubensaft zubereitete («Moustalevria»), erwies sich jedoch sofort als Treffer; auf der Insel wird sie anscheinend häufig gegessen. Vielleicht spielen bei der legendären kretischen Langlebigkeit auch die ganzen Antioxidantien im Traubensaft eine Rolle.

Das Rezept für diese Delikatesse stammte aus einem Reisemagazin, in dem auch für eine 1970 gegründete kretische Schweinemastanstalt geworben wurde. In der Werbung wurde stolz darauf hingewiesen, dass der Betrieb auch über eine Schlachterei sowie ein breites Wurst- und Schinkenangebot verfüge. Ich befürchte aber, dass dieses Fleischangebot den Fisch, die Früchte und natürlich den Portulak vom Speiseplan der Kreter verdrängen wird. Wird die nächste Generation der Kreter dann noch dieselbe bemerkenswert niedrige Herzkrankheitsrate haben wie die jetzige?

Chemische Verbrechen

Ein tödlicher Liebestrank

In England konnten die Boulevardzeitungen nicht genug von der Geschichte kriegen. «Liebesdroge tötet Tippse», verkündete die Schlagzeile des *Daily Mirror* am 29. April 1954 in großen Lettern und präsentierte der erstaunten Öffentlichkeit einen der bizarrsten Giftfälle der Geschichte. Als Arthur Ford einige Monate später wegen Totschlags verurteilt wurde, hatten die Leser, die jedes Wort verschlungen hatten, das über den Prozess geschrieben worden war, eine Menge über Chemie und Toxikologie gelernt.

Ford war ein Mann mittleren Alters, der nach dem Krieg einen Job als Büroleiter in einer pharmazeutischen Firma in London gefunden hatte. Dort verliebte sich der verheiratete Vater von zwei Kindern heftig in eine seiner Sekretärinnen. Sie lehnte seine Avancen ab, was seine Leidenschaft wahrscheinlich nur noch stärker anfachte. Dann tauchte nach Fords Meinung plötzlich eine Lösung für sein Liebesproblem auf. Ein Kunde kam und erkundigte sich nach einer Substanz namens Kantharidin, mit der man, wie er gehört hatte, Warzen entfernen konnte. Die Erwähnung von «Kantharidin» löste bei dem zurückgewiesenen Liebhaber eine Flut von Erinnerungen aus. Ihm fiel wieder ein, dass er während seiner Armeezeit gehört hatte, dass seine Kameraden darüber gesprochen hatten, Spanische Fliege als Aphrodisiakum zu benutzen, um ihre widerstrebenden Partnerinnen zu stimulieren. Kantharidin, so erinnerte er sich, galt dabei als die aktive Substanz.

Also wandte sich Ford unverzüglich an den leitenden Chemiker seiner Firma und erkundigte sich, ob sie wohl Kantharidin vorrätig hätten. Auf die Frage, warum ihn das interessiere, murmelte Ford etwas von einem seiner Nachbarn, der Kaninchen züchte und vielleicht ein wenig Kantharidin benötige, um die Züchtung zu erleichtern. Der Chemiker wies jedoch nachdrücklich darauf hin, dass Kantharidin sehr gefährlich sei und sich selbst kleine Dosen als tödlich erweisen könnten. Daraufhin verlor Ford anscheinend das Interesse an der Kaninchenzucht.

Doch die Verlockung einer leichten sexuellen Eroberung erwies sich als zu stark für ihn. Ford stahl eine geringe Menge Kantharidin aus dem Lagerbestand, mischte es in das schokoladenüberzogene Kokosnuss-Eiskrem-Konfekt, das er gekauft hatte, und teilte die süße Versuchung mit dem Objekt seiner Begierde. Eine andere Sekretärin bat darum, ebenfalls kosten zu dürfen, und kurze Zeit später landeten alle drei mit schrecklichen Bauch- und Kopfschmerzen im Krankenhaus. Die beiden Frauen starben am nächsten Tag, doch der erschütterte Möchtegern-Casanova überlebte und erholte sich wieder.

Bei der Autopsie wurde in beiden Leichen Kantharidin festgestellt, und der verzweifelte, von Gewissensbissen geplagte Arthur Ford konnte seine Schuld nicht für sich behalten. Er gestand den Behörden, wie diese Büroromanze, die niemals eine war, zu dem versehentlichen Tod zweier unschuldiger Menschen geführt hatte. Der Richter wies darauf hin, dass Ford von einem Fachmann vor den Gefahren von Kantharidin gewarnt worden war, und verurteilte ihn wegen Totschlags zu fünf Jahren Gefängnis.

Erstaunlicherweise berichtete das *British Medical Journal* von einem weiteren Fall von Kantharidinvergiftung, der nicht weniger bizarr war. Ein Fischer, der hoffte, mehr Fische zu fangen, wenn er seinen Köder mit etwas Sex-Appeal aufpeppte, gab den Köder, etwas Kantharidin und ein wenig Wasser in eine Flasche und schüttelte die Mischung, wobei er die Flaschenöffnung mit dem Daumen verschlossen hielt. Als er den Haken anschließend mit dem Köder versah, stach er sich in den Daumen und steckte den Finger, wie man es gewöhnlich tut, in den Mund, um das Blut aufzusaugen. Sechs Stunden später war er tot. Kantharidin ist nicht besonders gut wasserlöslich, und ein Teil der ungelösten Substanz war offenbar am Daumen des Pechvogels haften geblieben.

Diese Tragödien hätten sich nicht ereignet, wenn Kantharidin nicht einen unverdienten Ruf als Aphrodisiakum hätte. Der Mythos basiert auf der Fähigkeit von Kantharidin, bei Männern wie bei Frauen auf das erektile Gewebe im Genitalbereich zu wirken. Was es tatsächlich tut – und das kann man kaum als angenehm bezeichnen –, ist, die Harn- und Geschlechtsorgane zu reizen. Der legendäre Ruf von Kantharidin geht nicht auf die Mundpropaganda erfolgreicher Anwender zurück, sondern auf die angeblichen Abenteuer Casanovas, des berühmt-berüchtigten italienischen Liebhabers. Die Schlafzimmer-Eroberungen dieses Playboys des 18. Jahrhunderts wurden durch ein wenig Fingerfertigkeit unterstützt: Der listenreiche Wüstling schmuggelte heimlich Spanische Fliegen – metallisch grüne, etwa zwei Zentimeter lange Käfer (*Lytta vesicatoria*) aus der Familie der Öl- oder Blasenkäfer, die reich an Kantharidin sind – in die Kleidungsstücke seiner Freundinnen, um ihre fleischlichen Gelüste anzuregen. Er hoffte nämlich, sie würden von diesen «Liebeskäfern» gebissen. Diese Story ist gewiss mit Vorsicht zu genießen, doch wahrscheinlich experimentierte Casanova tatsächlich mit der Spanischen Fliege.

Wir wissen jedenfalls, dass der Marquis de Sade es tat – er servierte seinen Partygästen Spanische Fliegen zum Dessert. Das Ergebnis war jedoch nicht ganz so, wie er es sich erhofft hatte. In einem zeitgenössischen Bericht darüber heißt es: «Auf der Stelle ergriff die Gäste, Männer wie Frauen, ein brennendes, verzehrendes Lustgefühl; die Kavaliere machten sich ganz ohne jede Heimlichtuerei über die Frauen her. Die Essenz der Spanischen Fliege, die durch ihre Adern kreiste, ließ sie bei ihren gebieterischen Lüsten weder Schamgefühl noch Zurückhaltung verspüren; es kam zu wilden Exzessen, Lust wurde mörderisch ...»

Die Wirkungen von Kantharidin, die alles andere als aphrodisischer Natur sind, können zu schwer wiegenden Beschwerden führen. Im Jahre 1861 berichtete eine französische Medizinzeitschrift über einen höchst ungewöhnlichen Fall: Mehrere Fremdenlegionäre wurden in Nordafrika wegen lange anhaltender und höchst schmerzhafter Erektionen ins Krankenhaus eingeliefert. Der behandelnde Arzt erkannte die Symptome als solche, die mit Kantharidin einhergehen, doch die Soldaten stritten entschieden ab, mit dieser Substanz experimentiert zu haben. Und in der Tat schien die mangelnde Gelegenheit, zum weiblichen Geschlecht Zugang zu haben, die Version der Legionäre zu bestätigen.

Eine weitere Befragung ergab, dass die betroffenen Soldaten alle am Ort zubereitete Froschschenkel gegessen hatten. Das brachte den findigen Arzt auf eine Idee: Er suchte den Platz auf, wo die Frösche gefangen worden waren, und stellte fest, dass es dort von Spanischen Fliegen nur so wimmelte. Er fing ein paar Frösche und opferte sie im Namen der Wissenschaft. Ihre Mägen waren prall gefüllt mit Käfern. Die Neugier des Arztes war damit befriedigt – bestimmt hatten die Legionäre unabsichtlich ein gewisses Quantum an Kantharidin zu sich genommen, als sie die Schenkel dieser Käfer schluckenden Frösche aßen.

Die Theorie ließ sich leider nicht beweisen, weil die Prüfung auf Spuren von Kantharidin die chemischen Analysekapazitäten der damaligen Zeit überstieg. Hundertdreißig Jahre später gelang es jedoch Thomas Eisner an der Cornell University, eindeutig nachzuweisen, dass Kantharidin in den Schenkeln von Fröschen, denen Blasenkäfer verfüttert worden waren, vorkam. Eisner zufolge riskiert man unter Umständen sogar das Leben, wenn man ein paar Schenkel von solchen Fröschen verzehrt. Das hatte uns gerade noch gefehlt – noch etwas, worum wir uns Sorgen machen müssen. Wenn wir uns jetzt zu Tisch setzen, um Froschschenkel zu essen, müssen wir uns fragen, was die Frösche zum Dinner gegessen haben!

Arthur Fords tragisches Abenteuer begann mit einer Nachfrage, bei der es um die Verwendung von Kantharidin zur Behandlung von Warzen ging. Damals hielten die Apotheker zu diesem Zweck das Präparat auf Lager, wie es auch heute noch der Fall ist. Die Hautreizung, die Kantharidin hervorruft, wenn es äußerlich angewandt wird – daher der deutsche Name «Blasenkäfer» –, hilft, Warzen zu beseitigen, doch wenn es innerlich angewandt wird, kann es den ganzen Patienten beseitigen. Das wäre beinahe einem jungen Mädchen in Winnipeg passiert, das aus uns nicht bekannten Gründen eine ordentliche Portion Warzenentferner schluckte und mit verätzter Speiseröhre und Herzbeschwerden im Krankenhaus landete.

Da ich die Gefährlichkeit von Kantharidin kenne, war mein

Interesse geweckt, als ich einen Werbebrief erhielt, der Spanische-Fliege-Süßigkeiten anpries. Von Neugier übermannt, füllte ich die Anforderungskarte aus und sandte die geforderten zehn Dollar ein. Ich erhielt fünf ganz gewöhnliche Lutscher, einzeln verpackt und mit einem hübschen Etikett versehen, dem ich entnahm, dass diese Süßigkeiten unter dem Markennamen «Spanische Fliege» vertrieben werden. Ein Trottel, der Süßes liebt, wird eben allzu leicht ausgelutscht.

Alice im Fliegenpilzland

Der junge Charles Dodgson kam Mitte des 19. Jahrhunderts als Tutor für Mathematik an die Universität Oxford, doch als er rund fünfzig Jahre später starb, war er zu dem weltberühmten Lewis Carroll geworden, dem Schöpfer von *Alice im Wunderland* und *Alice hinter den Spiegeln*. Er schrieb diese wunderbaren Geschichten für eine reale Alice, die Tochter von Reverend Liddell, dem Dekan des Christ Church College.

Dodgson machte die erdichtete Alice zur Heldin seiner Geschichten und amüsierte die reale Alice, indem er ihre Namensschwester in unglaubliche und verrückte Szenarios versetzte. Um sein Wunderland zu erschaffen, schöpfte der Schriftsteller jedoch aus dem Fundus des wirklichen Lebens. Ein königlicher Besuch in Oxford inspirierte ihn beispielsweise zu der Gestalt der Herzkönigin und ein Theaterstück mit dem Titel *Der sprechende Fisch* zu seinem eigenen sprechenden Fisch.

Ein Buch, das Carroll bekanntermaßen gelesen hat, bevor er seine Geschichten zu schreiben begann, die Jung und Alt noch heute in ihren Bann ziehen, ist M. C. Cooks *A Plain and Easy Account of British Fungi* («Eine einfache und leicht verständliche Abhandlung über die Pilze Großbritanniens»). Dieses Werk könnte durchaus die Bemerkung der Raupe inspiriert haben, als Alice überlegt, ob sie von dem Pilz essen solle: «Von der einen Seite wirst du größer und von der anderen kleiner.» Erinnerte sich Carroll daran, in Cooks Buch über die halluzinogenen Eigenschaften von *Amanita muscaria*, dem Fliegenpilz, gelesen zu haben, als er diese Zeilen schrieb?

In der Tat spiegeln einige von Alices Abenteuern die Wirkungen von *Amanita muscaria* so deutlich wider, dass man sich fragt, ob Carroll diesen Pilz nicht näher als nur durch die Literatur kennen gelernt hatte. Der Pilz mit dem roten, weiß gepunkteten Hut ist in England weit verbreitet; es ist der Pilz, der von Märchenillustratoren am häufigsten abgebildet wird. Wer weiß, wie viele dieser wunderbaren Geschichten durch die Wirkung dieses Pilzes angeregt wurden?

Auch wenn die Zuschreibung von Alices skurrilen Abenteuern zum Verzehr von Pilzen in literarischen Kreisen vielleicht auf Ablehnung stoßen könnte, steht die historische Bedeutung des Fliegenpilzgenusses außer Frage. Aufzeichnungen darüber reichen zweitausend Jahre weit in eine Zeit zurück, als viele Generationen alte indische Medizintraditionen in den Schriften des *Ayurveda* niedergelegt wurden. Diese basierten ihrerseits wiederum auf einer weit älteren Sammlung von Götterhymnen, die als *Rig-Veda* bekannt sind und zum Teil *soma*, einem heiligen, berauschenden Getränk, gewidmet waren.

Ethnobotaniker, das heißt Wissenschaftler, die die Beziehung zwischen Pflanzen und Menschen erforschen, sind der Meinung, dass sich *soma* auf die Auszüge bezieht, die aus Fliegenpilz hergestellt werden. Von den aktiven Bestandteilen in diesem Pilz, Muszimol und Ibotensäure, ist bekannt, dass sie solche Visionen und euphorische Stimmungen hervorrufen, wie sie in den alten Schriften beschrieben werden. Diese Schriften erwähnen auch, dass andere den Urin von *soma*-Trinkern auffingen und ihrerseits tranken; die berauschenden Komponenten werden nämlich vom Körper unverändert wieder ausgeschieden.

Im 18. Jahrhundert beschrieb ein schwedischer Oberst, der lange Jahre als Kriegsgefangener bei einem sibirischen Stamm verbrachte, eine derartige Praxis seiner «Gastgeber»: «Die Reichen unter ihnen legen sich für den Winter einen großen Vorrat von diesen Pilzen an. Wenn sie ein Fest feiern, gießen sie Wasser auf einige der Pilze und kochen sie. Dann trinken sie die Flüssigkeit, die sie berauscht. Die Ärmeren stellen sich bei diesen Anlässen um die Hütten der Reichen herum auf und warten darauf, dass die Gäste herauskommen, um Wasser zu lassen. Dann halten sie ein hölzernes Gefäß hin, um den Urin aufzufangen, den sie danach gierig austrinken. Auf diesem Weg werden sie dann auch betrunken.»

Ähnliche Geschichten gibt es über die Verwendung von *Amanita muscaria* in Lappland, wo die Reichen den Pilz auf Weihnachtsfeiern zusammen mit Alkohol verspeisen. Wenn die Natur dann ihr Recht fordert, urinieren sie in den Schnee, der von den Armen, die ihr beschwerliches Leben eine Weile vergessen möchten, gesammelt und gegessen wird. Anscheinend mögen auch Rentiere Fliegenpilze, und lappländische Rentierzüchter streuen Fliegenpilzbrocken aus, wenn sie ihre Herde versammeln möchten. Es ist interessant, dass sich in der lappländischen Kultur zahlreiche Geschichten über fliegende Rentiere finden, Geschichten, aus denen sich im angelsächsischen Raum wahrscheinlich die Santa-Claus-Sage entwickelte. Vielleicht probierten diese Rentierzüchter ihren Rentierköder selbst und sahen ihre Herden dann tatsächlich durch die Lüfte fliegen.

Der Name «Fliegenpilz» geht auf den Glauben zurück, der Saft zerquetschter Pilze locke Fliegen an und lasse sie in eine Starre verfallen, was sie zu einem idealen Fliegenklatschenziel macht. Es ist fraglich, ob Fliegenpilze tatsächlich eine derartige Wirkung haben, und es kann sogar sein, dass die Fliegengeschichte von Menschen erfunden wurde, die den wahren Grund, der hinter ihrem Pilzsammeln stand, zu verbergen suchten.

Der Verzehr von Fliegenpilzen hat einen großen Nachteil. Neben halluzinogenen Verbindungen enthält der Fliegenpilz, *Amanita muscaria,* die giftige Substanz Muskarin, die in genügend hoher Dosis tödlich wirken kann. Dorothy Sayers benutzte dies vor rund sechzig Jahren als Plot in ihrem berühmten Roman *Der Fall Harrison*. Ein Pilzsammler wird tot aufgefunden, anscheinend hat er *Amanita muscaria* mit dem harmlosen Perlpilz (*Amanita rubescens*) verwechselt. Der Sohn des Opfers weigert sich zu glauben, dass sein Vater einen derart elementaren Fehler gemacht haben könnte, und seine hartnäckigen Nachforschungen bringen schließlich ans Licht, dass sein Vater tatsächlich mit synthetisch hergestelltem Muskarin vergiftet worden ist.

Der Fliegenpilz gehört zu einer anderen Art als der so genannte «Zauberpilz», der jeden Herbst unter Pilzsammlern solche Aufregung hervorruft und dazu führt, dass sie auf der Suche nach Ekstase so manchem Bauern die Felder zertrampeln. Das Objekt ihrer Begierde ist ein Pilz, der als Kahlkopf (*Psilocybe*) bezeichnet wird und die Verbindungen Psilozin und Psilozybin enthält, die beide zu Halluzinationen führen können. Schon die Mayas und die Azteken kannten diese Pilze; sie fanden bei religiösen Zeremonien breite Verwendung. Als Montezuma 1502 den Thron bestieg, wachten speziell ausgebildete Priester über die Verwendung von Teonanacatl, der «Nahrung der Götter», wie der *Psilocybe*-Pilz genannt wurde. Die Liebhaber dieses Halluzinogens wurden von christlichen Missionaren in den Untergrund getrieben, aber geheime Pilzkulte existieren in Mexiko noch immer, wo die halluzinogenen Pilze auf feuchten, mit Kuhfladen gedüngten Hügeln üppig gedeihen.

Die Überlieferungen über psychoaktive Pilze sind zweifellos faszinierend, und allem Anschein nach steckt hinter diesen Pilzen oft mehr, als zunächst ins Auge fällt. Manchmal jedoch auch weniger. Als Walt Disneys Klassiker *Fantasia* 1991 in San Francisco wieder aufgeführt wurde, veranstalteten Anti-Drogen-Aktivisten eine Demonstration vor dem Theater und behaupteten, der Film übermittle mit seinen tanzenden Pilzen unterschwellig eine Pro-Drogen-Botschaft. So ein Blödsinn! Es überrascht mich, dass diese Leute noch nicht gegen *Alice im Wunderland* Sturm gelaufen sind, aber wahrscheinlich sind sie über Lewis Carrolls Interesse an Pilzen nicht so auf dem Laufenden, wie sie es sein könnten.

Chemische Hexerei in Salem

Gibt es einen interessanteren Ort, den man an Halloween besuchen könnte, als Salem in Massachusetts? Die Schaufenster in den Geschäften der Stadt sind mit Andenken gefüllt, überall kann man sich von Hexen die Zukunft vorhersagen lassen, und beim Hexen-Museum findet eine Licht-und-Ton-Show statt, die eines der düstersten Ereignisse in der amerikanischen Geschichte wieder aufleben lässt.

Die Hexenprozesse von Salem im Jahre 1692 gehören zu den bestdokumentierten Hexenjagden. Diese tragischen Vorkommnisse begannen ganz harmlos. Sie kamen in Gang, als ein paar junge Mädchen, um der Enge und den Beschränkungen ihrer puritanischen Existenz zu entfliehen, heimlich anfingen, sich nebenbei mit Wahrsagerei zu beschäftigen. Ihre Neugier war von einem westindischen Sklaven angestachelt worden, der sie mit Geschichten über schwarze Magie unterhielt.

Alles war spaßhaft und spielerisch, bis eines der Mädchen, das aus Hühnereiweiß eine Art Kristallkugel hergestellt hatte, felsenfest behauptete, darin einen Sarg gesehen zu haben. Bald darauf begannen auch die anderen Mädchen, erschreckende Visionen zu haben, die zu Panikattacken, Schreien und bizarren Verhaltensweisen führten. Der ortsansässige Arzt konnte für die quälenden Symptome der Mädchen anscheinend keine irdische Erklärung finden und kam zu dem Schluss, sie müssten verhext sein.

Die jungen Mädchen akzeptierten bereitwillig diese Erklärung, denn sie waren gewiss nicht scharf darauf zuzugeben, dass sie verbotener Wahrsagerei gefrönt hatten. Die Sündenböcke wurden ausgezogen und auf aussagekräftige «Hexenmale», wie beispielsweise Warzen, untersucht, die angeblich dazu dienten, den Teufel zu stillen. Selbst wenn keine derartigen Male gefunden wurden, konnte das Ausmaß an Hysterie, das die Anklägerinnen bei der Befragung der Verdächtigen zeigten, als Schuldbeweis gelten. Bevor der Wahnsinn abebbte, waren mehr als zweihundert Menschen wegen Hexerei ins Gefängnis geworfen, neunzehn weitere gehängt und einer zu Tode getreten worden.

Die Tragödie von Salem wird gewöhnlich als klassischer Fall von Massenhysterie beschrieben. Einige Wissenschaftler halten jedoch auch eine andere Erklärung für möglich. Dabei spielt ein faszinierendes Leiden eine Rolle, das als «Antoniusfeuer» (auch höllisches oder heiliges Feuer genannt) bezeichnet wird. Antonius, ein tiefgläubiger junger Christ des 3. Jahrhunderts n. Chr., machte sich große Sorgen um den Zustand der Welt und beschloss, in der Sinaiwüste ein einfaches Leben als Einsiedler zu führen. Dort wuchs seine Einsamkeit, was zur Folge hatte, dass er Halluzinationen erlebte, die ihm wilde Tiere und betörende junge Frauen vorspiegelten, doch trotz dieser immer wiederkehrenden Wahnvorstellungen harrte er bei seinem Einsiedlerleben aus und gründete schließlich die erste christliche Mission in Ägypten. Antonius starb im Alter von hundertfünf Jahren.

Die moralische Stärke, mit der er den Versuchungen widerstand, sprach diejenigen Christen an, die unter Geistesstörungen litten. Sie beteten häufig zu diesem Heiligen und baten ihn um Hilfe bei ihren Problemen, und offenbar wurden ihre

Gebete manchmal erhört. Typisch für das Leiden, unter dem viele dieser Menschen litten, waren beunruhigende Halluzinationen und ein brennendes Gefühl am ganzen Körper. Diese Symptome wurden dann im Mittelalter unter dem Namen «Antoniusfeuer» bekannt.

Gegen Ende des 16. Jahrhunderts wurde diese Erkrankung mit dem Verzehr von Roggen in Zusammenhang gebracht, der mit Mutterkornpilz (*Claviceps purpurea*) verseucht war. Heute wissen wir, dass dieser Pilz eine Reihe von Verbindungen (Mutterkornalkaloide) erzeugt, die Krämpfe, ein brennendes Gefühl und eine Verengung der Blutgefäße hervorrufen können. Letzteres kann zu Gangrän (Absterben des Gewebes) und zum Verlust von Fingern, Zehen, Armen oder Beinen führen.

Die aktiven Verbindungen im Mutterkorn haben eine chemisch ähnliche Struktur wie Lysergsäurediäthylamid, besser unter der Abkürzung LSD bekannt. 1938 wurde diese hoch wirksame halluzinogene Droge von dem Schweizer Chemiker Albert Hofmann aus Mutterkorn synthetisiert. Die Mutterkornalkaloide selbst wurden zur Migränebehandlung eingesetzt und dienten früher häufig dazu, nachgeburtliche Blutungen zu stoppen.

Wie konnte das Beten zum heiligen Antonius Mutterkornvergiftungen heilen? Wenn Menschen mit einem derartigen Leiden zu einem der Heiligtümer des Heiligen pilgerten, gaben sie auch ihre übliche Ernährung auf, zu der auch der verseuchte Roggen gehörte. In diesen Pilgerstätten buken die Mönche Brot aus reinem, weißem Mehl, von dem es bald hieß, es besäße Heilkräfte. Heute kann man bedenkenlos Roggenbrot essen, denn selbst wenn das Getreide mit Mutterkorn verseucht ist, wird der Pilz durch die modernen Mahltechniken beseitigt.

Nun zurück nach Salem. Roggenmehl war ein Grundnahrungsmittel, und Berichte zeigen, dass das Wetter 1692 für das Gedeihen des Pilzes förderlich war. Die jungen Mädchen mit ihrem geringen Körpergewicht gehörten unter Umständen zu denjenigen, die durch das kontaminierte Mehl am stärksten belastet worden waren; ihre Anfälle von Besessenheit sind möglicherweise durch die bewusstseinsverändernden Wirkungen verschiedener Mutterkornverbindungen ausgelöst worden.

Interessanterweise spielte bei einem der Tests, die angewandt wurden, um festzustellen, ob die Mädchen verhext waren, Roggen eine Rolle. Tituba wurde aufgefordert, aus Roggenmehl und dem Urin der befallenen Mädchen einen «Hexenkuchen» zu backen. Der wurde dann an einen Hund verfüttert in der Annahme, dass der Hund, sollten die Mädchen wirklich verhext sein, die gleichen Symptome zeigen würde wie sie.

Bedauerlicherweise akzeptierte der Dorfgeistliche diesen Test nicht als gültiges Beweismittel, und über die Ergebnisse wurde nie berichtet – das Verhalten des Hundes hätte Hinweise auf die Stichhaltigkeit der Mutterkorntheorie liefern können. Im 17. Jahrhundert wären die seltsamen Eskapaden des Hundes möglicherweise als Beweis für Hexerei angesehen worden, doch unser modernes chemisches Wissen hätte uns eine andere Interpretation einer Wirkung erlaubt, die auf Mutterkornalkaloide im Urin zurückgeht. So ist anzunehmen, dass wir niemals wirklich wissen werden, ob die Bewohner von Salem Opfer einer Massenhysterie oder chemischer Hexerei geworden sind.

Tödliches Soufflé

Die Anruferin in meiner Radiosendung wollte wissen: «Warum haben die meisten Ärzte keine Ahnung von natürlichen Heilmitteln?» Ihre Frage hatte einen bitteren und anklagenden Unterton. Ich war überzeugt, dass mir eine weitere telefonische Tirade darüber bevorstand, wie irgendeine Kräutertherapie oder ein Nahrungsergänzungsmittel ein medizinisches Problem gelöst hatte, das die Ärzte schachmatt gesetzt hatte. Ich wollte also schon mit meinem üblichen Blabla anheben über die Unzuverlässigkeit von anekdotischen Belegen und der Notwendigkeit, solche Probleme mit wissenschaftlicher Strenge zu untersuchen, als die Dinge eine interessante Wendung nahmen: Die Anruferin teilte mir mit, dass sie schließlich einen Arzt gefunden hatte, der ihr eine Liste mit Lebensmitteln gegeben hatte, die sie meiden müsse, und sie dadurch auf wunderbare Weise geheilt hatte. Es war alles so einfach. All ihre Beschwerden gingen auf Lebensmittelallergien zurück, erzählte sie, und sie nannte die Lebensmittel, die sie meiden musste: alten Käse, Hühnerleber, Salzheringe, Schokolade, Würste, Mortadella, Saubohnen, Chianti-Wein.

An dieser Stelle wurde mir klar, dass mehr hinter dieser Geschichte steckte. Sie hatte gerade die klassische Liste von Nahrungsmitteln aufgezählt, die Patienten meiden müssen, wenn sie eine bestimmte Sorte von Stimmungsaufhellern, so genannte Monoaminoxidasehemmer, abgekürzt MAOH, einnehmen. Offenbar hatte ein scharfsinniger Arzt die zahlreichen und anscheinend unzusammenhängenden Gesundheitsprobleme dieser Frau kollektiv als Zeichen für eine Depression erkannt, ein geeignetes Medikament verschrieben und ihr gute Ratschläge für ihre Ernährung gegeben. Vielleicht hatte ein

Missverständnis bei der Kommunikation zu der Überzeugung der Patientin geführt, dass ihre Beschwerden auf Nahrungsmittelallergien beruhten. Aber warum müssen Menschen, die MAOH einnehmen, diese seltsamen Ernährungsbeschränkungen beachten? Lassen Sie mich ein literarisches Vehikel benutzen, um Ihnen die Zusammenhänge plausibel zu machen.

Rumpole vom Old Bailey, dem Obersten Strafgerichtshof Großbritanniens, ist einer der einnehmendsten Charaktere in der ganzen englischen Literatur. Diese Schöpfung des Schriftstellers John Mortimer, der zänkische, jedoch liebenswerte Barrister kreuzt gleichzeitig seine Klingen mit den kriminellen Elementen der Londoner Unterwelt und mit «ihr, der zu gehorchen ist» – mit seiner Frau Hilda.

Wir können von Rumpole nicht sehr viel lernen, was die richtige Chemie fürs eheliche Glück angeht, doch beim Lesen von «Rumpole und der Experte im Zeugenstand» können wir bestimmt etwas über die Folgen ehelichen Zwists lernen. Die Geschichte dreht sich um den schlauen Plan eines Arztes, das frühzeitige Ableben seiner Gattin zu beschleunigen. Das Motiv ist uralt – eine andere Frau ist aufgetaucht –, doch die Methode, durch welche die nun überflüssige Ehefrau ins Jenseits befördert wird, ist neuartig: Die Mordwaffe ist ein Käsesoufflé! Nein, wir reden nicht über Mord durch Cholesterin; die Übeltat wird durch die ruchlose Verwendung eines Monoaminoxidasehemmers begangen.

An dieser Stelle ist ein wenig Hintergrundinformation nötig. Im Jahre 1951 wurde im angelsächsischen Raum ein neues Medikament namens Iproniazid zur Behandlung von Tuberkulose eingeführt. Es war eine der ersten pharmazeutischen Behandlungsmöglichkeiten gegen diese gefürchtete bakterielle Geißel. Als sich herausstellte, dass dieses Medikament leberschädigend wirkte, wurde es durch Isoniazid ersetzt, ein ähnliches, aber sichereres Produkt, das auch heute noch eingesetzt wird.

In der Zeit, als Iproniazid verwendet wurde, hatten Ärzte jedoch eine seltsame Nebenwirkung bemerkt. Diejenigen, die dieses Medikament einnahmen, wurden sehr fröhlich. Sie tanzten nicht gerade auf dem Tisch, doch zweifellos wirkte Iproniazid als Stimmungsaufheller. Zunächst wurde dieser Beobachtung keine große Bedeutung beigemessen, denn die damals gängige Theorie über Depressionen ließ keine chemischen Wirkungen auf die Psyche zu, doch die Neugier einiger Forscher war geweckt, und 1956 wurde ein Aufsehen erregendes Experiment durchgeführt. Durch Injizieren von Iproniazid gelang es Forschern, bei Mäusen Euphorie auszulösen.

Beflügelt von diesen Ergebnissen, testete Dr. Nathan Kline, ein Arzt, der sich bereits durch die Behandlung von Schizophrenie mit dem Pflanzenextrakt Reserpin einen Namen gemacht hatte, Iproniazid an einigen seiner depressiven Patienten aus. Die Ergebnisse waren bemerkenswert, und bald wurde das Medikament weithin als Stimmungsaufheller verschrieben. Doch es dauerte nicht lange, bis die Ärzte wegen einiger Eigenschaften dieses neuen Antidepressivums selbst Depressionen bekamen. Während das Medikament in den meisten Fällen gut anschlug, tauchten immer wieder beunruhigende Berichte über Patienten auf, die einen sehr hohen Blutdruck entwickelten und manchmal sogar einen Schlaganfall erlitten. Mit Hilfe dieses Medikaments, mit dem er ebendiese Nebenwirkungen auslösen wollte, führte Mortimers heimtückischer Arzt sein Verbrechen aus.

Zu extrem hohem Bluthochdruck kann es kommen, wenn MAOH mit gewissen Nahrungsmitteln, Getränken oder anderen Medikamenten kombiniert werden. In den meisten Fällen stehen Bier, Wein, Schokolade, Hühnerleber, Salzhering und stark gereifter Käse mit der Bluthochdruckkrise in Zusammenhang. Die MAOH bewirken ihre antidepressive Wirkung, indem sie ein Enzym hemmen, das unter dem Namen Monoaminoxidase bekannt ist. Dieses Enzym reguliert im Normalfall die Konzentration von Noradrenalin, Dopamin und Serotonin, den Botenstoffen im Gehirn, die unsere Stimmung kontrollieren. Eine Hemmung dieses Enzyms führt zu höheren Spiegeln dieser Botenstoffe und lindert damit Depressionen.

Das Problem ist jedoch, dass die oben erwähnten Nahrungsmittel und Getränke natürlich auftretende, blutdruckhebende Substanzen enthalten, wie Tyramin, die unter normalen Verhältnissen im Blut von Monoaminoxidase abgebaut werden. Wenn dieses Enzym jedoch deaktiviert ist, steigt der Spiegel dieser Verbindungen, und der Blutdruck kann gefährlich in die Höhe schießen; aus diesem Grund werden Patienten, die Monoaminoxidasehemmer nehmen, strikt angewiesen, bestimmte Nahrungsmittel zu meiden.

Nun zurück zu Rumpole. Der Arzt hatte seiner an Depressionen leidenden Frau einen Monoaminoxidasehemmer verschrieben. Dann bereitete er ihr als besondere Leckerei ein Käsesoufflé, das er zusammen mit einem guten Wein servierte. Das Tyramin im Käse und im Wein wirkten mit dem Antidepressivum zusammen und führten so zum erwünschten Ergebnis: Die Frau erlag einem Schlaganfall.

Ziemlich weit hergeholt, meinen Sie? Eigentlich nicht. In der medizinischen Fachliteratur wird oft von plötzlichen Todesfällen berichtet, die auf Reaktionen gegen Monoaminoxidasehemmer zurückgehen. In jedem Fall gelangte eine Substanz, die gewöhnlich von Monoaminoxidase umgewandelt wird, in den Körper. Da das Enzym gehemmt war, reagierte der Körper, als habe er eine Überdosis erhalten. Der amerikanische Schmerzkiller Demerol wie auch Schnupfen bekämpfende Mittel, die gewisse abschwellende Substanzen enthielten, waren in solche Todesfälle verwickelt. Die pflanzliche Substanz Ephedrin, die man in vielen «natürlichen» Schlankheitsmitteln wie auch in dem aus der chinesischen Kräutermedizin stammenden Nahrungsergänzungsmittel Ma Huang findet, kann bei Menschen, die MAOH nehmen, fatale Folgen haben.

In Mortimers Geschichte klärt Rumpole natürlich das Verbrechen auf und bringt den Schuldigen hinter Gitter, doch vielleicht liegt der wahre Wert der Story darin, dass sie Menschen, die Monoaminoxidasehemmer nehmen, bewusst macht, wie wichtig es ist, bestimmte Nahrungsmittel und Medikamente zu meiden. In diesem Sinn könnte es Rumpoles wichtigster Fall gewesen sein.

Verrückte Mönche, KGB-Agenten und schlafende Hunde

Grigorij Rasputin, der «verrückte Mönch», verfügte über große Macht am Hof des Zaren Nikolaus von Russland. Dieser sibirische Bauer mit struppigem Haar, wirrem Bart und starkem Körpergeruch, der weder lesen noch schreiben konnte, erwarb sich am Hof des Romanows eine starke Position, als er vorgeblich das Leben von Nikolaus' Sohn Alexis rettete, der nach einer läppischen Verletzung am Schenkel dahinsiechte.

Alexis war Bluter; das entsprechende Gen hatte er von seiner Mutter Alexandra, einer Enkelin von Königin Viktoria, geerbt. Rasputin erklärte der Zarin nun, der einzige Weg, den Jungen zu retten, bestehe darin, ihn aus den Fängen der Ärzte zu befreien und zu beten. Der Rat erwies sich als gut, denn sobald die Ärzte abließen, an Alexis herumzulaborieren, hörten die inneren Blutungen des Jungen auf. Die Zarin und der Zar standen von nun an in Rasputins Schuld.

Rasputins wachsender Einfluss und sein bizarres Verhalten erregten viel Neid und Besorgnis am Hof. Die Höflinge runzelten die Stirn über die Überzeugung des Mönchs, dass man zuerst eine Sünde begehen müsse, bevor sie vergeben werden könne – je größer die Sünde, desto größer die Vergebung, wenn die Sünde bereut wurde. Und wenn eine junge weibliche Büßerin noch nicht genug gesündigt hatte, dann war Rasputin stets nur allzu gern bereit, ihr dabei zu helfen.

Als der Zar begann, seinen Rat in politischen Angelegenheiten einzuholen, war es für Rasputins Feinde der Tropfen, der das Fass zum Überlaufen brachte. Unter Führung von Prinz Jussopow heckten diese Höflinge einen Plan aus, um den dämonischen Wanderpropheten zu beseitigen, der bereits mit einer übernatürlichen Aura versehen war, nachdem er auf wunderbare Weise eine Messerstecherei überstanden hatte. Die Verschwörer wollten kein Risiko eingehen; sie beschlossen, ihn mit Zyanid zu vergiften. Jussopow lockte Rasputin auf ein Fest, wo man ihm Schokoladenkuchen servierte, der mit Zyankali versetzt war. Rasputin aß und aß, aber zum Entsetzen der Umstehenden passierte gar nichts. War dieser Teufel tatsächlich im Besitz übernatürlicher Kräfte? Die Verschwörer gerieten in Panik, und einer von ihnen schoss Rasputin direkt in die Brust. Als sich Jussopow über ihn beugte, um zu sehen, ob man sich endlich seiner entledigt hätte, erhob sich der

«Leichnam» und begann, ihn zu verfolgen. Zwei weitere Schüsse peitschten durch den Saal, und der Mönch sank schließlich zu Boden. Er wurde dann nach draußen geschleppt und in die Newa geworfen, wo er der Autopsie zufolge zu guter Letzt ertrank.

Warum hatte das Zyanid versagt? Schließlich ist dieses Gift ein berüchtigter Killer. Zyanid setzt eines der wichtigsten Enzyme im Körper außer Gefecht, die Zytochromoxidase. Dieses Enzym katalysiert die wichtigste Energie liefernde Reaktion in den Zellen – die Reaktion zwischen Zucker (Glukose) und Sauerstoff, das heißt die Zellatmung –, und wenn es deaktiviert wird, fehlt dem Körper die nötige Energie für den Unterhalt lebenswichtiger Organe, wie Herz und Lungen. Atmung und Kreislauf brechen zusammen, und innerhalb kurzer Zeit tritt der Tod ein.

Eine mögliche Erklärung für den verpfuschten Giftanschlag wäre, dass die Verschwörer altes Zyankali benutzten, das seine tödliche Wirkung verloren hatte, weil es im Lauf der Zeit mit dem Kohlendioxid in der Luft reagiert hatte. Unter diesen Bedingungen wandelt sich Zyankali langsam in Kaliumkarbonat um, wobei gasförmige Blausäure in die Luft entweicht. Diese Theorie ist nicht so unwahrscheinlich, wie sie im ersten Augenblick klingen mag. Nur ein paar Jahre vor dem Anschlag auf Rasputin war ein russischer Zirkuselefant unberechenbar geworden und hatte immer wieder zu toben begonnen, sodass man sich entschloss, ihn zu töten. Das Tier liebte Cremeschnittchen über alles, und diejenigen, die den Auftrag hatten, es umzubringen, füllten Hunderte dieser Schnittchen mit Zyankali. Obwohl der Elefant sie alle verputzte, zeigte sich keinerlei Wirkung – der unglückselige Dickhäuter wurde schließlich vor ein Erschießungskommando gestellt.

Gewöhnlich ist Zyanid ein sehr «zuverlässiges» Gift. Aus diesem Grund verließen sich die sowjetischen KGB-Agenten im Kalten Krieg darauf, um ihre politischen Gegner aus dem Weg zu räumen. Das kam 1957 ans Licht, als ein exilierter politischer Führer aus der Ukraine, der in München eine antisowjetische Zeitung herausgab, mit Zyanid umgebracht wurde. Dabei spielte der geschickte Einsatz von chemischen Kenntnissen eine Rolle. Der KGB-Agent, der ausersehen war, den Herausgeber umzubringen, war mit einer Vorrichtung ausgerüstet, die durch Mischen von Zyankali mit Schwefelsäure Blausäuregas erzeugen würde. Das Gas sollte in das Gesicht des potenziellen Opfers gesprüht werden und einen raschen Tod herbeiführen, den man einer Herzattacke zuschreiben würde. (Nebenbei bemerkt, war es die gleiche chemische Reaktion, die von den Nazis in den Gaskammern eingesetzt wurde und die noch immer in einigen amerikanischen Staaten bei Exekutionen verwendet wird.)

Warum war der KGB-Agent nicht von der Gaswirkung betroffen, als er seinen Mordanschlag ausführte? Er könnte eine Gasmaske getragen haben, aber das wäre eher hinderlich gewesen, wenn er sich in aller Öffentlichkeit an sein Opfer heranschleichen wollte. Es muss eine andere Möglichkeit gegeben haben. Sowjetische Chemiker hatten ein einfallsreiches Gegengiftsystem entwickelt, das auf dem körpereigenen Mechanismus beruht, kleine Dosen von Zyanid unschädlich zu machen. Sie wussten, dass ein Enzym namens Rhodanase Zyanid in Thiozyanat umwandelt, das mit dem Urin ausgeschieden wird. Diese Reaktion erfordert jedoch die Präsenz von Thiosulfationen, die gewöhnlich im Körper in nur sehr geringer Konzentration vorkommen.

Am Tag des Anschlags schluckte der Agent zum Frühstück

eine gewisse Menge Natriumthiosulfat (wie es zum Fixieren von Fotos benutzt wird), um seinem Körper zu ermöglichen, das Zyanid unschädlich zu machen. Kurz vor dem schicksalhaften Treffen zerbiss er eine Ampulle mit Amylnitrit in seinem Mund und atmete tief ein. Das führte zur Synthese einer veränderten Form von Hämoglobin, dem so genannten Methämoglobin, in seinem Blut. Methämoglobin hat eine sehr hohe Affinität zu Zyanid und bindet das Gift, bis es durch Umwandlung in Thiozyanat, wie oben beschrieben, unschädlich gemacht werden kann.

Auch wenn die beschriebene Vorgehensweise, chemisch gesehen, Hand und Fuß hat, ist diese Verteidigung des Zyanid nicht sehr zuverlässig: Die Dosis des Gegengifts muss sehr genau berechnet werden, denn zu viel Amylnitrit ist an sich giftig. Doch es ist interessant festzustellen, dass bei der modernen Behandlung von Zyanidvergiftungen zunächst Amylnitrit inhaliert wird und anschließend intravenös Natriumnitrit (was ebenfalls zu einer Methämoglobinbildung führt) und Natriumthiosulfat verabreicht werden.

Das ist exakt die Behandlung, die vor einigen Jahren bei einem mexikanischen Medizinstudenten angewandt wurde, der es, als er seinen schlafenden Hund nicht wecken konnte, mit einer Mund-zu-Schnauze-Beatmung versuchte. Es war jedoch vergeblich – nicht nur, dass der Hund starb, sondern auch der Student verlor das Bewusstsein. Der behandelnde Arzt des Krankenhauses, in das der Student gebracht wurde, bemerkte den Geruch nach Bittermandeln im Atem des Patienten und vermutete eine Zyanidvergiftung. Der Hund hatte nicht geschlafen, sondern hatte versehentlich Zyanid geschluckt und einen Teil des Giftes über seine Lungen ausgeschieden. Wenn es um Zyanid fressende Köter geht, ist es offenbar ratsam, dem altbewährten Sprichwort zu folgen und schlafende Hunde nicht zu wecken.

Chemie für Zombies

162 Vor ein paar Jahren begeisterte Michael Jackson sein Fangemeinde mit seinem Videoporträt eines singenden Zombies. Kann es so etwas tatsächlich geben? Können sich die Toten aus ihren Gräbern erheben, durch die Lande streifen und die Lebenden in Angst und Schrecken versetzen? Es gibt keinen besseren Platz, um solche Geschichten zu überprüfen, als Haiti, das Reich des Voodoo und der Zombies.

Kinobesucher werden seit langem mit Geschichten über die lebenden Toten terrorisiert, doch es bedurfte eines Harvard-Wissenschaftlers, um den wissenschaftlichen Hintergrund des Mythos aufzuklären. Wade Davies erforschte die unerschlossenen Waldgebiete auf Haiti bei seinem Versuch, dem Ursprung der Zombiegeschichten auf die Spur zu kommen, und stieß schließlich offenbar auf ein echtes, lebendes Exemplar.

Clairvius Narcisse, ein armer haitischer Bauer, war 1962 gestorben und anständig begraben worden, doch achtzehn Jahre später verblüffte er seine Schwester nicht wenig, als er höchst lebendig auf dem örtlichen Marktplatz auftauchte. Er erzählte ihr, der gemeinsame Bruder, mit dem er wegen Landbesitzes in Streit lag, habe einen Voodoo-Priester dafür bezahlt, ihn in einen Zombie zu verwandeln. Nach seiner Beerdigung sei er wieder belebt und gezwungen worden, mit anderen «Zombies» zu arbeiten, bis er zwei Jahre später entkommen konnte. Er durchstreifte daraufhin das Land, immer in Angst, sein Bruder könne ihn wieder erkennen. Erst als er vom Tod seines Bruders hörte, hielt er es für sicher, wieder ins Leben zurückzukehren.

Narcisse erzählte, er sei mit einem «Zombiepulver» eingerieben worden, das zu einer totenähnlichen Starre führt, und «wieder belebt» worden, nachdem dessen Wirkung abgeklungen war. Dann, so behauptete er, sei er ständig unter Drogen gehalten worden, um ihn an der Flucht zu hindern. Ein Psychiater, der sich für die potenziellen medizinischen Anwendungsmöglichkeiten des «Zombiepulvers» – wenn es so etwas denn geben sollte – interessierte, veranlasste Wade Davies, dieser faszinierenden Geschichte nachzugehen. Der Psychiater Dr. Nathan Kline hatte sich bereits durch den Einsatz von Reserpin, einer Substanz, die aus der Indischen Schlangenwurzel (*Rauwolfia serpentina*) gewonnen wird, bei der Behandlung psychisch gestörter Patienten einen Namen gemacht. Er fragte sich, ob der aktive Bestandteil des «Zombiepulvers» möglicherweise ebenfalls nützliche medizinische Eigenschaften haben könne. Ausgerüstet mit einer Kamera und etwas Geld, gelang es Davis, eine Reihe von Voodoo-Zauberern aufzuspüren, die behaupteten, gegen entsprechende Bezahlung das «Zombiepulver» herstellen zu können. Mehrmals war Davies Zeuge, wie diese Zauberer Zutaten mischten, die von zermahlenen Schädeln frisch exhumierter Babys bis zu den Extrakten verschiedener Kröten reichten, doch der einzige Bestandteil, der offensichtlich allen Zubereitungen gemeinsam war, war ein ganz bestimmter Fisch, der Kugelfisch.

An dieser Stelle begannen die Dinge für Davies interessant zu werden. Er wusste, dass die Leber und die Geschlechtsorgane dieses Fisches das Gift Tetrodotoxin enthalten, das zur Lähmung des Nervensystems führen kann. Darüber hinaus war ihm bekannt, dass eine ganze Reihe von japanischen Feinschmeckern, die nicht richtig zubereiteten Kugelfisch oder «Fugu» gegessen hatten, anschließend gestorben waren – obwohl die Köche, die Fugu zubereiten, sorgfältig ausgebildet werden, die gefährlichen Organe zu entfernen, machen sie gelegentlich einen Fehler und bringen ihre Kunden um. Doch es gab in der medizinischen Fachliteratur einen verblüffenden Bericht über das Opfer einer Fugu-Vergiftung, das sich, als es in die Leichenhalle gerollt wurde, plötzlich aufsetzte: der Prototyp eines Zombies.

Höchst aufgeregt kehrte Davis in die Vereinigten Staaten zurück und ließ seine Zombiepulverproben analysieren. Und einige enthielten auch tatsächlich Tetrodotoxin. Folgetreffen mit den haitischen Zauberern erbrachten eine weitere Zutat, die aus «Zombiegurke» hergestellt wurde und die angeblich wieder erweckte Zombies in einem Zustand der Betäubung oder Trance halten sollte. Wie sich herausstellte, handelte es sich bei dieser «Zombiegurke» um nichts anderes als den Stechapfel (*Datura stramonium*), ein Gewächs, das reich an psychoaktivem Atropin und Skopolamin ist.

Sowohl Atropin als auch Skopolamin können zu Desorientierung, Verwirrung, Gedächtnisverlust, Betäubung und bizarrem Verhalten führen – ganz entschieden zombieartige Symptome. Skopolamin ist als «Wahrheitsdroge» berühmt geworden, weil es desorientierend und sedierend wirken kann. Die Theorie ist nun, dass ein Mensch in einem Skopolamin-induzierten Zustand nicht genug geistige Widerstandskraft aufbringt, um eine Lüge zu erfinden. Weitere Symptome bei einer Skopolamineinnahme sind verschwommene Sicht und Schwierigkeiten, das Gleichgewicht zu halten. Passt das nicht genau zum Bild eines verrückten Zombies, der durch die Gegend stolpert?

Damit sieht es so aus, als habe Davis den Fall gelöst, und seine Argumente werden offenbar durch einem Artikel in der renommierten britischen Medizinzeitschrift *Lancet* untermauert, in dem über einen Mann in Singapur berichtet wurde, der Kugelfisch aß und daraufhin in ein Koma fiel, das sechsunddreißig Stunden dauerte. Während dieser Zeit zeigte er keine Hirnstammreflexe, was gewöhnlich auf ausgedehnte Gehirnschäden hinweist, doch dieser Mann – der einem flüchtigen Betrachter wie ein Toter vorgekommen wäre – erholte sich völlig innerhalb einer Woche.

Davis erzählt sein faszinierendes Abenteuer in dem Buch *Die Schlange und der Regenbogen* (das ziemlich schlecht verfilmt wurde). Währenddessen scheint die Zombietheorie auf irgendeine Weise zum Faktum geworden zu sein – aber Vorsicht: Die Wissenschaftler, die das Zombiepulver analysiert haben, bleiben dabei, dass sie zwar tatsächlich Tetrodotoxin gefunden haben, die Menge aber so gering war, dass sie keinen zombieartigen Zustand hätte auslösen können. Davis besteht jedoch darauf, dass die Präsenz von auch nur kleinen Mengen Tetrodotoxin bedeutet, dass andere Proben möglicherweise weit mehr enthalten als diejenigen, die er sicherstellen konnte.

Ohne Zweifel beeinträchtigt Tetrodotoxin die Nervenfunktion. Wir verstehen sogar den Wirkmechanismus, durch den das geschieht; das Gift blockiert die Natriumaufnahme der Zellen, ein Vorgang, der kritisch für die Signalübertragung von einer Nervenzelle zur anderen ist. Es ist interessant, dass Zombies Voodoo-Legenden zufolge kein Salz essen dürfen, sonst werden sie «entzombiet». Salz ist nichts anderes als Natriumchlorid. Könnte Natrium die Wirkung von Tetrodotoxin neutralisieren? So oder so, nun wissen Sie über die ganze Geschichte Bescheid – über Kugelfische, Zombiegurken und die lebenden Toten. Interessant ... aber lassen Sie uns das Ganze mit einer gesunden Prise Misstrauen genießen.

Gesundheit und Krankheit

Sola dosis facit venenum

Philippus Aureolus Theophrastus Bombastus von Hohenheim. Bei einem solchen Namen wundert man sich nicht, dass dieser außergewöhnliche, obgleich grobe Schweizer Heiler aus dem 16. Jahrhundert es vorzog, sich Paracelsus zu nennen. Das war nicht gerade ein bescheidener Alias-Name, denn er leitet sich von dem Namen Celsus ab, einem der berühmtesten Ärzte im alten Rom, und die griechische Vorsilbe «para» bedeutet so viel wie «über … hinaus». Paracelsus glaubte sich diesem Arzt, auf dessen Schriften die Renaissancemedizin basierte, offensichtlich überlegen – ziemlich arrogant für jemanden, der sich historischen Unterlagen zufolge «Doktor» nannte, ohne jemals die für diesen Titel erforderliche Ausbildung beendet zu haben.

In der Tat verachtete Paracelsus die Universitäten und ihre Absolventen. Er griff die Professoren an, nannte ihren Unterrichtsstil antiquiert und prangerte ihr unkritisches Vertrauen in antike Autoritäten an. Er behauptete, dass Ärzte ihre Patienten, statt sie zu heilen, mit ihren Abführmitteln, ihrem Aderlass und ihren kompliziert zusammengesetzten Kräuterpräparaten entweder umbrachten oder zu Krüppeln machten. Ohne bei seinen Attacken gegen die etablierte Gesellschaft ein Blatt vor den Mund zu nehmen, drosch Paracelsus auf die Ärzteschaft ein: «Einige von ihnen haben so viel gelernt, dass ihnen das Gelernte all ihren gesunden Menschenverstand ausgetrieben hat, und andere kümmern sich mehr um ihren Profit als um das Wohl ihrer Patienten.»

Paracelsus bot eine Alternative zu dem an, was er als krude Heilungsversuche ansah: «Die Universitäten lehren nicht alles, ein Arzt muss alte weise Frauen aufsuchen, Zigeuner, Zauberer, wandernde Stämme, ein Arzt muss ein Reisender sein ... Wissen ist Erfahrung.» Um seine Ansichten zu unterstreichen, soll er sich der Legende zufolge eines Tages vor einer Gruppe jubelnder Studenten hingestellt und die Bücher von Avicenna und Galen verbrannt haben, den wohl bekanntesten medizinischen Kapazitäten der damaligen Zeit. Das ist wahrscheinlich eine Ausschmückung der Legende, denn auch nach der Erfindung der Druckerpresse hätten handgeschriebene Bände wie diese ein Vermögen gekostet.

Außer Frage steht jedoch, dass Paracelsus mit seinen Aufsehen erregenden Eskapaden eine große Anhängerschaft gewann. Sein Ruhm verbreitete sich; seine Vorlesungen zogen eine große Zuhörerschaft an. Er wetterte gegen nutzlose Tränke und Aufgüsse und betonte die Heilkraft der Natur. Die Antwort auf viele medizinische Probleme, behauptete er, liege darin, sich die Wissenschaft der Chemie zunutze zu machen, die damals noch in den Kinderschuhen steckte. Substanzen, gewonnen aus der Natur, seien sie pflanzlichen oder mineralischen Ursprungs, könnten Krankheiten heilen, doch diese Heilbehandlungen seien nur durch Experimentieren zu entdecken – statt sich auf die Worte antiker Ärzte zu verlassen, müssten Laborversuche und klinische Experimente durchgeführt werden.

Krankheit ist laut Paracelsus eine örtlich begrenzte Anomalie, kein Ungleichgewicht von Säften. Sie ist ein chemisches Problem, das sich chemisch behandeln lässt. Schon allein für diese Einsicht verdient es Paracelsus, als Vater der modernen Pharmakologie bezeichnet zu werden. Er forderte die Alchemisten auf, sich nicht darauf zu beschränken, einen Weg zu suchen, niedere Metalle in Gold zu verwandeln, und erweiterte die Definition der Alchemie so weit, dass sie jeden Prozess umfasste, bei dem ein natürlich vorkommender Stoff in eine neue Substanz umgewandelt wurde. «Denn der Bäcker ist ein Alchemist, wenn er Brot bäckt, der Winzer, wenn er Wein herstellt, der Weber, wenn er Stoff webt.» Doch ohne Zweifel war Paracelsus davon überzeugt, dass das wichtigste Einsatzgebiet der Alchemie auf dem Gebiet der Heilmittelherstellung lag.

Gemäß seiner eigenen Lehre reiste Paracelsus viel herum und sammelte auf seinen Reisen einen wertvollen Schatz an Wissen und Erfahrung. Er kam zu der Überzeugung, dass spezifische Krankheiten mit spezifischen Heilmitteln behandelt werden müssten, nicht mit diesem Kräutermischmasch, den die Apotheker praktisch für jedes Leiden verschrieben. «Die Apotheker sind meine Feinde», wetterte er, «seit ich mich weigere, ihre Töpfe zu leeren. Meine Verschreibungen sind einfach und benötigen keine vierzig oder fünfzig Ingredienzien. Mein Ziel ist nicht, die Apotheker reich, sondern meine Patienten gesund zu machen.» Und manchmal war dies auch genau das, was er tat. «Ich mache niemandem eine Freude, außer den Leuten, die ich heile», stichelte er gegen seine Kritiker.

Paracelsus führte Laudanum, ein Opiumextrakt, zur Schmerzbehandlung ein und machte Quecksilberverbindungen zur Behandlung von Syphilis populär. Er war wahrscheinlich der Erste, der die Bedeutung der Dosierung von Heilmitteln betonte, und schimpfte über zu hohe Quecksilberdosen. Sein häufig zitierter Kommentar *sola dosis facit venenum* – allein die Dosis macht das Gift – besagt dem Sinn nach, dass alle Medikamente giftig sind und nur die richtige Dosierung dazu führt, dass sie nicht giftig wirken. Das gilt als der Grundpfeiler der modernen Toxikologie.

Genauso bedeutend war Paracelsus' Erkenntnis, dass es eine wichtige Verbindung zwischen Körper und Seele gibt. «Die Persönlichkeit eines Arztes kann sich stärker auf einen Patienten auswirken als alle Heilmittel, die er verschreibt», meinte er oft. Wenn seine Behandlung nicht anschlug, entnahm er manchmal aus einer Höhlung in seinem Schwertgriff ein geheimnisvolles Pulver und verabreichte es seinem Patienten mit viel Tamtam. Der Erfolg dieser Placebobehandlung grenzte oft fast an ein Wunder und untermauerte Paracelsus' Theorie, dass «die Phantasie alles andere beherrscht».

Paracelsus erkannte auch, dass der Patient ganzheitlich behandelt werden muss; Ernährung, körperliche Bewegung, Umgebung und sogar Massagen sind genauso wichtig wie spezifische chemische Heilmittel – ein fortschrittlicher Denkansatz für jemanden, der von den medizinischen Autoritäten seiner Zeit als Scharlatan gebrandmarkt wurde.

Obwohl Paracelsus ein bemerkenswerter Visionär war, war er doch auch ein Kind seiner Zeit. Er setzte als Erster Äther als Betäubungsmittel ein – dreihundert Jahre bevor diese Praxis Allgemeingut wurde –, doch zugleich glaubte er, der Teufel schaffe alle Insekten aus Menstruationsblut. Er entdeckte, dass Anämiker gut auf eine Behandlung mit Eisensalz ansprechen, doch gleichzeitig lehrte er seine Studenten, Wunden zu behandeln, indem sie die Waffe, die die Wunde geschlagen hatte, mit einer speziellen Salbe einreiben. Während er glaubte, dass Krankheiten Anomalien sind, die mit einfachen chemischen Mitteln behandelt werden können, hielt er zugleich an der Überzeugung fest, dass bestimmte Planeten auf irgendeine Weise mit bestimmten Körperteilen korrespondieren.

Zweifellos waren einige Ideen von Paracelsus nichts als blanker Unsinn, doch wenn wir diese herausfiltern, dann bleibt ein bemerkenswertes Erbe übrig, das wir diesem Mann verdanken. Mehr als jede andere Einzelperson lehrte dieser Alchemist des 16. Jahrhunderts seine Zeitgenossen, wie wichtig es ist, auf eigene Beobachtungen statt auf antike Autoritäten zu vertrauen, Chemie mit Medizin zu verknüpfen und Krankheiten mit spezifisch auf diese Krankheit abgestimmten Heilmitteln zu bekämpfen. Die kritische Beziehung zwischen Körper und Geist unterstrich er mit seiner gedankenvollen, wenn auch allzu optimistischen Beobachtung: «Wer glücklich ist, wird auch immer wieder gesund.»

Vor allem erinnern wir uns an diesen facettenreichen Mann wegen seiner Erkenntnis, dass allein die Dosis über den Unterschied zwischen Gift und Heilmittel entscheidet. Diese Aussage sollte uns vor Augen schweben, wann immer es um die Toxizität von Pestiziden oder von Stoffen geht, die Wasser verschmutzen bzw. Lebensmittel verunreinigen; das Gleiche gilt, wenn wir den potenziellen Nutzen beurteilen wollen, den es mit sich bringt, Brokkoli zu essen, Nahrungsergänzungsmittel zu schlucken oder Tee zu trinken. Natürlich hatte Paracelsus auch seine Fehler: So verschrieb er gegen entzündete Augen oft *zebethum occidentale*, wohinter sich nichts anderes als getrocknete menschliche Exkremente verbargen. Ich glaube kaum, dass es geholfen hat. Hat es geschadet? Nun, *sola dosis facit venenum*!

Angst vor der Angst

Es gibt eine faszinierende Legende, die im Südpazifik von Generation zu Generation weitergegeben wird. Sie handelt von einem höchsten Wesen namens Tagaloalagi, das die Erde erschuf und alles, was auf ihr kreucht und fleucht, so auch den ersten Mann, Pava. Tagaloalagi fand Gefallen an dem, was er da erschaffen hatte, und feierte dies, indem er sich mit Pava niederließ und mit ihm einen Trank aus den Wurzeln einer heiligen Pflanze teilte. Tagaloalagi beschloss, dass der Raum zwischen den beiden Trinkenden geheiligt war und nicht betreten werden durfte, bis die Zeremonie vorüber war. Pavas kleiner Sohn übertrat diese Regel, und Tagaloalagi rügte deswegen Vater und Sohn streng. Als der Junge die Regel ein zweites Mal verletzte, geriet der Göttliche in Zorn und entriss dem Jungen ein Glied nach dem anderen. Pava war verzweifelt. Er hatte seinen einzigen Sohn verloren. Wie sollte die Welt nun bevölkert werden? Als Tagaloalagi sah, dass Pava die Schuld des Jungen erkannte, erklärte er, seine Strafe, wenn auch gerecht, werde doch nicht von Dauer sein. Er benetzte den Körper des Jungen mit ein paar Tropfen des heiligen Getränks, und sofort erwachte der Kleine wieder zum Leben. Für die einheimische Bevölkerung der Südsee symbolisiert dieses Getränk, das unter dem Namen Kawa bekannt ist, seitdem das Band zwischen Mensch und Schöpfer. Bis in unsere Tage beginnen überall im pazifischen Raum Kawa-Zeremonien mit dem Verspritzen einiger Tropfen Kawa auf eine Matte.

Kawa wird getrunken, um Hochzeiten zu feiern, Gäste willkommen zu heißen, um bei schwierigen Entscheidungen zu helfen und um die Toten zu betrauern. Einige behaupten sogar, dass Kawa die Kommunikation mit den Verstorbenen erleichtert. Kawa beeinflusst zweifellos die Gehirntätigkeit, und diejenigen, die zu viel davon trinken, hören vielleicht tatsächlich Stimmen – wenn es auch unwahrscheinlich ist, dass diese Stimmen von jenseits des Grabes kommen. Kawa dient auch häufig als «soziales Schmiermittel» – die polynesische Version des Aperitifs.

Ein Teil der Attraktivität von Kawa beruht auf der seltsamen Art und Weise, wie dieses Getränk traditionell hergestellt wurde. Ausgangsmaterial waren eine Pflanze, der Kawa- oder Rauschpfeffer (*Piper methysticum*), und ein paar Jungfrauen. Die jungen Damen kauten die Wurzel der Pflanze und spuckten den Brei in einen gemeinsamen Topf, wo der Speichel das Ganze fermentierte. Dieses wenig ansprechende Gebräu wurde dann mit Wasser verdünnt und getrunken, um ein Gefühl von Zufriedenheit und Entspannung zu erreichen. Bis heute findet man auf Inseln wie den Fidschis in den Lobbys von Banken und in Geschäftshäusern öffentliche Kawa-Schüsseln. Jungfrauen spielen jedoch bei der Zubereitung keine Rolle mehr.

Warum sprechen wir heute über die quasireligiösen Rituale der Polynesier? Weil Kawa den Pazifik überquert hat und dabei ist, rasch zu einem der begehrtesten Genussmittel in Nordamerika zu werden. Es wird als pflanzliches Valium gepriesen, als natürlicher Stimmungsaufheller, als Lösung für chronische Angstzustände. Glück ohne Gefahr. Relaxen ohne Risiko.

Wir sind daran gewöhnt, dass heutzutage alle Arten von pflanzlichen Produkten angepriesen werden, wobei die Werbung wissenschaftlich meist auf recht wackligen Füßen steht; doch Kawa hat tatsächlich einige messbare physiologische Wirkungen. Es ist zwar kein Allheilmittel, doch es könnte sich als nützliches Angst lösendes und Schlaf förderndes Mittel erweisen. Die aktiven Bestandteile in der Pflanzenwurzel sind Verbindungen, die als Kavalaktone bekannt sind. Wie die Forschung gezeigt hat, verstärken diese Verbindungen die Aktivität eines Neurotransmitters im Gehirn, der Gamma-Aminobuttersäure, abgekürzt GABA, die mit Entspannung und Wohlbefinden assoziiert wird. Kavalaktone sind wasserlöslich und werden daher in Form eines Aufgusses eingenommen. Diesen Aufguss stellt man her, indem man Pflanzenwurzeln mahlt und mit Wasser mischt. Je feiner das Mehl, desto besser lassen sich die aktiven Bestandteile herauslösen. Das Kauen der Wurzeln führt zu einem feinen Gemisch, aus dem die Kavalaktone leicht freigesetzt werden. Das erklärt die Geschichte mit den Jungfrauen; Kauen ist wichtig, sexuelles Vorleben jedoch nicht.

Kawa-Präparate gibt es inzwischen in flüssiger Form, als Kapseln und als Tabletten. Bei vielen listen die Hersteller netterweise das Gewicht einer Dosis zusammen mit dem Gehalt an Kavalaktonen auf, die sie enthält. Auf einem Standardetikett könnte zum Beispiel stehen, dass jede Tablette zweihundertfünfzig Milligramm wiegt und dreißig Prozent Kavalaktone enthält; das heißt, dass eine Tablette fünfundsiebzig Milligramm aktive Bestandteile aufweist. Aber ob die Tablette tatsächlich enthält, was auf dem Etikett steht, ist zweifelhaft. Überdies weisen verschiedene Kawapfeffer-Pflanzen einen unterschiedlichen relativen Gehalt an Kavalaktonen auf. Und zudem weiß man nicht, welche Laktone am wünschenswertesten sind.

Qualitätsstudien über Kawadosierung sind dünn gesät, doch einige interessante Untersuchungen sind in Deutschland durchgeführt worden, einem Land mit einer langen Tradition, was die wissenschaftliche Erforschung von pflanzlichen Heilmitteln angeht. Mehrere Studien haben gezeigt, dass sich das Angstniveau eines Menschen bei Einnahme von rund siebzig Milligramm Kavalaktonen dreimal täglich im Lauf einer Woche verringern lässt. Eine Studie verglich die Wirkung von Kawa mit der von Serax (Wirkstoff Oxazepam), einem häufig verschriebenen Angstlöser. Obwohl der Effekt in etwa der gleiche war, wies Kawa keine der Nebenwirkungen auf – wie Benommenheit, Schwindelgefühl, Kopfschmerzen oder Gleichgewichtsstörungen –, die manchmal nach Einnahme des verschreibungspflichtigen Medikaments auftreten. Testpersonen berichteten, dass ihr Kopf bei Kawakonsum völlig klar blieb, und sie schnitten bei Worterkennungstests sehr gut ab. Sie konnten auch problemlos mit der Einnahme von Kawa aufhören; Menschen, die die häufig als Angstlöser verschriebenen Benzodiazepine (wie Valium) absetzen, haben manchmal Entzugserscheinungen, die von Schlaflosigkeit bis zu Psychosen reichen. Bisher ist jedoch noch nicht genug über Kawa bekannt, um es als Alternative zu erprobten Angst lösenden Medikamenten in Erwägung zu ziehen. Es könnte für einen Arzt jedoch eine Alternative sein, bei leichten Angststörungen Kawa zu verschreiben, bevor er auf eines der Standardmedikamente zurückgreift.

Kawa ist auch für die Behandlung von Schlaflosigkeit viel versprechend. Das ist nicht überraschend, da diese oft aus Ängsten resultiert. Um schlaffördernd zu wirken, leistet offenbar eine Dosis von hundertfünfzig bis zweihundert Milligramm Kavalaktone, eine halbe Stunde vor dem Einschlafen eingenommen, gute Dienste. Bei dieser Dosierung treten praktisch keine Nebenwirkungen auf. Doch Kawa kann auch missbraucht werden: Der Konsum großer Mengen kann zu einem Verlust der Muskelkoordination führen und einen Zustand hervorrufen, der an einen Alkoholrausch erinnert. In Utah wurde ein Autofahrer wegen «Alkoholrausch am Steuer» verurteilt, obwohl sein Blutalkoholspiegel null betrug; er hatte zugegeben, sechzehn Tassen Kawa getrunken zu haben. Auf gar keinen Fall sollte man Kawa zusammen mit Alkohol oder anderen Angst lösenden Medikamenten zu sich nehmen.

In seltenen Fällen können hohe Dosen sogar unwillkürliche Muskelbewegungen auslösen, was die Frage aufwirft, ob Kawa die Aktivität gewisser Neurotransmitter, wie beispielsweise Dopamin, blockiert. Da dieser Botenstoff bei Menschen, die an der Parkinson-Krankheit leiden, in zu geringen Konzentrationen produziert wird, sollten Parkinson-Patienten Kawa am besten meiden. Bei missbräuchlich hoher Dosierung kann es auch passieren, dass sich die Haut gelblich verfärbt und schuppig wird. Die Langzeiteffekte bei täglicher Einnahme sind bisher noch nicht untersucht worden, und es wäre daher wohl klug, Kawa nicht länger als drei Monate hindurch einzunehmen. Aus denselben Gründen sollten schwangere oder stillende Frauen nicht mit Kawa herumexperimentieren.

Der gelegentliche Konsum von Kawa ist offensichtlich völlig harmlos. «Warum nicht einen Schluck nehmen oder eine Kapsel probieren?», sagen seine Befürworter. Eine jüngst durchgeführte vorläufige Untersuchung hat sogar gezeigt, dass Kawa unter Umständen in der Lage ist, den Alltagsstress zu reduzieren, wie ihn Verwandtenbesuche, Ehestreitigkeiten oder Autoprobleme mit sich bringen. Lebensmittelhersteller, die versuchen, aus der Angst der Öffentlichkeit vor der Angst Kapital zu schlagen, haben damit begonnen, Snacks mit Kawa zu würzen. Nun, ich habe nichts gegen ein wenig Ruhe und Frieden, darum habe ich mir eine Schachtel mit Kawa gewürzte Cornflakes gekauft. Statt mich zu entspannen, stieg mein Stresslevel, weil überhaupt nicht erwähnt wurde, wie viel Kawa die Cornflakes enthielten. Was ich brauchte, war eine standardisierte Kawa-Kapsel, um mich wieder zu beruhigen. Ich nahm eine, etwa eine Stunde bevor ich diesen Artikel zu schreiben begann ... Ich kann nicht sagen, dass ich eine bedeutende Wirkung spüre, aber ich nehme an, sie hat mich entspannter, sorgloser und vielleicht auch weniger kritisch gemacht. Ohne sie hätte ich wahrscheinlich keinen so positiven Artikel über Kawa geschrieben.

Bunte Ausscheidungsprodukte

Das Leben ist sicherlich bunt. Ich erinnere mich lebhaft an ein unheimliches Erlebnis vor ein paar Jahren, als meine Frau zu mir gelaufen kam, in der Hand die Windel unserer kleinen Tochter. Sie war gefüllt mit leuchtend rotem Stuhl. Nach anfänglicher Panik sahen wir uns die Sache genauer an, und uns wurde klar, dass die junge Lady an diesem Tag erstmals in den Genuss von wohlschmeckender roter Lakritze gekommen war – der rote Farbstoff hatte den Darm unbeschadet passiert.

Das ist natürlich kein Einzelfall. In der wissenschaftlichen Literatur findet sich ein Bericht über einen kleinen Jungen, der seine Mutter mit seinem orangeroten Stuhl in Angst und Schrecken versetzte, nachdem er schockbunte Zerealien gegessen hatte, die gerade besonders «in» waren. Ungewöhnlicher ist ein Zustand, der als «Hydrox fecalis» bezeichnet wird, passend benannt nach einer Marke Schokoladenkekse. Diese süßen Versuchungen sind mit Kakaopulver gefärbt, das den Stuhl etwa achtzehn bis vierundzwanzig Stunden nach dem

Verzehr der Süßigkeiten schwarz färben kann. Damit das passiert, muss man jedoch eine ziemliche Menge dieser Schokoladenkekse essen – so etwa ein halbes Pfund. Das reicht, um Bauchschmerzen auszulösen, was einem in Verbindung mit dem schwarzen Stuhl gewiss einen gehörigen Schrecken einjagen kann.

Schwarzer Stuhlgang ist tatsächlich ein Grund, sich Sorgen zu machen, weil er ein Anzeichen für Blutungen im Magen-Darm-Trakt sein kann; er kann jedoch auch von Eisenpräparaten, schwarzer Lakritze, Blaubeeren oder bismuthaltigen Medikamenten herrühren. Unkenntnis des Blaubeereffekts hat schon oft zu unnötigem Aufsuchen der Notaufnahme geführt.

Die braune Färbung normaler Exkremente geht überwiegend auf die Überreste der Gallenflüssigkeit zurück, die von der Leber produziert, in der Gallenblase gesammelt und in den Dünndarm abgegeben werden. Sie ist aber auch eine Folge von Bilirubin, einem der Hauptabbauprodukte roter Blutkörperchen. Der Vorläufer von Bilirubin ist eine grüne Verbindung namens Biliverdin; diese Verbindung zeigt sich manchmal in den Ausscheidungen und färbt sie grün. Das passiert, wenn die Darmpassage rasch verläuft (häufig aufgrund einer Virusinfektion), weil dann weniger Zeit zur Verfügung steht, um Biliverdin in Bilirubin umzuwandeln. Bei Babys ist die «Durchlaufzeit» oft gering, und die Folge ist dann ein kräftig grüner Stuhl.

Ungewöhnlich heller oder lehmfarbener Stuhl kann ein Zeichen dafür sein, dass der Gallengang blockiert ist. Das ist sehr selten – wenn es doch der Fall ist, dann hat der Patient eine große Menge weißes Maaloxan oder ein anderes Mittel gegen Magenübersäuerung eingenommen.

Ein Teil des Bilirubins wird vom Blutstrom resorbiert und

schließlich mit dem Urin ausgeschieden, was diesem seine gelbliche Färbung verleiht. Wenn die Nieren viel Wasser ausscheiden, ist der Urin blass, doch wenn der Körper Flüssigkeit sparen muss, ist der Urin höher konzentriert und dunkelgelb. Hat jemand eine schwere, schweißtreibende Arbeit verrichtet, passiert das oft; dunkelgelber Urin kann auch ein Anzeichen für Dehydrierung sein.

Wenn zu viele Gallenfarbstoffe in den Urin gelangen, weil die Leberfunktion gestört ist, nimmt der Urin eine grünliche Färbung an, obwohl das auch nach Spargelgenuss passieren kann – einige Menschen besitzen eine besondere genetische Ausstattung, die diese Färbung bewirkt. Ebenso färbt sich bei fünfzehn Prozent der Bevölkerung nach dem Verzehr von Roter Bete der Urin rot; dieses Phänomen ist besonders interessant. Rote Bete enthält sowohl rote (Betazyanine) als auch gelbe (Betaxanthine) Pigmente, die gemeinsam als Betalaine bezeichnet werden. Die Betazyanine sind in der Knolle natürlich viel höher konzentriert als die Betaxanthine. Pulver aus getrockneter Roter Bete kann man kaufen; damit lassen sich Süßigkeiten, Joghurts, Eiscreme, Salatsoßen und Gelatinedesserts färben.

Die meisten Leute müssen sich nicht mit den Nachwirkungen des Rote-Bete-Verzehrs abgeben, weil die Salzsäure in ihrem Magen und die Bakterien in ihrem Darm die Pigmente abbauen, bevor sie in den Blutstrom gelangen. Doch nicht jeder beherbergt dieselbe Mischung von Darmbakterien – denjenigen, die ein farbenprächtiges Rote-Bete-Nachspiel erleben, fehlen offenbar die Betalain abbauenden Bakterien.

Unter gewissen Umständen können Menschen, die diese Erfahrung zuvor noch nicht gemacht haben, nach dem Verzehr von Roter Bete plötzlich einen rötlichen Stich in ihren

Ausscheidungen bemerken – das hängt davon ab, was sie zusammen mit der Roten Bete gegessen haben. Oxalsäure, die man in zahlreichen Nahrungsmitteln findet, schützt Betalaine vor einem bakteriellen Abbau. Austern, Spinat und Rhabarber können, wenn gemeinsam mit Roter Bete verzehrt (zugegebenermaßen eine seltsame Kombination), eine Wirkung haben, die für jemanden, der mit diesem obskuren chemischen Zusammenspiel nicht vertraut ist, beunruhigend ist.

Das Auftreten von rotem Urin ist verständlicherweise erschreckend, weil die Verfärbung auf Blut im Urin hinweisen und damit ein Zeichen für eine Blasen- oder Nierenerkrankung sein kann. So etwas muss untersucht werden; in einigen Fällen hat es harmlose Gründe. Beispielsweise können Schlagzeuger roten Urin ausscheiden, weil sie wiederholt mit ihren Fingern und Händen aufschlagen und dabei rote Blutkörperchen zerstören, die ihr Hämoglobin in den Urin freisetzen; in einigen Teilen Afrikas heißt es sogar, dass ein Drummer, der nicht rot pinkelt, nicht gut spielt.

Purpurfarbener Urin kann ein Symptom von Porphyrie sein. Bei einer Variante dieser Krankheit unterbricht ein angeborener Enzymdefekt den Stoffwechselweg für die Hämoglobinproduktion. Dann werden Porphyrine, Moleküle, die gewöhnlich vom Körper zur Hämoglobinsynthese verwendet werden, ausgeschieden und tauchen im Urin auf. Der englische König Georg III. soll beispielsweise unter Porphyrie gelitten haben.

Kein Wunder, dass sich Ärzte – im Mittelalter waren es Spezialisten, die als «Piss-Propheten» bekannt waren – seit jeher redlich Mühe gegeben haben, die Farbe des Urins zu prüfen und darin nach Anzeichen für Krankheiten zu suchen. Ich frage mich jedoch, wie viele Leute einer unsinnigen «medizinischen» Behandlungen unterzogen wurden, weil sie Rote Bete oder Spargel gegessen hatten. Und noch ein bisschen bunte Folklore zum Schluss: Wenn Sie wissen wollen, ob das Baby ein Junge oder ein Mädchen wird, nehmen Sie nach alten Überlieferungen im sechsten Schwangerschaftsmonat eine Urinprobe und mischen Sie diese mit der gleichen Menge flüssigem Abflussreiniger; wenn sich die Mischung grün verfärbt, wird es ein Junge, wird sie gelb, ein Mädchen. Der Test ist in fünfzig Prozent aller Fälle zuverlässig.

Bienenpollen und das «Amt für Alternativmedizin»

Warum sich die Mühe machen und zum Arzt gehen, wenn Sie sich krank fühlen? Gehen Sie nur in den nächsten Buchladen und schauen Sie sich in der Abteilung über «Gesundheit» um: Dort finden Sie für alles eine Kur oder Therapie. Verdauungsprobleme? Sie brauchen die Tonerdekur. Magneten werden Sie von Ihren Gelenkschmerzen befreien, und die Aromatherapie ist die Lösung für allerlei Leiden, die von Harnblasenentzündung bis zu Angststörungen reichen. Und dann gibt es da noch das Regal mit Ernährungsratschlägen. Je nachdem, in welchem Buch Sie blättern, liegt die Rettung im Verzehr von Leinsamen, Fischöl, Knoblauch, Weizenkleie, Sojaprotein, Rotwein, frisch gepressten Säften, Apfelessig oder geschroteter Gerste. Nicht zu vergessen die Nahrungsergänzungsmittel – Vitamine, Blaualgenextrakt, Teebaumöl, Bifido-Bakterien, natürliche Enzyme und Haifischknorpel bieten Rettung in der Not.

Wenn Sie das alles nicht reizt, dann trinken Sie etwas Tee, in dem der abstoßend schleimige «Kambuchia-Pilz» gezüchtet wurde, oder experimentieren Sie mit Kolorpunktur, einer Technik, bei der gebündeltes farbiges Licht auf Akupunkturpunkte gerichtet wird und «starke heilende Impulse ausstrahlt». Uri Gellers *Mind Power Kit* (etwa: Werkzeugkasten für Geisteskräfte) wird Ihnen helfen, Kristallquarze zur psychischen Heilung einzusetzen, und Bücher über Feng Shui werden Sie lehren, wie Sie zu Hause oder am Arbeitsplatz durch das korrekte Platzieren von Möbeln und Ziergegenständen positive Energie aus der Umgebung einfangen können. Sie können auch die Geheimnisse des holistischen Badens (was auch immer das sein mag), Chelattherapie, Bienenpollen, Homöopathie, Ayurveda-Medizin, natürlicher Hygiene, Chiropraxis, katalytisch veränderten Wassers, Darmspülung, therapeutischer Berührung, Kaffeeeinläufen und Naturopathie entdecken. Sind Sie jetzt ein wenig verwirrt? Wissen nicht, was Sie tun sollen? Greifen Sie rasch zu einem Buch über die Heilkraft von Blütenpflanzen und lesen Sie, dass *Scleranthus*-Extrakt die Antwort auf schwankende Gefühle, Unentschiedenheit und Unsicherheit ist.

Was ist all diesen therapeutischen Ansätzen gemeinsam? Sie alle stützen sich auf anekdotische Beweise. Brustkrebspatienten schildern, dass die Knoten in ihrer Brust verschwanden, nachdem sie ihre Ernährung auf organische Säfte umgestellt haben, und Menschen, die unter Verdauungsstörungen litten, berichten, dass sich ihre Beschwerden in Luft auflösten, nachdem sie ihren Darm mit irgendeiner wunderbaren Kräutertinktur von «Parasiten» befreit hatten. Das alles klingt fabelhaft. Das Einzige, was fehlt, sind wissenschaftliche Beweise. Es gibt keine kontrollierten Studien, um die Behauptungen zu stützen, keine Folgeuntersuchungen, um festzustellen, ob die geschilderten Heilerfolge von Dauer waren. Natürlich bedeutet das Fehlen kontrollierter Studien nicht, dass eine bestimmte Behandlung keinen Erfolg hat; schließlich waren anekdotische Belege der Ausgangspunkt vieler medizinischer Entdeckungen. Man kann eine Beobachtung machen, die zunächst seltsam erscheint – wie die Beobachtung, dass der Verzehr von Zitrusfrüchten vor Skorbut schützt. Im Jahre 1754 erntete der schottische Arzt James Lind nur Spott und Hohn für seinen Vorschlag, Seeleute sollten auf langen Seereisen Zitrusfrüchte mitnehmen, um dieser gefürchteten Krankheit vorzubeugen. Bald zeigte sich jedoch, dass er Recht hatte: Seeleute, die bei ihrer traditionellen Ernährung aus getrocknetem Brot und gepökeltem Fleisch blieben, erkrankten an Skorbut, während diejenigen, die diese magere Kost durch Zitrusfrüchte ergänzten, verschont blieben. Anekdotische Belege verwandelten sich in wissenschaftliche Beweise.

Es ist gewiss möglich, dass einige der Heilmittel und Diätvorschriften, die um den Platz in den Regalen wetteifern, dieselbe Verwandlung durchmachen werden, doch bis das geschieht, werden sie in der Kategorie bleiben, die wir gemeinhin als alternative Therapien bezeichnen. Das heißt nicht unbedingt, dass sie wirkungslos sind, lediglich, dass sie ungetestet oder unbewiesen sind. Erwiesen ist jedoch, dass sich die Menschen um diese Therapien reißen. Die moderne, naturwissenschaftlich geprägte Medizin kann nicht alle Gebrechen und Leiden heilen, und in vielen Fällen werden Ärzte als engstirnig, gleichgültig und dem Neuen gegenüber unaufgeschlossen wahrgenommen. Alternativmediziner sind gewöhnlich charismatisch; sie nehmen sich viel Zeit für ihre Patienten, und sie beharren darauf, es gebe eine gute Chance, dem Patienten zu helfen. Sie bieten Hoffnung, auch wenn sich diese Hoffnung häufig als falsch herausstellt.

Was wir wirklich brauchen, ist eine gründliche wissenschaftliche Untersuchung der alternativen Therapien, die persönlichen Zeugnissen zufolge viel versprechend sind. Dieser Prozess beginnt nun, in die Gänge zu kommen. In den Vereinigten Staaten wurde 1991 das *Office of Alternative Medicine* («Amt für Alternativmedizin») gegründet und mit einem Budget von zwei Millionen Dollar ausgestattet; es hat sich seitdem zum *National Center for Complementary and Alternative Medicine* («Nationalen Zentrum für komplementäre und alternative Medizin») entwickelt und verfügte 1999 über ein Budget von fünfzig Millionen Dollar. Aufgabe des Zentrums ist es, Zuschüsse und Stipendien zu vergeben sowie klinische Studien zu initiieren. Vielleicht können wir uns auf einige interessante Ergebnisse freuen, aber bisher, das heißt seit 1991, ist noch nicht viel passiert: Nicht eine einzige «alternative» Behandlung hat sich als hoch wirksam erwiesen, und keine einzige ist völlig verworfen worden.

Es ist überraschend, dass das *Office of Alternative Medicine* niemals das Potenzial der Bienenpollentherapie gründlich untersucht hat, da diese Therapie bei der Gründung der Einrichtung eine entscheidende Rolle spielte. Während die treibende Kraft hinter der Einrichtung dieses Amtes Senator Tom Harkin aus Iowa war, wurde der zündende Funke von einem anderen Politiker aus Iowa, Berkley Bedell, geliefert. Bedell wurde zu einem glühenden Anhänger der Alternativmedizin, als er sich anscheinend selbst von der Lyme-Krankheit (Borreliose) und von Prostatakrebs heilte, indem er Kolostrum trank, die erste Milch einer Kuh, die gerade ein Kalb geboren hat. Diese Behandlung ging auf Herb Saunders zurück, einen kanadischen Farmer, der einem Kranken für 2500 Dollar eine trächtige Kuh verkauft, ein wenig Blut des Kranken in den

Euter der Kuh injiziert und den Patienten dann mit dem Kolostrum beliefert. Er behauptet, das Kolostrum habe «die Kraft, den Krebs zu besiegen». Die Behörden sind nicht seiner Meinung – Saunders ist zweimal wegen Betrug, Tierquälerei und unerlaubtem Praktizieren verhaftet worden. Das Kolostrum scheint Bedell jedoch geheilt zu haben, und dieser nahm dann im Rahmen seiner Versuche, Mittel für die Alternativmedizin aufzutreiben, mit Saunders Kontakt auf.

Während ihrer Unterhaltung kamen die beiden irgendwann auf Harkins Allergien zu sprechen. Bedell, der sich bereits als Experte für alternative Therapien sah, schlug Harkin vor, er möge es doch einmal mit Bienenpollen versuchen. Harkin begann, Pollentabletten einzunehmen, manchmal bis zu sechzig Stück pro Tag, und behauptete, nach nur sechs Tagen seien seine Allergien verschwunden. Verständlicherweise sehr beeindruckt, begann Harkin sofort, für die Gründung des *Office of Alternative Medicine* zu werben. Heute leidet er noch immer manchmal unter Allergien, doch wenn sie auftreten, nimmt er eigenen Angaben zufolge nur mehr Pollen, und sie verschwinden wieder. Dennoch gibt es bisher keine Untersuchungen, die dies untermauern: Jeder, der in Erwägung zieht, es einmal mit Bienenpollen zu versuchen, sollte bedenken, dass diese Pollen in seltenen Fällen zu lebensgefährlichen allergischen Reaktionen führen können.

Selbst wenn die Heilungen, die zur Gründung des *Office of Alternative Medicine* führten, suspekt sind, kann das *National Center for Complementary and Alternative Medicine* gewiss weiterhin einem nützlichen Zweck dienen. Die wissenschaftliche Erforschung von Behauptungen über die segensreiche Wirkung alternativer Therapien ist bitter nötig. Es könnte sich herausstellen, dass Kolostrum tatsächlich positive Eigenschaften hat – einige Untersuchungen haben gezeigt, dass Kühe wirklich nützliche Antikörper gegen injizierte Mikroorganismen bilden können. Selbst Bienenpollen könnte sich als heilsam herausstellen. Doch was wir brauchen, sind harte Fakten, kein Rummel. In der Zwischenzeit raufe ich mir noch immer die Haare, wenn ich durch die Gesundheitsabteilung einer Buchhandlung gehe, weil ich mich frage, wie viele Leute erfolglos versuchen, durch die Körpertherapie des «Rolfing» oder durch Uringurgeln wieder gesund zu werden. Vielleicht bin ich auch nur ein Holzkopf. Vielleicht brauche ich nur ein wenig Extrakt von *Malus pumilla*, auch als Holzapfel bekannt, der – dem *Buch der Bachblütentherapie* zufolge – Verzagtheit lindert und Toleranz fördert.

Kampf dem Verbrechen: Essen Sie Kreide!

Eine der interessantesten Demonstrationen, die ich im Hörsaal durchführe, so finden meine Studenten jedenfalls, besteht darin, ein Stück Kreide zu essen. Ich tue das gewöhnlich, wenn wir in Chemie über Kalziumpräparate als Nahrungsmittelergänzung diskutieren, und weise darauf hin, dass die Quelle des Kalziumkarbonats keine Rolle spielt. Natürlich bin ich nicht der Erste, der ein ungewöhnliches Kalziumergänzungsmittel zu sich nimmt; diese Ehre gebührt Kleopatra.

Im 1. Jahrhundert v. Chr. wettete die ägyptische Königin mit ihrem Liebhaber, Marcus Antonius, sie könne ihn zu dem teuersten Abendessen einladen, das je serviert worden sei. Marcus Antonius war damals bereits in den Genuss einiger üppiger Mahlzeiten gekommen, darum nahm er die Wette an. Als die vereinbarte Stunde kam, nahm er an einer Tafel Platz, auf der nur ein Becher mit einer klaren Flüssigkeit stand. Als seine Erwartung wuchs, nahm Kleopatra einen ihrer riesigen Perlenohrringe vom Ohr, zerstampfte die Perle und schüttete das Pulver in den Becher. Die Flüssigkeit, bei der es sich um Essig handelte, begann eindrucksvoll zu schäumen, als sich die Perlenfragmente auflösten. Die Königin hob den Becher und leerte ihn triumphierend. Sie hatte in der Tat das teuerste Abendmahl aller Zeiten zu sich genommen: Die Perle hatte einen Wert von zwei Millionen Unzen Silber. Damit war Kleopatra möglicherweise auch die erste Frau, die jemals Kalzium als Ernährungsergänzung zu sich genommen hat.

Perlen bestehen hauptsächlich aus Kalziumkarbonat, dem aktiven Inhaltsstoff in vielen der heute im Handel befindlichen Kalziumtabletten. Diese Nahrungsergänzungsmittel können zur Vorbeugung gegen Knochenschwund (Osteoporose) beitragen und zudem einen gewissen Schutz vor Nieren- und Dickdarmkrebs bieten. Weiterhin erhöht Kalzium die Stickstoffoxidproduktion des Körpers, die zur Entspannung der Gefäßwände beiträgt und folglich den Blutdruck senkt.

Und ob Sie es nun glauben oder nicht, die Einnahme von Kalzium könnte sogar die Kriminalitätsrate senken! Zumindest eine Studie hat einen Zusammenhang zwischen einem hohen Blei- und Manganspiegel im Blut und Mord, Körperverletzung und Raub festgestellt. Die Forscher vermuten, dass diese Mineralstoffe viel leichter vom Gehirn resorbiert werden, wenn die Kalziumaufnahme unzureichend ist. Wir sollten also dafür sorgen, dass die Kriminellen genügend Milch trinken!

Osteoporose ist eine ernsthafte Erkrankung, die rund ein Viertel aller Frauen über fünfzig Jahren befällt und jährlich zu einer großen Anzahl von Hüftfrakturen führt. Etwa fünfzehn Prozent dieser Hüftfrakturopfer sterben schließlich aufgrund von Kreislaufbeschwerden, Thrombosen oder Lungenentzündung – alles wohlbekannte Komplikationen solcher Verletzungen. Auch gebrochene Handgelenke und «Schrumpfen» aufgrund von Wirbelbrüchen können direkte Folgen einer Osteoporose sein.

Eine geringe Kalziumzufuhr ist nicht der einzige Faktor, der einen Menschen für diese Erkrankung empfänglich macht: Eine zu eiweiß- und salzreiche Ernährung, Mangel an Vitamin D, zu wenig körperliche Bewegung, ein früh einsetzendes Klimakterium, eine langwierige Kortisontherapie und Rauchen sind nur einige der Risikofaktoren. Eine erhöhte Kalziumaufnahme ist jedoch eine Vorbeugemaßnahme, zu der die meisten Menschen problemlos greifen können, um ihre Knochen zu kräftigen.

Knochen gewinnen ihre Stärke aus einer Matrix flexibler Eiweißfasern, in die harte Kalziumphosphatkristalle eingebettet sind. Diese Kristalle sind jedoch nicht statisch und unveränderlich, Knochen sind ein lebendes Gewebe, das ständig «umgeformt» wird. Das heißt nichts anderes, als dass es eine ständige Veränderung von Knochengewebe gibt, wobei einige Mineralsalze abgelagert werden, um Knochen zu bilden, während andere aus dem Knochen ins Blut in Lösung gehen. Der letztgenannte Prozess wird als «Resorption» bezeichnet.

Kalzium, das häufigste Mineral im menschlichen Körper, erfüllt neben seiner Rolle bei der Knochenbildung auch eine Vielzahl von weiteren Funktionen. Es ist essenziell für die Blutgerinnung, für das normale Funktionieren des Nervengewebes und für die Muskelkontraktion. Sogar der Herzschlag wird vom Kalziumspiegel reguliert.

Da Kalzium im Blut lebensnotwendig ist, versucht der Körper, einen ausreichend hohen Kalziumspiegel aufrechtzuerhalten, selbst wenn dies auf Kosten der Knochen geht, aus denen Kalzium abgebaut wird. Wenn die Knochen gut ausgebildet sind und genug Kalzium enthalten, ist das kein Problem; doch wenn die Knochendichte zu gering ist, kann es zu Osteoporose und all den damit einhergehenden Beschwerden kommen.

Woher wissen wir, wie hoch die ideale Kalziumzufuhr ist? Einen wichtigen Schlüssel bietet möglicherweise die Messung der Kalziumausscheidung im Urin: Wenn die Zufuhr größer als rund tausend Milligramm ist, nimmt die Kalziumkonzentration im Urin zu, was bedeutet, dass der Körper so viel gespeichert hat, wie er braucht. Offenbar reichen tausend Milligramm Kalzium pro Tag für Frauen vor dem Klimakterium und Männer unter fünfundsechzig Jahren aus, um ein Kalziumgleichgewicht zu erreichen; Männer über fünfundsechzig und Frauen nach den Wechseljahren, die keine Östrogenpräparate nehmen, benötigen jedoch tausendfünfhundert Milligramm pro Tag. Die Einnahme von Östrogen verringert den Tagesbedarf auf tausend Milligramm.

Die besten Kalziumquellen für die Ernährung sind Milchprodukte; es ist in der Tat schwierig, den täglichen Kalziumbedarf ohne sie zu decken. Ein Glas Milch enthält rund dreihundert Milligramm Kalzium, ein Viertelliter Joghurt sogar vierhundert Milligramm. Die beste pflanzliche Quelle ist allerdings Brokkoli. Leider ist manchen Menschen der Appetit auf Milchprodukte vergangen, weil sie sich über einen erhöhten Cholesterinspiegel im Blut sorgen und der unerwiesenen Behauptung einiger Aktivisten Glauben schenken, die lauthals verkünden, Kuhmilch sei etwas für Kälber, nicht für Menschen.

Ja, Vollfett-Milchprodukte können den Cholesterinspiegel im Blut erhöhen, doch diese Produkte lassen sich leicht meiden. Heute wird eine breite Palette von Produkten angeboten, die nur wenig Fett enthalten, wohl aber ebenso viel Kalzium wie ihre fettreicheren Entsprechungen. Milch enthält auch Vitamin D, das für eine gute Kalziumresorption unverzichtbar ist; eine Alternative ist, sich jeden Tag etwa eine Viertelstunde lang zu sonnen, dann produziert man genügend körpereigenes Vitamin D. Mit Kalzium angereicherter Orangensaft, der dreihundertfünfzig Milligramm pro Viertelliter enthält, wird ebenfalls angeboten; das macht es dem Verbraucher leichter, seinen täglichen Kalziumbedarf zu decken.

Dennoch fällt es vielen nicht leicht, täglich tausend Milligramm Kalzium zu sich zu nehmen, und sie greifen zu Nahrungsergänzungsmitteln. Aber wie entscheiden sie, welche sie kaufen sollen? Es sieht ganz so aus, als spiele die Form, in der Kalzium aufgenommen wird, kaum eine Rolle, doch um das Mineral optimal zu nutzen, ist es wichtig, sich ausreichend körperliche Bewegung zu verschaffen.

Kalziumlaktat, Kalziumglukonat, Kalziumzitrat und Kalziumkarbonat sind allesamt geeignet, und man nimmt sie am besten zu einer Mahlzeit ein. Kalziumzitrat wird möglicherweise etwas besser resorbiert, aber es enthält weniger Kalzium als Kalziumkarbonat – vierundzwanzig zu vierzig Prozent des Gewichts. Denken Sie daran, dass sich Ernährungsempfehlungen stets auf Kalzium allein beziehen, was nur einen Teil des Gewichts eines Nahrungsergänzungsmittels ausmacht. Kalziumkarbonat ist daher die effektivste Quelle, auch wenn es unter Umständen zu einer leichten Verstopfung führen kann.

Was den Körper angeht, macht es keinen Unterschied, ob das Kalziumkarbonat in einem Labor hergestellt wird oder aus einer Perle stammt. Ob man eine Kalziumtablette lutscht, die weißen Felsen von Dover annagt oder ein Stück Kreide isst, ist nur eine Frage des persönlichen Geschmacks.

Ich beende meine mit Kreideessen verbundene Vorlesung gewöhnlich damit, dass ich meine Studenten auffordere, ihre tägliche Kalziumaufnahme abzuschätzen. Die Ergebnisse sind fast immer erschreckend – viele nehmen weniger als vierhundert Milligramm pro Tag zu sich. Obwohl sie zögern, wenn ich ihnen ein Stück Kreide anbiete, weiß ich doch, dass sie meine Argumente akzeptiert haben, wenn ich sehe, wie eifrig sie die entrahmte Milch trinken, die ich herumgehen lasse. Vielleicht schmeckt sie nicht besonders gut, aber sie trägt viel dazu bei, das Osteoporose- und vielleicht auch das Herzinfarktrisiko meiner Studenten zu senken. Und es ist immer noch besser als Kreide essen.

Schmerzfrei

Schmerzfrei zu sein, ist wahrscheinlich das wichtigste Einzelkriterium für Glück. Intensive Zahnschmerzen zum Beispiel lassen uns alles andere vergessen, weder Wahlergebnisse noch das Schwanken der Börsenkurse interessieren uns dann noch: Wir wollen nur diese Schmerzen loswerden. Darum gehen wir zum Zahnarzt, der uns eine Betäubungsspritze gibt und anschließend das Problem mit Bohren, Abschleifen oder Ziehen löst. Das Leben ist wieder lebenswert, und unser Interesse an der Welt um uns herum erwacht wieder.

Können Sie sich vorstellen, dies ohne die Vorzüge eines schmerzstillenden Mittels zu erdulden? Schlimmer noch, können Sie sich vorstellen, dass Ihnen ohne Betäubung ein Bein amputiert oder ein Gallenstein entfernt wird? Aber genau das mussten Patienten vor 1846 erdulden, ein Schlüsseljahr in der Geschichte der Naturwissenschaften. Es gab zwar Alkohol, aber gleichgültig, wie betrunken jemand war, er spürte noch immer, wie sein Bein abgesägt wurde.

Etwa um die Mitte des 19. Jahrhunderts brachte die Chemie Erlösung. Bevor sie dies tun konnte, mussten wichtige Entdeckungen gemacht werden. Durch vorsichtiges Erhitzen von Ammoniumnitrat schuf Joseph Priestley, der brillante autodidaktische Chemiker, etwas, das er als eine neuartige «Luft» bezeichnete. «Vorsichtig» ist hier das entscheidende Wort, denn Ammoniumnitrat ist explosiv. Priestleys «Luft», die sich als Stickstoffoxid herausstellte, erregte das Interesse des jungen Humphrey Davis, der als Siebzehnjähriger begann, damit zu experimentieren, wobei ihm dessen berauschende Wirkung auffiel – es brachte Leute zum Lachen. Davis wurde schließlich ein bekannter Wissenschaftler. Er notierte seine Beobachtungen in einem im Jahre 1800 veröffentlichten Buch und erwähnte darin sogar, dass das Gas seine eigenen Kopfschmerzen gelindert hatte. Bald machte diese Entdeckung die Runde, und Lachgas-Partys wurden insbesondere unter Studenten und Intellektuellen rasch populär. Doch Stickstoffoxid war nicht der einzige berauschende Dunst, der diese Partys belebte.

Ether war erstmals 1540 von dem preußischen Botaniker Valerius Cordus durch eine Reaktion von Schwefelsäure mit Alkohol hergestellt worden. Im Jahre 1818 erschien im *Quarterly Journal of Science and the Arts* ein anonymer Artikel, der allgemein Davys Schützling Michael Faraday zugeschrieben wurde; der Verfasser wies darauf hin, dass Ether «Wirkungen hervorruft, die denen von Stickstoffoxid ähneln». Ether-«Juxereien» und Lachgaspartys kamen groß in Mode. Umherziehende «Professoren» amüsierten ihr Publikum mit Demonstrationen der Wirkung von Stickstoffoxid auf Testpersonen. Bei einer solchen öffentlichen Darbietung in Hartford, Connecticut, fiel einem der Zuschauer, dem Zahnarzt Horace Wallace, auf, dass eine Testperson, die sich versehentlich das Schienbein schlimm gestoßen hatte, offenbar keine Schmerzen empfand. Er erwarb etwas Lachgas und ließ sich von seinem Assistenten einen seiner eigenen Zähne ziehen. Ohne den geringsten Schmerz!

Wells erkannte, dass dieser Durchbruch bei der Schmerzkontrolle Möglichkeiten eröffnete, die weit über die Zahnmedizin hinausreichten. Er bat einen früheren Partner, William Morton aus Boston, eine Demonstration mit Stickstoffoxid als chirurgisches Betäubungsmittel vorzubereiten. Morton hatte sich selbst mit derlei Dingen beschäftigt und von Professor Charles Jackson, der Morton privat in Chemie unterrichtete, einiges über Ether gehört. Er hatte sogar versucht, Patienten mit Ether zu desensibilisieren, doch die Ergebnisse waren widersprüchlich gewesen – nun war Morton neugierig zu sehen, was er von Wells lernen konnte, und seine Gedanken kreisten um die große Menge Geld, das Lieferanten von Anästhetika verdienen konnten.

Die Vorführung wurde im Massachusetts General Hospital anberaumt, doch sie wurde ein Fiasko. Der Student, der sich freiwillig gemeldet hatte und dem ein Zahn gezogen werden sollte, begann vor Schmerzen laut zu schreien; Wells hatte ihm in seinem Eifer nicht genug Lachgas gegeben. Derart blamiert und beschämt, gab Wells die Zahnheilkunde auf und beging schließlich Selbstmord.

Mortons Entschlossenheit, das Problem zu lösen, wuchs jedoch, und er konzentrierte sich auf Ether, weil er erkannte, dass der Chefchirurg am Massachusetts General Hospital, John Collins Warren, einem weiteren Eingriff unter Stickstoffoxid nie zustimmen würde. Es gelang Morton, Warren davon zu überzeugen, dass er ein «neues, verbessertes» Narkosemittel vorstellen wolle. Diesmal war der Versuch von Erfolg gekrönt. Unter Ethernarkose wurde einem Patienten ein Tumor aus dem Kiefer entfernt, und so begann am 16. Oktober 1846 das Zeitalter der schmerzlosen Operationen heraufzudämmern. Innerhalb weniger Wochen benutzten Chirurgen rund um die Welt Ether als Narkosemittel.

Die Öffentlichkeit erfuhr vom Ether aus einer höchst ungewöhnlichen Quelle. Der berühmte Magier Jean-Eugène Robert-Houdin baute die neue Entdeckung in seine Vorführung ein. Er hatte eine «Aufhänge-Illusion» entworfen, bei der sein Sohn in der Luft schwebte und die Schwerkraft aufgehoben schien. Robert-Houdin hatte nun die Idee, während dieser

Illusion Etherwolken über das Publikum wehen zu lassen, um den Eindruck zu erwecken, die Etherdämpfe würden den jungen Mann tatsächlich emporheben. Auf diese Weise erfuhren Tausende von der Existenz dieses Gases. Der praktische Nutzen dieser Bühnenillusion war, dass sie die Angst der Menschen vor Ether linderte – eingedenk Robert-Houdins Bühneneffekt schien das Schlimmste, was einem unter einer Ethernarkose passieren konnte, zu sein, dass man vom Operationstisch hochschwebte.

In den Jahren, die auf die Einführung der Ethernarkose folgten, kam es zu einem bitteren Streit zwischen Wells, Jackson und Morton darüber, wer der wahre Entdecker der Anästhesie sei. In Wahrheit war es keiner von ihnen. Der Entdecker der Anästhesie war höchstwahrscheinlich Crawford Long, ein gut ausgebildeter Landarzt aus Georgia. Als der Kongress der Vereinigten Staaten darüber beriet, wer von den dreien – Wells, Jackson oder Morton – eine Belohnung von 100 000 Dollar für die Entdeckung bekommen sollte, die das menschliche Leiden so entschieden gelindert hatte, erhielten die Kongressabgeordneten einen Brief von Long, in dem er beschrieb, dass er mindestens schon vier Jahre vor Mortons klassischer Demonstration in Boston Ether eingesetzt hatte, um Zysten zu entfernen und sogar Zehen zu amputieren. Als Landarzt, der seinem Beruf weitab vom akademischen Mainstream nachging, hatte er sich nie die Mühe gemacht, die Ergebnisse seiner Etherexperimente zu veröffentlichen.

Wegen der allgemeinen Verwirrung wurde der Preis niemals verliehen. Wells nahm sich zwei Jahre später das Leben, Morton starb an einem Schlaganfall, kurz nachdem der Kongress eine seiner Petitionen abgelehnt hatte, und Jackson endete in einer Nervenheilanstalt, nachdem er auf einem Bostoner

Friedhof zufällig auf Mortons Grab gestoßen war und die Inschrift auf dem Grabstein seines Rivalen las, in der dieser zum «Erfinder der Inhalationsnarkose» erklärt wurde. Was Long anging, so überlebte er die anderen und erfreute sich einer langen Karriere; er starb an einem Schlaganfall, während er sich um eine Patientin kümmerte, die gerade in Ethernarkose schmerzlos ihr Kind zur Welt brachte. Eine Statue von Crawford Long steht nun in Washington im amerikanischen Kongressgebäude, ein Tribut an einen Mann, der die vielleicht größte medizinische Entdeckung aller Zeiten gemacht hatte.

Hormone und das bedrohte Haupthaar

Ich werde mich immer an meinen Chemielehrer in der High School erinnern – nicht wegen der Art und Weise, wie er Chemie unterrichtete, sondern wie er sein Haar kämmte. Die wenigen Haare, die sich noch immer an seinen fast kahlen Schädel schmiegten, durften ihr volles Wachstumspotenzial ausleben; sie waren an die glänzende Kuppel des Mannes geklatscht in einem tapferen Versuch, Mutter Naturs Entscheidung zu trotzen.

Über so etwas rümpfen die *Bald Headed Men of America*, eine Organisation, die sich der Glorifizierung der Kahlköpfigkeit widmet, die Nase. In ihrem Hauptquartier, das in – wo sonst? – Morehead («mehr Kopf»), North Carolina, liegt, produziert die BHMA ein Feuerwerk von Slogans, wie «Kampf den Drogen, der Schleichwerbung und den Perücken» und «Behaarung ist eine überholte evolutionäre Idee». Der Verein publiziert auch schmeichelhafte Kommentare für Kahlköpfige, wie den eines Harvard-Professors, der behauptet, Kahlköpfigkeit sei eine Folge hoher Intelligenz: Das Gehirn kluger Männer werde größer als das von Männern mittlerer oder geringer Intelligenz und dehne die Kopfhaut so weit, bis sie zu dünn werde, als dass sie Haaren noch Halt bieten könne. Das Einzige, was hier wohl etwas dünn ist, ist die Argumentation des Herrn Professors.

«Wollen Sie Ihre Hormone wirklich fürs Haarwachsen verschwenden?», fragt die BHMA und versucht damit alle Männer zu verunsichern, die ihr volles Haupthaar bisher für einen Segen gehalten haben. Kann es sein, dass Mutter Natur diejenigen, deren Haupthaar bedroht ist, mit anderen hormonellen Attributen kompensiert hat? Es gibt zweifellos einen Zusammenhang zwischen hormoneller Aktivität und Haarwachstum. Doch zur Enttäuschung kahler Männer in aller Welt können wissenschaftliche Untersuchungen die Behauptung nicht bestätigen, dass Kahlköpfe mehr Sex-Appeal haben. Aber lassen Sie uns von vorne beginnen.

In den dreißiger und vierziger Jahren des 20. Jahrhunderts kamen einige Forscher zu dem Schluss, dass einige Formen von Geisteskrankheiten, die mit aggressivem Verhalten einhergehen, durch einen Überschuss an männlichen Hormonen ausgelöst werden. Für sie schien das Heilmittel auf der Hand zu liegen: Kastration. Dieser Eingriff wurde in einem Krankenhaus für Geisteskranke in Kansas in der Regel an schwierigen Patienten durchgeführt, und das erregte die Aufmerksamkeit des Anatomen James Hamilton von der Yale University. Hamilton, der sich besonders für die Auswirkungen männlicher Hormone interessierte, bekam die Erlaubnis, die kastrierten geistig gestörten Patienten zu untersuchen. Einer dieser Patienten hatte einen Zwillingsbruder, der ihn besuchte.

Hamilton fiel auf, dass dieser Mann vollständig kahl war, und erfuhr, dass er bereits vor zwanzig Jahren sein Haar verloren hatte. Sein eineiiger Zwillingsbruder, der Krankenhausinsasse, hatte hingegen volles Haupthaar. Gab es also eine Verbindung zwischen männlichen Hormonen und Haarwachstum? Hamilton wurde gestattet, dem behaarten Patienten Testosteron zu injizieren, das männliche Hormon, das dieser aufgrund seiner Kastration nicht mehr selbst produzieren konnte. Innerhalb von sechs Monaten war der Mann so kahl wie sein Bruder.

Damit schien klar, dass Testosteron zu Kahlköpfigkeit führen kann. Bekannt war auch, dass Testosteron für den männlichen Geschlechtstrieb verantwortlich ist. Daher schien der Schluss logisch, dass kahle Männer tatsächlich mit einem unerwarteten Vorzug gesegnet sind. Doch leider zeigten weitere Untersuchungen, dass in den Adern kahler Männer nicht mehr Testosteron zirkuliert; vielmehr wird dieses Hormon in ihren Haarfollikeln anders metabolisiert.

Diese Information kam unter Umständen ans Tageslicht, die genauso ungewöhnlich waren wie diejenigen bei der Zwillingsuntersuchung. Ärzte in Santo Domingo in der Dominikanischen Republik hatten sich schon seit langem für die ungewöhnlich große Zahl von Jungen in ihrer Praxis interessiert, die unter einer Beschwerde litten, die allgemein «guevedoces» genannt wurde. Dieser Begriff bedeutet so viel wie «Penis mit zwölf» und bezieht sich auf Jungen, deren genitale Entwicklung sich bis zur Pubertät verzögert, dann aber normal verläuft. Zwei bleibende Effekte dieses Syndroms sind dokumentiert worden: Wenn die Jungen älter werden, bleibt ihre Prostatadrüse ungewöhnlich klein, und sie werden nicht kahl.

Die Chemie, die diesem Phänomen zugrunde liegt, ist faszinierend. Charakteristisch für diesen Zustand ist ein Defekt bei einem Enzym, das 5-Alpha-Reductase genannt wird und das Testosteron in seinen Metaboliten Dihydrotestosteron (DHT) umwandelt. Offenbar ist die Vergrößerung der Prostata wie auch das männertypische Phänomen der Kahlköpfigkeit mit der Wirkung von DHT auf die Haarfollikel verknüpft, und kahle Männer haben sehr effiziente Enzyme, die zur DHT-Bildung führen. Forscher haben auch festgestellt, dass Alkoholiker selten kahlköpfig sind; das macht Sinn, denn ein ständig hoher Alkoholkonsum verringert die Fähigkeit des Körpers, Testosteron in Dihydrotestosteron zu verwandeln.

Daher war es für die Wissenschaftler keine große Überraschung, als sie entdeckten, dass Finasterid (amerikanischer Handelsname Proscar), ein Präparat, das entwickelt worden war, um die Wirkung von 5-Alpha-Reduktase zu blockieren, um einer gutartigen Prostatavergrößerung entgegenzuwirken, ganz nebenbei den Haarwuchs förderte. Tatsächlich ist dieses Medikament inzwischen unter dem Handelsnamen Propecia als das weltweit erste orale Medikament gegen Kahlköpfigkeit auf dem Markt erhältlich. Die empfohlene Dosis beträgt ein Fünftel dessen, was gegen Prostatavergrößerung verschrieben wird.

Propecia ist kein Wundermittel – nur bei fünfzehn bis zwanzig Prozent der Anwender kommt es zu einem kosmetisch befriedigenden Haarwuchs. Ein weiterer Wermutstropfen ist, dass rund zwei Prozent der Anwender über sexuelle Funktionsstörungen klagen, ein Punkt, den die *Bald Men of America* in ihrer Zeitschrift schadenfroh aufgreifen. Wie dem auch sei, Propecia steht bereit, seinen Platz neben Rogaine (Wirkstoff Minoxidil, in Deutschland als Haarwuchsmittel nicht zugelassen) einzunehmen, dem anderen zugelassenen Präparat gegen männliche Kahlköpfigkeit. Die Wirkungsweise von Minoxidil, das zunächst als Mittel gegen Bluthochdruck eingesetzt wurde, ist unbekannt. Die Ärzte stellten lediglich fest, dass bei Patienten, die diese Tabletten einnahmen, die Haare wieder zu wachsen begannen. Schließlich wurde eine topische (das heißt äußerlich anwendbare) Version des Produkts entwickelt, und man fand, dass sie bei rund zehn Prozent der Anwender, Männern wie Frauen, zu einem zufrieden stellenden Haarwachstum führte, aber nur solange sie regelmäßig zweimal am Tag appliziert wurde.

Das sind keine tollen Prozentzahlen, besonders dann, wenn wir in Betracht ziehen, dass fast alles, was man auf einen kahlen Kopf reibt, schlafende Haarfollikel zeitweilig wieder aktivieren kann. Hippokrates, der Vater der Medizin – der alten Abbildungen zufolge so kahl wie eine Billardkugel war –, hatte mit einer Salbe aus Meerrettich und Taubenkot Erfolg. Andere schwören im Kampf gegen die Kahlköpfigkeit auf die Vorzüge von chinesischen Kräutern, Zwiebeln, Vitaminen, Gebärmutterextrakten, Gänsekot, Kuhurin und Bullensamen. Eine hochgelobte «Europäische Formel» basiert auf Polysorbat 60, einem Salat-Emulgator.

All diese Heilmittel haben ihre Anhänger, die überzeugt sind, sie hätten die Antwort auf eines der größten Menschheitsprobleme gefunden. Die Hoffnung währt ewig: Wie Untersuchungen zeigen, sind zwanzig Prozent der Betroffenen selbst dann, wenn sich nach Anwendung eines Anti-Kahlheits-Mittels objektiv kein Haarwuchs nachweisen lässt, überzeugt, es habe sich etwas auf ihrem Kopf getan.

Die Zahl wirkungsloser Präparate gegen Kahlheit, für die im Lauf der Jahre in der Öffentlichkeit geworben wurde, ist einfach haarsträubend. Vielleicht ist es an der Zeit aufzugeben und auf die *Bald Headed Men of America* zu hören, wenn sie den Spruch von sich geben: «Der Herr ist gerecht und der Herr ist fair, einigen gab er Hirn und den anderen Haar.»

Verrücktheiten, Nüsse und Selen

I think, I'm going nuts. Nein, nein, das soll nicht bedeuten, dass ich dabei bin, verrückt zu werden, wie Englischkenner unter Ihnen vermuten könnten, sondern dass ich meine Liebe zu Nüssen entdeckt habe. Zu Paranüssen. Ich werde jede Woche eine Hand voll essen. Warum? Nun, weil sie die beste Quelle für Selen sind, ein Mineral, das in Wissenschaftskreisen reges Interesse geweckt hat, weil es möglicherweise vor Krankheiten, hauptsächlich vor Krebserkrankungen, schützt. Bei all dem, was wir über steigende Krebsraten hören, könnte ein höherer Selenanteil in unserer Ernährung genau die nussigverrückte Idee sein, die wir brauchen. Aber fangen wir von vorne an.

In den 1930er Jahren stellten chinesische Behörden fest, dass im Bezirk Keshan ungewöhnlich viele junge Leuten an einer Form von Herzerkrankung litten, die als Kardiomyopathie bekannt ist. Wissenschaftler konnten sich diese seltsame Epidemie nicht erklären, bis die Haaranalyse einen Hinweis lieferte. Die mittlere Konzentration an Selen im Haar der Menschen, die in Gegenden mit einer hohen Rate an Herzmuskelerkrankungen lebten, betrug weniger als die Hälfte der Selenkonzentration von Menschen andernorts. Das hieß nicht, dass diese Krankheit notwendigerweise durch einen niedrigen Selenspiegel im Körper ausgelöst wurde, doch es schien sinnvoll, diese Theorie zu testen. Aus diesem Grund beschloss die chinesische Regierung, den Speiseplan der Betroffenen durch Selenpräparate zu ergänzen, und erstaunlicherweise gelang es auf diesem Weg, diese Form juveniler Kardiomyopathie auszumerzen.

Weitere Untersuchungen ergaben, dass der Selengehalt des Bodens und damit der Feldfrüchte, die darauf wuchsen, in China stark schwankte und im Bezirk Keshan besonders niedrig war. Darum wollte man wissen, ob neben der «Keshan-Krankheit» auch andere Leiden mit dem Selengehalt der Nahrung zusammenhängen könnten. Zu diesem Zweck wurde Blut aus Blutbanken in ganz China auf seinen Selengehalt untersucht, und man ordnete die Gegenden nach der gefundenen Selenmenge an. Das Ergebnis war verblüffend: Die Gebiete, deren Bewohner den höchsten Selengehalt im Blut aufwiesen, hatten die geringste Krebssterblichkeit.

Diese Ergebnisse wurden in anderen Weltgegenden bestätigt. In den Vereinigten Staaten haben Dakota und Wyoming einen Boden, der reich an Selen ist, und da ist die Krebsrate niedrig. Eine umfangreiche Studie, die 1977 durchgeführt wurde, zeigte, dass der Selengehalt der Nahrung in siebenundzwanzig Staaten in umgekehrtem Verhältnis zu der Todesrate aufgrund verschiedener Krebsformen steht.

Solche Beziehungen sind höchst interessant, können aber keinen Beweis für Ursache und Wirkung liefern. Dazu benötigen wir kontrollierte klinische Untersuchungen. Dabei werden zwei Gruppen von Versuchspersonen völlig gleich behandelt, mit einer einzigen Ausnahme: Nur eine Gruppe erhält die zu testende Substanz (Testgruppe); die andere dient als Kontrollgruppe.

Es gibt zahlreiche klinische Studien mit Versuchstieren, die zeigen, dass Selen vor Tumoren schützen kann. So entwickeln Ratten, die Benzopyren, einer der Krebs erregenden Substanzen im Zigarettenrauch, ausgesetzt sind, weniger Tumoren, wenn sie zuvor mit der Nahrung reichlich Selen erhalten. Aber Ratten sind keine Menschen, und darum beschlossen amerikanische Forscher, eine klinisch kontrollierte Selenstudie am Menschen durchzuführen.

Sie wählten Versuchspersonen aus, bei denen Hautkrebs festgestellt worden war, und hofften, im Verlauf der Erkrankung eine Veränderung festzustellen, die sich mit einer täglichen Nahrungsergänzung mit zweihundert Mikrogramm Selen verknüpfen ließe. Die Studie, die auf mindestens sieben Jahre angelegt war, wurde nach viereinhalb Jahren abrupt beendet. Während das Selen keine Auswirkung auf den Hautkrebs hatte, hatten die Forscher in der Selengruppe dreiundsechzig Prozent weniger Prostatakrebs, achtundfünfzig Prozent weniger Dickdarmkrebs und dreiundvierzig Prozent weniger Lungenkrebs festgestellt. Diese Ergebnisse waren so verblüffend, dass die Forscher zu dem Schluss kamen, es sei unethisch, mit dieser Studie fortzufahren, ohne die Versuchspersonen aus der Placebo-Gruppe über den krebsvorbeugenden Effekt zu informieren, den sie festgestellt hatten.

Wie zu erwarten, äußerte sich die Regenbogenpresse begeistert über die Ergebnisse der Studie, und die Verkaufszahlen für Selenpräparate schossen in die Höhe. Dann erhoben die Skeptiker ihre Stimme. Die Studie sei im Süden des Landes durchgeführt worden, wandten sie ein, wo der Boden arm an Selen sei. Die Versuchsreihe behebe daher lediglich einen natürlichen Mangelzustand, und in anderen Gegenden käme man nicht zu diesen Ergebnissen. Überdies sei das Nahrungsergänzungsmittel, das in der Studie eingesetzt wurde, eine spezielle Hefe, die auf einem mit Selen angereicherten Nährboden wuchs und sich somit von dem Natriumselenit, das in den meisten Nahrungsergänzungsmitteln angeboten wurde, deutlich unterschied. Das sind gewichtige Argumente, doch sie rechtfertigen gewiss nicht, die eindrucksvollen Ergebnisse der Studie in Bausch und Bogen abzulehnen, insbesondere, wenn man berücksichtigt, dass eine chinesische Studie zu ähnlichen Ergebnissen kam. Mehr als zweihundert Menschen, die an Hepatitis B gelitten und daher ein erhöhtes Krebsrisiko hatten, erhielten täglich zweihundert Mikrogramm Selen bzw. ein Placebo. Nach vier Jahren gab es in der Placebo-Gruppe fünf Krebsfälle, in der Selen-Gruppe hingegen keinen einzigen. Sehr interessant. Das gilt auch für die Beobachtung, dass sich Viren in einem Wirt, der unter Selenmangel leidet, leichter vermehren. Die Bevölkerung von Zaire, dem Land, in dem das HIV-Virus erstmals auftrat, leidet unter einem derartigen Selenmangel. Sogar eine beeinträchtigte Spermienbeweglichkeit ist mit einem niedrigen Selenspiegel in Zusammenhang gebracht worden.

Die Beweislage verdichtet sich, wenn man feststellt, dass es eine rationale chemische Erklärung für die Schutzwirkung von Selen gibt. Das Enzym Gluthathion-Peroxidase spielt für das reibungslose Funktionieren des menschlichen Immunsystems eine wichtige Rolle; diese besteht darin, freie Radikale zu neutralisieren, die zu Gewebeschäden führen können. Wussten Sie, dass Selen ein integraler Bestandteil dieses so wichtigen Enzyms ist? Überdies spricht einiges dafür, dass Selen Krebszellen zum Absterben bringen kann, bevor sie sich vermehren.

Doch bevor jemand auf den Gedanken kommt, in großen Mengen Selenpillen zu verschlingen, sollte man Folgendes bedenken: Nicht in allen Krebsstudien wurde eine Verbindung zum Selen gefunden. Eine der größten Studien untersuchte den Selengehalt der Fußnägelschnipsel von mehr als sechzigtausend Krankenschwestern. Es ist gut belegt, dass der Selengehalt in Nägeln die Selenzufuhr via Nahrung widerspiegelt, doch die Studie fand keine Beziehung zwischen Brustkrebs und der Selenkonzentration in den Nägeln. Und dann ist da noch das Problem der Toxizität. Vor rund zehn Jahren suchte ein Mann in England zum dritten Mal in einem Monat die Notaufnahme auf und klagte über Erbrechen und Durchfall. Im Krankenhaus ging es ihm bald besser, doch zu Hause wurde er wieder krank. Seine Haare und seine Fingernägel begannen auszufallen. Die Ärzte horchten auf, als er erwähnte, das Essen, das seine Freundin zubereitete, hinterließe in seinem Mund einen schlechten, knoblauchartigen Geschmack – ein klassisches Anzeichen für eine Selenvergiftung. Wie sich herausstellte, war seine Freundin wütend, weil er sich weigerte, ihretwegen seine Frau und seine Kinder zu verlassen. Daher veranlasste sie einen Freund, ihr aus einem Bastelladen selenige Säure mitzubringen, die dort zum Blaufärben von Geschützmetall angeboten wurde. Aus Rache mischte sie ihm nun ein paar Tropfen davon in jede Mahlzeit. Doch der teuflische Plan wurde vereitelt, und die Möchtegern-Giftmischerin wanderte für fünf Jahre ins Gefängnis.

Der entscheidende Punkt ist, dass Selen in hohen Dosen toxisch wirken kann. Und diese Dosen müssen nicht sehr viel höher sein als die übliche Dosis von hundert bis zweihundert Mikrogramm in Nahrungsergänzungsmitteln. Bei achthundert Mikrogramm täglich kommt es unter Umständen zu Haarausfall, Verformung der Fingernägel und Magen-Darm-Beschwerden. Bekannt ist, dass Kühe, Pferde und Schafe, die

Pflanzen auf selenreichem Boden abweiden, manchmal herumstolpern und torkeln – amerikanische Farmer sprechen von den *blind staggers* (blind Taumelnden) –, und das hat sich weltweit in der Veterinärmedizin als Bezeichnung für diese Art von Selenvergiftung durchgesetzt.

Wir wollen sicherlich nicht blind herumtappen, wenn wir erwägen, ein selenhaltiges Nahrungsergänzungsmittel zu uns zu nehmen. Es gibt offenbar genügend Belege, die dafür sprechen, dass wir eine tägliche Selenzufuhr im Bereich von zwei- bis dreihundert Mikrogramm anstreben sollten. Fisch ist eine gute Selenquelle; aber wie wir gesehen haben, schwankt der Selengehalt bei Getreide und Gemüse je nach Bodenbeschaffenheit beträchtlich. Eine Beimischung von Selen zum Dünger ist eine Möglichkeit, die Aufnahme zu erhöhen. Und dies ist genau das, was in Finnland gemacht wird, einem Land, dessen Böden durchweg selenarm sind. Man hat sogar in Betracht gezogen, Tabakpflanzen mit einer Selenlösung zu besprühen, um das Risiko für tabakinduzierte Krebsformen zu verringern (natürlich kann jeder, der dieses Risiko wirklich verringern will, einfach das Rauchen aufgeben).

Nordamerikanische Böden sind reicher an Selen als finnische; für Nordamerikaner ist eine Nahrungsergänzung mit hundert Mikrogramm Selen pro Tag wohl ungefährlich und könnte eine gewisse Vorsorge via Ernährung bieten. Die besten Präparate enthalten Selen integriert in eine Aminosäure wie Methionin. Nahrungsergänzungsmittel mit Selen sind besonders für Männer geeignet, die ein erhöhtes Prostatakrebsrisiko aufweisen oder die bereits daran erkrankt sind. Aber warum nach einem Nahrungsergänzungsmittel greifen, wenn Paranüsse eine ideale Selenquelle sind? Der Andenboden, auf dem sie wachsen, ist sehr selenreich, und jede Nuss enthält rund hundertzwanzig Mikrogramm in einer leicht resorbierbaren Form. Diese Nuss ist vielleicht hart zu knacken, doch es ist die Anstrengung wert.

Ein viel gepriesener Hoffnungsträger: Ginseng

Wahrscheinlich war es ihre merkwürdige Form, die die alten Chinesen zuerst auf diese Wurzel aufmerksam werden ließ. Ihr menschenähnliches Aussehen trug ihr den Namen «ginseng» oder «menschenartig» ein. Die unheimliche Ähnlichkeit der Wurzel mit dem menschlichen Körper ermutigte die Menschen zweifellos, sie zu probieren, und bald tauchten die ersten Berichte über die positiven Eigenschaften der Wurzel auf. Alten chinesischen Manuskripten kann man entnehmen, dass Ginseng die Augen strahlen lässt, das Herz öffnet, den Körper kräftigt und das Leben verlängert. Seit jenen Tagen sind die Behauptungen über die Kraft dieser Wurzel noch extravaganter geworden.

Ginseng-Gläubige sind der Ansicht, diese Wurzel könne das Energieniveau erhöhen, das Immunsystem verbessern, den Geschlechtstrieb anregen, die körperliche Leistungskraft steigern, geistige Fähigkeiten stärken, den Cholesterinspiegel senken, Hitzewallungen in den Wechseljahren lindern, Schlaflosigkeit mildern, entzündungshemmend wirken und das Krebsrisiko senken. Angesichts solcher Behauptungen nimmt es kaum wunder, dass der botanische Name von Ginseng, *Panax*, sich von der griechischen Göttin Panacea herleitet, die alle Gebrechen heilen konnte – aber auch wenn Ginseng medizinisch bestimmt interessant ist, so ist er doch kein Allheilmittel.

Wenn wir das Potenzial von Ginseng einzuschätzen versuchen, stoßen wir sogleich auf einige Probleme. Erstens gibt es mehrere Ginseng-Arten. Der eigentliche Ginseng, *Panax ginseng,* stammt ursprünglich aus Asien, *Panax quinquefolius*, der Amerikanische Ginseng, ist in Nordamerika heimisch. Dann gibt es noch den Sibirischen Ginseng (*Eleutherococcus senticosus*), auch Teufelsbusch genannt, einen entfernteren Verwandten. Die chemische Zusammensetzung dieser verschiedenen Arten ist recht unterschiedlich; tatsächlich können sich sogar zwei Pflanzen derselben Art, die unter klimatisch verschiedenen Bedingungen wachsen, deutlich unterscheiden, was ihre Inhaltsstoffe und deren Konzentrationen angeht. Aus jeder Ginsengart sind Dutzende von Verbindungen isoliert worden, und es gibt keine standardisierten Extraktionstechniken.

Die besten Kandidaten für eine biologische Aktivität sind die «Ginsenoside» (die auch als Triterpensaponine bezeichnet werden), von denen einige bei der Verdauung Steroide freisetzen können; doch oft weiß man nicht, in welchen Mengen diese Verbindungen in einem kommerziellen Produkt enthalten sind. Bisher müssen dazu auf dem Etikett keine Angaben gemacht werden, doch einige Hersteller listen die Konzentration von Ginsenosiden auf. Um die Dinge weiter zu verkomplizieren, sind mindestens elf Ginsenoside identifiziert worden, deren relative Wirkung nicht bekannt ist.

Das Etikettierungsproblem wurde drastisch illustriert, als schwedische Forscher fünfzig Ginseng-Produkte aus elf Ländern untersuchten und dabei herausfanden, dass sechs Proben gar keine aktiven Ingredienzien enthielten und die Konzentration an Ginsenosiden in den anderen Proben zwischen zwei und neun Prozent schwankte. Eine Probe, die aus den USA stammte, enthielt überhaupt keine Ginsengderivate, sondern undeklariertes Ephedrin, ein potenziell gefährliches Anregungsmittel. Das kam ans Licht, als ein Sportler wegen Doping angeklagt wurde, weil in seiner Urinprobe Ephedrin nachgewiesen worden war. Er kam zu dem Schluss, dass die einzig mögliche Erklärung das Ginsengpräparat war, das er eingenommen hatte. Ein Extrakt des Seidenweins (*Periploca sepium*) wird manchmal als Sibirischer Ginseng verkauft (wobei Sibirischer Ginseng, wie Sie bereits erfahren haben, nicht einmal echter Ginseng ist). Eine dreißigjährige Krankenschwester aus Toronto, die diesen so genannten Sibirischen Ginseng gegen Reizbarkeit und Stimmungsschwankungen in der Schwangerschaft genommen hatte, gebar ein Baby mit dichter Schambehaarung und behaarter Stirn. *Periploca sepium* hat offensichtlich hormonelle Auswirkungen.

Gewisse Sorgen bereitet die Feststellung, dass Ginseng Östrogenverbindungen enthält, die für Frauen, die familiär bedingt ein erhöhtes Brustkrebsrisiko haben, gefährlich sein könnten. Bei Frauen, die Ginseng in hoher Konzentration zu sich nehmen, ist es in der Tat in einigen Fällen zu vaginalen Blutungen gekommen, was für eine hormonelle Aktivität spricht. Auch Nebenwirkungen wie schmerzende Brüste, Hautausschlag, Schlaflosigkeit und Durchfall wurden beobachtet. Ginseng könnte auch den Blutzuckerspiegel beeinflussen und bei Diabetikern zu Beeinträchtigungen führen.

Einige Verbindungen, die man in Ginseng findet, ähneln dem Wirkstoff Digitalis, der zur Behandlung von angeborenen Herzkrankheiten eingesetzt wird. Daher können einige Ginseng-Präparate vermutlich auf das Herz wirken und sollten von Herzpatienten nicht ohne ärztliche Konsultation genommen werden.

Die möglichen Vorzüge von Ginseng sind im Labor und bei

Tierexperimenten gründlich untersucht worden. Dabei haben sich mehrere interessante Befunde ergeben. So konnte zum Beispiel gezeigt werden, dass Ginseng das Gedächtnis von Ratten verbessert. Mäuse, die ginsenosidreich ernährt wurden, bevor sie einem Karzinogen ausgesetzt wurden, das Dickdarmkrebs hervorruft, entwickelten weniger Tumoren als eine Kontrollgruppe. Was Menschen angeht, so legt eine koreanische Studie dar, dass Ginsengkonsumenten signifikant seltener an Krebs erkranken. Der Genuss von frischem Ginsengextrakt und Ginsengpulver ging statistisch mit einem verringerten Krebsrisiko einher; das galt jedoch nicht für das Trinken von Ginsengsaft und Ginsengtee. Natürlich ist es möglich, dass sich Ginsengkonsumenten in ihrer Lebensweise auch noch in anderen Punkten von der Allgemeinheit unterscheiden und der Unterschied bei der Krebshäufigkeit darauf beruht.

Zu den spannendsten Experimenten über Ginseng-Wirkungen gehören Untersuchungen zum Ausdauerverhalten. Mäuse, die Ginsengextrakt erhalten, laufen länger im Laufrad und schwimmen auch länger, bevor sie erschöpft sind. Leider gibt es bisher nicht viele verlässliche Untersuchungen am Menschen, die diesen Effekt bestätigen könnten. Eine Studie hat gezeigt, dass schwedische Männer mittleren Alters, die acht Wochen lang Ginseng einnahmen, eine erhöhte körperliche Ausdauer zeigten. Russische und japanische Forscher haben einen Zusammenhang zwischen Ginsengkonsum und größerer Widerstandskraft sowie Ausdauer gefunden.

Angesichts solcher Befunde sind Wissenschaftler dazu übergegangen, Ginseng als «Adaptogen» zu bezeichnen, was heißt, es könnte auf irgendeine Weise die Fähigkeit des Körpers erhöhen, sich physischem – und vielleicht auch mentalem – Stress anzupassen. Studenten berichten, dass sie Ginseng nehmen, um ihren Examensstress zu lindern. Auch wenn das vielleicht funktioniert, bezweifele ich, dass ihnen dadurch das Lernen leichter fällt.

Auch wenn das Potenzial von Ginseng zweifelsohne faszinierend ist, so wissen wir doch noch immer nicht, welche seiner Bestandteile aktiv sind. Doch selbst wenn wir das wüssten, würde es uns vielleicht nicht viel weiterhelfen, weil die Zusammensetzung kommerzieller Präparate im Allgemeinen geheim gehalten wird. Vielleicht empfiehlt es sich, die Wirkung von Ginseng zu testen, indem man rund zwei Gramm frisch pulverisierter Wurzel pro Tag zu sich nimmt. Das ist nicht billig: Ginseng ist die teuerste legal angebaute Feldfrucht der Welt. Eine gute Alternative ist ein standardisiertes Extrakt, das mindestens sieben Prozent Ginsenoside enthält. Das könnte dazu führen, dass wir uns vitaler fühlen und zudem unsere körperliche Ausdauer erhöhen. Man darf jedoch nicht außer Acht lassen, dass mögliche Kreuzreaktionen zwischen Ginseng und anderen Medikamenten noch nicht ausreichend untersucht sind und in der Regel Skepsis angesagt ist, wenn etwas zu gut erscheint, um wahr zu sein. Denken Sie daran, dass Panacea, die Göttin, die alle Leiden heilen konnte, eine mythische Figur ist.

Vitamin E – Vitamin der Spitzenklasse

Jedes Mal, wenn das Thema Vitamin E aufkommt, wollen die Leute wissen, ob sie Nahrungsergänzungsmittel nehmen sollen, und wenn ja, welche und wie viel? Nun, das Entscheidende dabei ist, dass es so etwas wie das Entscheidende nicht gibt.

Doch es gibt bestimmt eine Menge interessante Informationen.

Vitamine sind Substanzen, die wir in kleinen Mengen zu uns nehmen müssen, wenn wir bei guter Gesundheit bleiben wollen. In den zwanziger Jahren des vergangenen Jahrhunderts entdeckte man, dass Rattenmännchen, denen eine bestimmte fettlösliche Substanz in ihrer Ernährung fehlte, zeugungsunfähig wurden und Rattenweibchen ihre Jungen nicht voll austragen konnten. Dieses Substanz erhielt den Namen Vitamin E oder Tokopherol, was sich von den beiden griechischen Begriffen *tokos* («Geburt») und *phero* («tragen») ableitet.

Eine chemische Analyse ergab, dass Vitamin E eigentlich aus acht verwandten Verbindungen besteht. Diese unterscheiden sich in ihrer Fähigkeit, Fortpflanzungsproblemen bei Ratten vorzubeugen, wobei d-Alpha-Tokopherol die größte biologische Aktivität besitzt. Diese Substanz lässt sich synthetisieren, doch wenn sie im Labor hergestellt wird, bildet sich unweigerlich ein Gemisch mit ihrer nichtidentischen spiegelbildlichen Form «l-Alpha-Tokopherol», die in der Natur nicht existiert. Dieses so genannte «l-Isomer» ist biologisch viel weniger aktiv als die «d-Form».

Da sich die acht natürlich vorkommenden Vitamin-E-Komponenten und die eine synthetische «l-Version» in ihrer biologischen Aktivität allesamt unterscheiden, erkannten die Forscher, dass sie eine standardisierte Maßeinheit benötigten, um die Vitamin-E-Aktivität zu bestimmen. Das Gewicht wäre irreführend, weil ein Milligramm synthetisches Vitamin E – das aus der aktiven «d»- und der weniger aktiven «l»-Form besteht – nicht dieselbe Wirkung wie ein Milligramm reines «d» hat. Daher wurde der Begriff «international unit» (Internationale Einheit), abgekürzt IU, geprägt, um die biologische Aktivität von einem Milligramm synthetischem Vitamin E darzustellen. Auf dieser Skala hat d-Alpha-Tokopherol eine Aktivität von 1,49 IU. Das bedeutet, dass jede Tablette, von der es auf dem Etikett heißt, sie enthalte zweihundert IU Vitamin E, genau dieselbe *Fähigkeit* hat, Fortpflanzungsproblemen bei Ratten vorzubeugen, wenn sie vielleicht auch nicht dieselbe *Zusammensetzung* wie eine andere Tablette hat, die mit zweihundert IU ausgewiesen ist.

«Natürliche» Vitamin-E-Tabletten werden im Allgemeinen hergestellt, indem man reines d-Alpha-Tokopherol aus Sojabohnen extrahiert, während die synthetische Version d-Alpha-Tokopherol und l-Alpha-Tokopherol zu gleichen Teilen enthält. Keine dieser Tabletten enthält irgendeine der sieben anderen Komponenten, die man in der Natur zusammen mit der d-Alpha-Form findet.

Das große Interesse, das dem Vitamin gegenwärtig entgegengebracht wird, hat jedoch nichts mit seiner Wirkung auf die Fortpflanzung zu tun. Vitamin E ist deshalb so interessant, weil es einige der negativen Auswirkungen von Sauerstoff in unserem Körper neutralisieren kann – das heißt, weil es als Antioxidansmittel wirkt. In einer jüngst an der University of California durchgeführten Studie wurde die antioxidative Wirkung von Vitamin E untersucht, und es kam zu einem überraschenden Befund: Gamma-Tokopherol, eine der Vitamin-E-Komponenten, die nicht in Nahrungsergänzungsmitteln enthalten ist, schützt vor einigen schädlichen Sauerstoff-Nebenprodukten, wie Stickstoffoxiden, die von d-Alpha-Tokopherol nicht angegriffen werden.

Die Forscher fanden auch heraus, dass große zusätzliche Dosen von Alpha-Tokopherol die körpereigene Resorption von Gamma-Tokopherol aus der Nahrung vermindern.

Daher muss die Zusammensetzung von Nahrungsergänzungspräparaten möglicherweise geändert werden, wenn wir optimale Resultate erzielen wollen – wünschenswert wäre demnach wohl eine Kombination von Alpha- und Gamma-Tokopherol.

Aber wir dürfen auch nicht außer Acht lassen, dass der Grund für die Popularität von Vitaminen die beeindruckende Zahl von Untersuchungen ist, die die Vorzüge der im Handel befindlichen Nahrungsergänzungsmittel demonstrieren. So ergaben beispielsweise zwei Harvard-Studien, an denen 135 000 im Gesundheitswesen Tätige teilnahmen, dass diejenigen, die Vitamin-E-Präparate einnahmen, dreiunddreißig Prozent weniger Herzattacken hatten.

In einer britischen Studie wurde untersucht, wie sich Vitamin-E-Gaben auf Männer auswirkten, die, wie im Angiogramm festgestellt, unter verstopften Arterien litten. Nach achtzehn Monaten war bei den Männern, die Vitamin-E-Präparate einnahmen, das Risiko für einen nichttödlichen Herzinfarkt um siebenundsiebzig Prozent gesunken. Dieser positive Effekt resultiert wahrscheinlich daher, dass Vitamin E die Oxidation von LDL-Cholesterin – gemeinhin als das «schlechte» Cholesterin bekannt – zu einer Form verhindert, die arterienschädigend wirkt.

Andere interessante Studien über Vitamin-E-Präparate zur Nahrungsergänzung sprechen für eine verminderte Lungenschädigung durch Luftschadstoffe, eine geringere Kataraktähäufigkeit, eine Stärkung des Immunsystems, eine verbesserte Reaktion auf Hepatitis-Impfstoffe und ein verlangsamtes Fortschreiten der Alzheimerkrankheit. Tierstudien haben gezeigt, dass die Substanz unter Umständen vor einigen Krebsformen schützen könnte, und wir wissen, dass Vitamin E beim

Menschen die Bildung von Nitrosaminen blockiert, die stark karzinogen wirken.

Bisher hat jedoch noch niemand eine klassische klinische Studie durchgeführt – das heißt, niemand hat zwei identische Gruppen mit Vitamin E oder einem Placebo über einen längeren Zeitraum behandelt, während ihr Gesundheitszustand überwacht wird. Da eine solche aussagekräftige Untersuchung bis heute fehlt, müssen wir die Ratsamkeit von Ergänzungsmitteln auf der Basis weniger direkter Belege beurteilen, wie sie oben beschrieben sind. Dabei dürfen wir natürlich auch potenziell schädliche Wirkungen nicht unberücksichtigt lassen. Glücklicherweise gibt es davon nur wenige.

Vitamin E hat einen antikoagulierenden oder Blut verdünnenden Effekt, der vielleicht teilweise für die verringerte Häufigkeit von Herzerkrankungen verantwortlich ist, wie sie in einigen Studien beobachtet wurde. Dieser Effekt könnte auch zur Folge haben, dass Vitamin E die Wirkung anderer Medikamente, wie Aspirin und Coumadin, verstärkt, die ebenfalls die Gerinnungsfähigkeit des Blutes herabsetzen. Jeder, der ein solches Medikament nimmt, sollte seinen Arzt konsultieren, ob es ratsam ist, zusätzlich zu Vitamin-E-Präparaten zu greifen.

Es hat auch besorgte Stimmen gegeben, die sich fragten, ob die Fähigkeit von Vitamin E, die Immunfunktion zu stärken, wirklich nur positiv zu bewerten sei. Theoretisch kann eine verstärkte Immunreaktion zu einer Verschlimmerung von Autoimmunkrankheiten, wie Arthritis, führen, bei denen das Immunsystem des Körpers irrtümlich körpereigenes Gewebe angreift. Das ist in der Praxis jedoch nirgendwo beobachtet worden. Zu Nebenwirkungen wie Übelkeit, Durchfall, Krämpfen, Erschöpfung, Kopfschmerzen, verschwommener Sicht und Ausschlag kommt es offenbar nur selten.

Zu welchem Schluss kommen wir also? Sollen wir einfach abwarten, bis abschließende Untersuchungen vorliegen? Leider wird es wohl kaum jemals eine Studie geben, die in jedermanns Augen überzeugend ist. Alles, was wir tun können, ist, einige fundierte wissenschaftliche Vermutungen anzustellen, die auf vielen hundert in wissenschaftlichen Fachzeitschriften publizierten Artikeln basieren.

Alles in allem sprechen die vorliegenden Untersuchungen dafür, dass eine tägliche Aufnahme von rund vierhundert IU Vitamin E optimal ist. Am besten sollte diese Menge aus Nahrungsmitteln stammen, die ein ausgewogenes Verhältnis von allen acht Vitamin-E-Komponenten aufweisen. Doch in der Praxis ist es sehr schwierig, so viel Vitamin E mit der Nahrung aufzunehmen, besonders weil die besten Quellen Nüsse, Samen und Pflanzenöle sind, die allesamt einen hohen Fettgehalt aufweisen.

Ein Zweihundert-IU-Präparat täglich scheint angemessen zu sein, selbst wenn die gegenwärtig verfügbaren Pillen nicht alle Vitamin-E-Komponenten enthalten, die man in der Nahrung findet. Das vielleicht überzeugendste Argument für eine Nahrungsmittelergänzung ist, dass viele Vitamin-E-Forscher zwar nicht willens sind, dies der breiten Öffentlichkeit zu empfehlen, in den meisten Fällen aber selbst Vitamin-E-Präparate nehmen.

Ein Hauch von Romantik

Der Duft war absolut berauschend. Er bewegte sich im Dunklen auf sie zu. Erst schnupperte er sanft hinter ihrem Ohr, dann bewegte er sich ihren Körper hinab, um ihre erogeneren Zonen zu erkunden. Testosteron brandete durch seinen Körper. Er spürte, dass sie bereit war. Nun gab es kein Zurück mehr, und bald verschmolzen ihre beiden Körper zu einem einzigen. Ein paar Wochen später wurde ein Wurf syrischer Goldhamster geboren.

Dank einiger faszinierender Forschungsarbeiten, die an der Rockefeller-Universität durchgeführt wurden, wissen wir über das Liebesleben dieser Nager inzwischen mehr als über das irgendeines anderen Tieres. Wenn das Weibchen in den Östrus kommt, reibt es mit seinem Hinterteil über den Boden und markiert den Grund mit einem wässrigen Sekret, das aus vielen hundert Verbindungen besteht. Eine davon, Dimethyldisulfid, erregt das Interesse des Männchens. Wir bezeichnen eine solche Verbindung als Pheromon, einen chemischen Botenstoff, der Signale zwischen Artgenossen übermittelt, um ein ganz bestimmtes Verhalten auszulösen. Mit großem Enthusiasmus sucht das Männchen nach der Quelle des Pheromons und damit nach dem Weibchen. Interessanterweise lockt Dimethylsulfid den Freier lediglich an, es erregt ihn nicht sexuell. Diese Aufgabe übernimmt ein anderes Pheromon – ein nichtflüchtiges Eiweiß (Protein).

Nachdem der Hamster vom Dimethylsulfid angelockt worden ist, beginnt er, das Weibchen zu beschnüffeln und zu belecken, wobei er sich schließlich auf ihre Sexualregion konzentriert. Nun beginnt die heiße Phase mit viel Herumgebalge und Beschnüffeln, bis das Weibchen schließlich die Paarungshaltung einnimmt. Der Appetit des Männchens ist durch das abgeschiedene eiweißhaltige Sekret stark angefacht worden, und es verliert keine Zeit, die sich ihm bietende Gelegenheit zu nutzen. Es paart sich mit dem Weibchen und macht sich anschließend in der Regel rasch davon.

Das Protein, das all diese hektische Aktivität auslöst, ist inzwischen dank sorgfältiger chemischer Analyse identifiziert worden und hat den passenden Namen Aphrodisin erhalten. Wie konnten die Forscher beweisen, dass es sich dabei tatsächlich um die Substanz handelt, die die Paarung auslöst? Mit Hilfe eines betäubten Männchens, das die Stelle des Weibchens einnahm. Sie brachten dieses «Ersatzweibchen» in Paarungshaltung und rieben es mit Dimethylsulfid ein, um das Interesse eines anderen Männchens zu erregen. Der arglose Freier näherte sich auch wirklich, schnupperte und leckte ein wenig, verlor aber bald das Interesse. Als das Hinterteil des «Ersatzweibchens» jedoch mit Aphrodisin behandelt wurde, begann das Testmännchen immer heftiger zu lecken, bis er das vermeintliche Weibchen schließlich bestieg und versuchte, seine Gelüste zu befriedigen. Die umstehenden Forscher waren ohne Zweifel von dieser bizarren kleinen Szene begeistert, bewies sie ihnen doch, dass Aphrodisin wirklich das gesuchte Paarungspheromon war. Ich habe allerdings den Verdacht, dass keines der beteiligten Hamstermännchen ihre Begeisterung teilte.

Sie denken nun vielleicht, Aphrodisin sei ein höchst wirksamer Stoff, doch das ist nichts im Vergleich zu Periplanone B, dem Pheromon der Amerikanischen Schabe (*Periplaneta americana*). Die Männchen reißen sich buchstäblich die Beine aus, um zur Quelle dieser Verbindung zu gelangen. Das Interesse an Schaben-Sexuallockstoffen wurde geweckt, als sich Forscher am Natick-Labor der US-Armee die Frage stellten, wie sich diese kleinen Insekten im Dunklen finden (vielleicht mit dem vagen Hintergedanken, die Schaben zu militärischen Zwecken einzusetzen). Bald wurde deutlich, dass irgendein flüchtiger chemischer Botenstoff dabei eine Rolle spielte, denn sobald jungfräuliche Weibchen ins Labor gebracht wurden, begannen die Männchen in ihren kleinen Käfigen wie wild herumzuhüpfen. Es gelang den Armeewissenschaftlern jedoch nicht, die Substanz zu isolieren, die die Schabenmännchen derart in Aufregung versetzt hatte. Das schaffte erst der CIA.

Auf dem Höhepunkt des Kalten Krieges brütete der US-amerikanische Geheimdienst die Idee aus, Schabengeruch einzusetzen, um sowjetische Spione zu verfolgen. Zu diesem Zweck konzentrierten die CIA-Wissenschaftler Substanzen aus dem Luftstrom, der über einen mit zehntausend jungfräulichen Schaben gefüllten Milchtopf geleitet wurde. Wie sie den sexuellen Status der Insekten bestimmten, ist natürlich ein Staatsgeheimnis, doch nach neun Monaten hatten sie neun Milligramm des Pheromons isoliert, das sie dann in einem Lösungsmittel auflösten, um ein «Schabenparfüm» zu produzieren. Die Idee war, ein paar Tropfen dieses Gebräus auf eine unter Beobachtung stehende Person zu träufeln und diese Person dann mit einem Käfig voller viriler männlicher Schaben aufzuspüren, die beim ersten Hauch dieses Pheromons wie wild zu tanzen anfangen würden. Der mit dem Schabendetektor ausgerüstete Agent könnte sich in sicherer Entfernung von seiner Beute halten, weil die Schabenmännchen so empfindlich auf diesen Geruch reagieren.

Ob dieser raffinierte Plan jemals in die Tat umgesetzt wurde, ist nicht bekannt, doch wir wissen, dass es fast dreißig Jahre gedauert hat, die exakte molekulare Struktur der Verbindung zu identifizieren, die heute den Namen Periplanone B trägt. Die Hauptschwierigkeit bestand darin, genug analysierbare Substanz zu gewinnen, doch schließlich wurden zweihundert Mikrogramm gesammelt, was 75 000 Schabenweibchen mit dem Leben bezahlten. Die Verbindung erwies sich als höchst aktiv. Wenn man Schabenmännchen in einem Becher nur einem billionstel Gramm aussetzte, verfielen sie buchstäblich in Raserei; bald waren Beine gebrochen und Körper zerfetzt. Die leidenschaftlichen Schabenmännchen versuchten, sich mit jedem dreidimensionalen Objekt in Reichweite zu paaren, und seien es andere Männchen.

Als dieses Schabenaphrodisiakum endlich isoliert und identifiziert worden war, stellte sich die Frage, was man nun damit anfangen solle. Die Welt hatte keinen Bedarf an vermehrten amourösen Abenteuern unter Schaben. Tatsächlich war den meisten Leuten der Gedanke, Schaben dazu zu bringen, andere kleine Schaben zu produzieren, ganz und gar nicht angenehm; ganz anders sah die Sache aus, wenn man die Substanz dazu verwenden konnte, die Schabenpopulation zu reduzieren. Und der Weg zu diesem Ziel war offensichtlich: Warum nicht Periplanone B verwenden, um diese zu Hause so unwillkommenen Gäste in eine Falle zu locken? Wie sich herausstellte, ließ sich die Verbindung im Labor leicht synthetisieren – Verfügbarkeit war kein Problem.

Ursprünglich war die Idee, Periplanone B zu benutzen, um Schabenmännchen zu einem Giftköder in einer Falle zu locken. Die lästigen Insekten würden im Schabenhotel einchecken, aber niemals wieder auschecken. Da gab es jedoch ein Problem. Als die Schaben ihre Genossen rund um den Köder sterben sahen, begannen sie, ihn zu meiden, sodass sie sich unverletzt von dannen trollten. Die Antwort war ein Gift, das nicht sofort tötet. Fallen enthalten nun Periplanone B, das die Schaben anlockt, und Amidinohydrazon, das die Insekten verspeisen, sobald sie in der Falle sitzen. Diese Verbindung entfaltet ihre Giftwirkung über einen Zeitraum von vierundzwanzig bis achtundvierzig Stunden im Magen-Darm-Trakt, und die Schaben lernen nicht, die Fallen mit dem Ableben ihrer Artgenossen in Verbindung zu bringen.

Da eine solche faszinierende pheromongesteuerte Aktivität bereits bei so einfachen Geschöpfen wie Schaben auftritt, könnte es nicht sein, dass es irgendeine Art von Parallele beim Menschen gibt? Schließlich sind wir ebenfalls ein Teil des Tierreichs. Wir haben eine spezielle Vorliebe für die Wohlgerüche, die aus den Analdrüsensekreten der äthiopischen Zibetkatze oder des brünstigen ostasiatischen Moschustiers hergestellt werden. In konzentrierter Form haben diese Absonderungen – als «Moschus» bezeichnet – einen außerordentlich üblen Geruch, doch in verdünnter Form finden die meisten Menschen sie sehr ansprechend. Moschus ist das wertvollste tierische Produkt auf der Welt; ein Kilo bringt etwa 44 000 Dollar ein und ist damit rund viermal teurer als Gold. Glücklicherweise stehen heutzutage adäquate synthetische Entsprechungen zur Verfügung.

Moschus facht anscheinend die menschliche Leidenschaft an. Warum? Vielleicht hat uns ausgerechnet Napoleon einen wichtigen Hinweis gegeben. Bevor er vom Schlachtfeld nach Hause zurückkehrte, schrieb er an seine Frau Josephine und bat sie, nicht zu baden – ihr reifer Körperduft regte sein Begehren an. Erst als sie die Verlockung eines Parfüms auf Moschusbasis entdeckte, verzichtete Napoleon schließlich auf seine seltsame Forderung: Der Moschusgeruch befriedigte seinen Urtrieb auf dieselbe Weise, wie es Josephines Schweiß tat. Interessanterweise riecht eine Androstenol genannte, im menschlichen Schweiß vorkommende Verbindung, die von manchen Forschern für ein menschliches Pheromon gehalten wird, entschieden moschusartig – vielleicht finden wir Moschusgeruch deshalb so attraktiv, weil er dieselben Rezeptoren in unserem Geruchssystem aktiviert wie ein menschliches Pheromon, falls es so etwas tatsächlich gibt. Das ist gar nicht so abwegig.

Die Verbindung, die manche «menschliches Pheromon» getauft haben, ist erstmals Anfang der 1970er Jahre aus Schweinehoden isoliert worden. Androstenol war der Geruch, der weibliche Schweine dazu veranlasste, Paarungshaltung einzunehmen. Die Wirkung war so spektakulär, dass Androstenol bald in Sprayform in den Handel kam, um Viehzüchtern die künstliche Befruchtung von Schweinen zu erleichtern – ein kleiner Androstenolstoß aus der Spraydose, und die Säue ließen die Besamungsprozedur willig über sich ergehen.

Dann nahm die Pheromonsaga eine unerwartete Wendung. Androstenol wurde in Achselabsonderungen des Menschen nachgewiesen. Was hatte ein Schweine-Sexuallockstoff im menschlichen Schweiß zu suchen? Waren die Forscher zufällig über eine Substanz gestolpert, die auch beim Menschen als Sexuallockstoff diente?

Das ist nicht so abwegig, wie es zunächst klingen mag. Überlegen Sie einmal, warum elisabethanische Liebhaber Äpfel in ihren Achselhöhlen platzierten, bis sie schweißgesättigt waren, und diese «Liebesäpfel» anschließend ihrer Angebeteten anboten. Und warum dreht sich eine tanzende Frau unter der Achsel ihres Partners? Warum bilden Künstler Frauen so oft mit erhobenen Armen ab? Warum heben Frauen automatisch einen Arm und legen die Hand in den Nacken, wenn sie aufgefordert werden, eine sexy Pose einzunehmen? Könnte sich im Duft der Achselhöhle etwas Magisches verbergen?

Forscher gerieten über dieses Problem ins Schwitzen. In einem englischen Theater zogen Sitze, die mit Androstenol besprüht waren, offenbar mehr Frauen an. Rosenduft hätte natürlich unter Umständen das Gleiche getan. Männer, die ohne ihr Wissen mit Androstenol «parfümiert» worden waren, wurden von Frauen als attraktiver angesehen, von Männern jedoch schlechter bewertet. Interessante Beobachtungen, aber nicht der Stoff, aus dem harte Wissenschaft gemacht wird.

Der harten Wissenschaft gelang schließlich in den 1980er Jahren dank einer Reihe bemerkenswerter Veröffentlichungen von George Preti am *Monell Chemical Senses Center* in Philadelphia und Winnifred Cutler, damals an der Universität von Pennsylvania, ein Durchbruch. Diese Wissenschaftler zeigten, dass ein Extrakt, der aus den Achselhöhlenabsonderungen von Männern gewonnen worden war, auf die Oberlippe von weiblichen Versuchspersonen getupft, zu einem regelmäßigeren Menstruationszyklus führte. Wurden Achselhöhlenabsonderungen von Frauen in derselben Weise verwendet, so begannen sich die Menstruationszyklen der Probandinnen zu synchronisieren. Zweifellos lief da irgendeine Art von chemischer Kommunikation ab.

Winnifred Cutler, zu diesem Zeitpunkt Gründerin und Leiterin des *Athena Institute for Women*, ging noch einen Schritt weiter. Sie untersuchte das Sexualverhalten junger Frauen, deren Oberlippe drei Monate lang dreimal pro Woche mit aus Achselschweiß gewonnener «weiblicher Essenz» betupft wurde. Diese Frauen zeigten signifikant mehr sexuelle Aktivität als Frauen einer Kontrollgruppe, die mit Placebos behandelt wurden. Entweder steigerte die weibliche Essenz das sexuelle Verlangen, oder sie machte ihre Trägerin für Männer attraktiver.

Dann verließ Cutler den Pfad der strengen Wissenschaftlichkeit. Sie begann, «Pheromone 10:13» zu verkaufen, eine synthetische Version des vermuteten aktiven Bestandteils der weiblichen Essenz. Die tatsächliche Zusammensetzung des

Produkts blieb unbekannt, und der einzige Beweis für seine Wirksamkeit sind anekdotische Zeugnisse begeisterter Kundinnen: «Jane aus Arizona» teilte uns zum Beispiel mit, Männer umschwärmten sie «wie Motten das Licht», während sich «Thelma aus New Jersey» veranlasst sah, ihr Mobilheim in «Liebeslaube» umzutaufen.

Auf sichererem wissenschaftlichem Grund befindet sich Cutler mit ihrem «Athena Pheromone 10x tm» für Männer, das als Parfüm- und After-Shave-Zusatz beschrieben wird, der den Sex-Appeal erhöhen soll. Die Rezeptur dieses Produkts ist ebenfalls ein streng gehütetes Geheimnis, doch ich habe das Gefühl, dass es sich auch als für Säue von Interesse herausstellen könnte. Auf jeden Fall hat Winnifred Cutler gerade einen gutachtergeprüften wissenschaftlichen Artikel veröffentlicht, in dem sie feststellt, dass Männer, die dieses Produkt benutzen, die Häufigkeit ihrer romantischen Zusammenkünfte und insbesondere ihres Beischlafs erhöhen. Aufregend!

David Berliner, ein früherer Professor für Anatomie und Gründer der EROX-Corporation, hat einen anderen Ansatz gewählt. In den sechziger Jahren fiel ihm auf, dass ein Hautextrakt, den er hergestellt hatte, seine Labormitarbeiter in ungewöhnlich gute Laune versetzte. Er speicherte diese seltsame Information tief in seinem Gedächtnis. Einige Jahrzehnte später erwachte Berliners Interesse von neuem, denn Wissenschaftler bestätigten beim Menschen die Präsenz eines nasalen Detektorsystems, des so genannten Vomeronasalorgans (VNO), das zuvor nur bei Tieren nachgewiesen worden war.

Diese winzige Spalte, die etwa einen Zentimeter tief im Naseninneren auf der Nasenscheidewand liegt, nimmt bei Ratten, Hamstern und Mäusen Moleküle wahr, die keinen offenkundigen Geruch haben. Wird das VNO chirurgisch entfernt, reagieren die Tiere nicht mehr auf ihre Geschlechtspartner. Hier, erkannte Berliner, war ein potenzieller Sensor für menschliche Pheromone.

Berliner gelang es, eine winzige Sonde in die Nase einzusetzen, mit der er jede elektrische Reaktion im VNO messen konnte, die seine Versuchspersonen zeigten, wenn sie potenziellen Pheromonen ausgesetzt waren. Bald stellte sich heraus, dass zwei Verbindungen aus seinem Hautextrakt unterschiedliche Reaktionen auslösten. Androstadienon führte nur bei Männern zu einer VNO-Aktivität, Estratetraenol hingegen nur bei Frauen. Auch wenn Berliner keinerlei Verhaltenseffekte demonstrieren konnte, die sich auf diese Verbindungen hätten zurückführen lassen, hat er seine Realm-Produktserie rund um sie aufgebaut. Realm-Produkte behaupten nicht, aphrodisisch zu wirken: In der Tat enthält die männliche Version die Verbindung, die nur von Männern wahrgenommen wird, und die weibliche Version diejenige, auf die nur Frauen reagieren. Das (wissenschaftlich bisher nicht gestützte) Ziel ist es, die Stimmung des Trägers bzw. der Trägerin zu verbessern, indem man ihn oder sie dem Pheromon aussetzt, das von einem Vertreter des anderen Geschlechts freigesetzt wird, und dadurch vielleicht eine Atmosphäre des Vertrauens zu schaffen, die zu romantischen Zusammentreffen führt.

Bis wir mehr wissenschaftliche Belege für menschliche Pheromone haben, sollten wir vielleicht lieber bei Moschus bleiben. Vielleicht ist die ganze Werbung für Moschusprodukte nicht nur Publicityrummel. Von *Wild Musk Oil* wird behauptet, es habe «einen aufregenden und provokanten Duft, der Ihre Sinnlichkeit freisetzt und für Ihre Chemie Wunder wirkt». Vielleicht stimmt's ja ... – ein kleiner Tupfer hinters Ohr ... ein zarter Hauch ... wer weiß?

Vincent van Goghs Gehirn

Am 23. Dezember 1888 erhielt eine Prostituierte im südfranzösischen Arles ein seltsames Weihnachtsgeschenk: Ein Päckchen, eingewickelt in Zeitungspapier, enthielt ein Stück von einem menschlichen Ohr – dem Ohr von Vincent van Gogh. Warum sich der Künstler, nachdem er von einem Besuch des Bordells nach Hause zurückgekehrt war, derart selbst verstümmelte, darüber ist viel und heftig spekuliert worden.

Van Goghs künstlerische Karriere begann in Holland. Seine frühen Gemälde, wie *Die Kartoffelesser*, waren düster und streng und verrieten deutlich die Sympathie des Malers mit dem harten Leben der armen niederländischen Bauern. Ein Umzug nach Paris und später nach Südfrankreich übte eine einschneidende Wirkung auf van Goghs Stil aus. Die Dunkelheit verblasste, und strahlendes Licht durchflutete seine Werke. *Sonnenblumen*, vielleicht das bekannteste Gemälde jener Periode, ist eine wahre Explosion leuchtender Gelbtöne.

Einige haben vermutet, dass mehr hinter diesem Licht und diesen Farben steckte als der stimmungshebende Effekt der südfranzösischen Sonne. Es war bekannt, dass van Gogh unter psychotischen Schüben litt, die zur damaligen Zeit auf eine Epilepsieerkrankung zurückgeführt wurden. Zur Behandlung wurde häufig Digitalis eingesetzt, ein Herzmittel, das von dem Engländer William Withering entdeckt worden war. Es ist anzunehmen, dass van Gogh mit diesem ungeeigneten Mittel behandelt wurde, weil er seinen Arzt, Dr. Gachet, mit einem Fingerhutstängel in der Hand porträtierte; Fingerhut ist die Pflanze, aus der Digitalis gewonnen wird.

Hohe Dosen Digitalis können zu Erbrechen, Benommenheit und Sehstörungen führen. Van Goghs spätere Gemälde spiegeln seine Besessenheit mit der Farbe Gelb wider, die sich am deutlichsten bei den *Sonnenblumen* zeigt. Er strich sogar sein Haus in Auvers gelb an. Anomalien bei der Farbwahrnehmung – insbesondere das Auftreten von gelben Halos rund um Objekte – sind tatsächlich mit der Einnahme von Digitalis in Verbindung gebracht worden. Van Goghs Gesundheitsstörungen einer Digitalisvergiftung zuzuschreiben, ist interessant, wenn auch ein wenig phantasievoll.

Eine Innenohrerkrankung, die unter dem Namen Ménière-Krankheit bekannt ist, könnte ebenfalls eine Ursache für van Goghs Beschwerden gewesen sein. Die 796 Briefe, die er seinem Bruder Theo schrieb, zeichnen das Bild eines Mannes, der unter wiederholten Schwindelanfällen und Übelkeitsattacken sowie sensorischen Halluzinationen litt, die ihm das Leben schwer machten. Typisch für diese Symptome war außerdem, dass sie sich durch Bewegung und laute Geräusche verschlimmerten. Zwischen diesen «Anfällen», wie van Gogh sie selbst nannte, lagen lange Perioden ohne Krankheitssymptome, wie es bei der Ménière-Krankheit oft der Fall ist. Akustische Halluzinationen oder ein Klingeln im Ohr (Tinnitus) treten ebenfalls häufig auf. Tatsächlich sprechen einige Patienten davon, sich «ihre Ohren abzuschneiden» oder sich «mit einem Eispickel ein Loch ins Trommelfell zu stechen», um dieser Qual ein Ende zu machen. Die Symptome der Ménière-Krankheit passen gut zu denjenigen, unter denen van Gogh litt, und sie bieten eine logische Erklärung für seine Selbstverstümmelung an jenem schicksalhaften Tag im Jahre 1888.

Es gibt noch eine weitere mögliche Erklärung für sein anfallartiges bizarres Benehmen, und die basiert auf seiner wohlbekannten Vorliebe für ein damals sehr beliebtes Getränk, den Absinth, dessen Standardingredienzien Alkohol, Wermut, Anis, Fenchel, Wacholder und Muskatnuss sind. Der Wermut ist hier von besonderem Interesse. Der aktive Bestandteil von Wermut ist Thujon, eine Verbindung, die zu nervösen Erregungszuständen, gefolgt von Bewusstseinsverlust und Krämpfen, führen kann. In der Tat ist der Zustand, der von Thujon herbeigeführt wird, als Modell für Epilepsie studiert worden. Da Absinth so viel Elend verursacht hat, wurde dieses Getränk von der französischen Regierung Anfang des 20. Jahrhunderts verboten. Pernod, der kein Thujon enthält, wird hingegen noch immer ausgeschenkt und ruft immer wieder Erstaunen hervor, wenn er – wie Absinth – seine Farbe von Grün nach Weiß verändert, sobald man ihn mit Wasser verdünnt. Dann fallen Verbindungen aus, die alkohol-, aber nicht wasserlöslich sind.

Zweifellos war van Gogh während seines Aufenthalts in Südfrankreich dem Absinth sehr zugetan. Als Paul Gauguin ihn dort besuchte, feierten die beiden Maler gemeinsam ihre Absinthbesäufnisse, und Vincent landete dann stets in einem Bordell (wahrscheinlich meinte er, der Absinth mache die Huren hübscher). In einer dieser turbulenten Nächte stritt er sich mit

Gauguin, warf ein Glas Absinth nach ihm und bedrohte ihn mit einem Rasiermesser. Dann zog er sich, von schrecklichen Schuldgefühlen gequält, auf sein Zimmer zurück und führte die berühmte Operation durch.

Wir werden wohl nie erfahren, ob Vincent van Goghs Selbstmord im Jahre 1890 auf Epilepsie, die Ménière-Krankheit, eine Thujon-Vergiftung oder eine andere Ursache zurückging. Einige Kunsthistoriker sind der Meinung, er habe bei der Geburt einen Hirnschaden erlitten, und vermuten, dass dies der Hauptauslöser für sein oft abwegiges Verhalten war. Wie dem auch sei, warum er sich hinter einem Misthaufen in der Nähe desselben Weizenfeldes erschoss, das er auf seinem letzten Bild abgebildet hatte, wird wohl für immer ein Rätsel bleiben. Das Gemälde zeigt eine Straße, die abrupt mitten in einem Feld voller wildem gelbem Weizen endet; einige sind der Meinung, diese Straße symbolisiere van Goghs kurzes Leben.

Nach van Goghs Tod pflanzte Dr. Gachet einen Strauch auf das Grab seines früheren Patienten. Kurz darauf starb auch Vincents Bruder Theodor und wurde an einem anderen Ort begraben, doch dreiundzwanzig Jahre später beschlossen die Verwandten, dass sich die beiden Brüder, die sich im Leben sehr nahe gestanden hatten, auch im Tod nahe sein sollten, und sie sorgten dafür, dass beide an derselben Stelle begraben wurden. Als man Vincent ausgrub, stellte man fest, dass sein Sarg von den Wurzeln des Strauchs völlig umschlungen war, den Dr. Gachet gepflanzt hatte. Der Arzt hatte unwissentlich einen Wermutstrauch ausgesucht, dessen Inhaltsstoff Thujon ist: Im Tod wie im Leben fand sich Vincent van Gogh in den Klauen des Thujon.

Rund ums Haus

Schaum und Schaumschlägerei

230 Von Zeit zu Zeit schlendere ich in der Drogerie gern am Regal mit den Haarwaschmitteln entlang, um zu sehen, was das aktuelle Angebot verspricht. Wird dieses oder jenes Produkt meinem Haar «Energie verleihen»? Es glänzend machen oder Schuppen entfernen? Es nähren oder verjüngen? Was ist der neueste wundertätige Inhaltsstoff? Spermaextrakt oder Chinin? Ein Alphahydoxyfruchtsäure-Komplex oder Beta-Karotin? Das ist alles sehr verwirrend. Manchmal kann man sogar nur schwer sagen, ob man sich in einer Drogerie oder in einem Supermarkt befindet, denn die Shampoos proklamieren lauthals, dass sie Mango, Papaya, Apfelpektin, Weizenkeime oder Schweizer Vanille enthalten, was auch immer das ist. Es klingt alles haarsträubend und unerhört. Revlon ist offenbar der gleichen Meinung. Die Kosmetikfirma hat eine Shampooserie herausgebracht, die passenderweise «Outrageous!» heißt (was so viel wie «unerhört» bedeutet).

Diese verwirrende Kakophonie von Behauptungen und Ingredienzien ist eine Folge des grundsätzlichen Dilemmas, dem sich Haarwaschmittelhersteller gegenübersehen. Wie verwandelt man ein eigentlich simples Produkt, das Haare reinigt, in eine magische Lotion, die den Sex-Appeal erhöht? Die Antwort liegt in etwas chemischem Basiswissen und viel geschicktem Marketing.

Zunächst einmal nähren oder vitalisieren Shampoos das

Haar nicht, und sie können es auch nicht wieder beleben, aus dem einfachen Grund, dass Haare nicht leben. Was tun Shampoos dann? Sie können das Haar säubern. Und das kann jedes Shampoo gut, denn es ist nicht schwierig. Alles, was ein Shampoo tun muss, ist, die dünne fettige Talgschicht zu entfernen, die das Haar überzieht und schützt, weil Talg auch Staubpartikel und Überreste von Haarbehandlungsmitteln magnetisch anzieht.

Detergenzien (Reinigungsmittel, die häufig auch als Tenside bezeichnet werden) können Talg sehr effektiv entfernen und sind die Hauptbestandteile aller Shampoos. Sie senken die Oberflächenspannung des Wassers, sodass es freier fließen kann. Wasser, das mit einem gelösten Detergens vermischt ist, bildet keine Tröpfchen mehr, sondern breitet sich leicht aus und benetzt jede Erhebung und Vertiefung einer Oberfläche.

Detergensmoleküle bilden auch starke Brücken zwischen Fett und Wasser aus. Ein Ende des Moleküls ist fettlöslich und verankert sich an jedem fetthaltigen Rest. Das andere Ende ist wasserlöslich. Infolgedessen werden, wenn eine Detergenslösung abgespült wird, fettreiche Substanzen wie Talg von der Oberfläche abgezogen, an der sie haften. Das billigste Haarwaschmittel reinigt das Haar genauso gut wie das teuerste. Das gilt sogar für Geschirrspülmittel; sie enthalten Natriumlaurylsulfat, den aktiven Inhaltsstoff der meisten Shampoos.

Natriumlaurylsulfat ist ein höchst wirksames Reinigungsmittel, doch es entfernt den Talg so gründlich vom Haar, dass das Haar sehr trocken wird. Es kann gelegentlich zu Hautreizungen führen, doch es ist absolut nichts Wahres an dem Gerücht, es verursache Krebs. Um ein Austrocknen des Haares zu verhindern, wird es gewöhnlich mit weniger groben, aber kostspieligeren Detergenzien, wie Ammoniumlaurylethersulfat, kombiniert. Auch quaternäre Ammoniumverbindungen, auch Quats genannt, werden den Shampoos beigefügt, damit sich das Haar nach dem Waschen besser kämmen lässt. Das sind dieselben Verbindungen, die man in Weichspülern für Wäsche findet, und sie funktionieren dadurch, dass sie sich an die Haaroberfläche anlagern und eine glatte Umhüllung bilden. Schaumverstärker, wie die Monoethanolamine von Kokosfettsäuren, sind ebenfalls oft dabei – nicht, dass sie irgendetwas mit Reinigen zu tun hätten, das ist nämlich nicht der Fall. Haar lässt sich wirksam ohne irgendwelche Schaumverstärker reinigen, doch Schaumverstärker helfen beim Verkauf der Shampoos. Einige Shampoos enthalten überdies Panthenol, ein Molekül, das in den Haarschaft diffundieren und sich an Proteine binden kann, sodass die Haarstruktur gestärkt wird. Häufig werden auch verschiedene Proteine, darunter Elastin, Kollagen oder synthetische Polymere, zugegeben; sie sollen sich auf der Haaroberfläche anlagern und das Haar dicker machen. Die Ergebnisse schwanken, weil die meisten Substanzen mit dem Detergens weggespült werden.

Alle Haarwaschmittel, gleichgültig, wie sanft sie sind, müssen mit einem grundlegenden Problem fertig werden. Wenn die schützende Talgschicht entfernt wird, liegt die äußere Schicht des Haares, die Kutikula, frei. Bei gesundem Haar besteht die Kutikula aus durchsichtigen Zellen, die sich wie Dachziegel überlappen. Bei geschädigtem Haar klappen diese Dachziegel weiter auseinander, und ihre Ränder sind stärker ausgefranst. Wenn benachbarte raue Haare aneinander reiben, kann es durch Elektronentransfer zu einer statischen elektrischen Auflagung kommen. Das Ergebnis ist im wahrsten Sinne des Wortes haarsträubend – ein Struwwelpeterkopf.

Im Idealfall glättet ein Shampoo die Kutikula und überzieht

sie mit einer sauberen Schicht talgartigen Materials. Der Glättungseffekt lässt sich einfach dadurch erzielen, dass man die Azidität des Shampoos kontrolliert. Solange der pH-Wert zwischen 5 und 8 liegt, legen sich die «Dachziegel» eng aufeinander, daher sind alle Shampoos, ob es nun auf dem Etikett steht oder nicht, «pH-kontrolliert». Der gewünschte pH-Bereich wird dabei durch die Zugabe von geeigneten Puffersubstanzen, wie Zitronensäure, aufrechterhalten. Auch Substanzen, die Feuchtigkeit speichern helfen, werden zugegeben, beispielsweise Glyzerin oder Propylenglykol; sie bilden starke Bindungen zu Wassermolekülen aus und hindern sie dadurch an der Verdunstung.

Das Ersetzen der verschmutzten Talgschicht durch einen sauberen Schutzmantel ist eine anspruchsvollere Aufgabe. Wie soll das Shampoo schließlich «wissen», dass es eine fetthaltige Substanz entfernen und durch eine andere fetthaltige Substanz ersetzen soll? Moderne «Zwei-in-einem»-Rezepturen, in denen Shampoo und Pflegespülung kombiniert sind, kommen der Lösung dieses Problems bereits sehr nahe. Silikone, wie Dimethicon, sind relativ fettarme Substanzen, die Talg ähneln. Sie können das Haar mit einer Schicht überziehen, ihm Glanz verleihen und eine glatte Oberfläche liefern, die das Kämmen erleichtert. Sie können auch die geschädigten Bereiche füllen, in denen die Kutikula abgenutzt ist, und die Reflexionseigenschaften des Haares verändern, was zu mehr Glanz führt.

Mit Hilfe von ein wenig cleverer Chemie sind Techniken entwickelt worden, die Silikone in einem Shampoo in Lösung halten, bis das Shampoo mit viel Wasser weggespült wird. Beim Haarwaschen, während das Detergens aktiv ist, werden die Silikone daher in einer Art Zustand gespannter Erwartung gehalten. Wenn das Shampoo anschließend ausgespült wird, werden die Silikone aktiviert und überziehen das Haar mit einer dünnen Schicht. Das Ergebnis kann recht befriedigend sein, doch «Zwei-in-einem»-Präparate sind bisher noch nicht so effizient wie Haarwaschen und Spülung in zwei getrennten Durchgängen.

Die Suche nach neuartigen Inhaltsstoffen, mit denen sich möglichst publikumswirksam werben lässt, findet offenbar niemals ein Ende. Was ist mit Sperma-Shampoo? Dieses kostspielige Produkt wirbt mit den wunderbaren Wirkungen von Hyaluronsäure als Antwort auf alle Haarprobleme. Warum? Da Spermien mit Hilfe dieser Säure in die Eizelle eindringen, nimmt man an, sie könne auch in den Haarschaft eindringen. Hyaluronsäure ist ein guter Feuchtigkeitsbinder, doch die Sache mit dem Eindringen ist barer Unsinn.

Wahrscheinlich wissen Sie nach all dem nun mehr über Shampoos, als Sie jemals wissen wollten. Um die Wahrheit zu sagen, auch wenn hinter diesen Produkten eine ganze Menge interessanter Wissenschaft steht, läuft es letztlich darauf hinaus, durch Versuch und Irrtum herauszufinden, was Ihnen gefällt. Denken Sie daran, dass die jungen Damen, die ihre üppige Lockenpracht in Zeitlupe über den Bildschirm schwingen, stundenlang von erfahrenen Friseuren «behandelt» worden sind. Vergessen Sie also die Werbung, denken Sie bei Obstsalat an Nachtisch, nehmen Sie Ihre Vitamine in Tablettenform ein, verwenden Sie Sperma, wo es hingehört, ignorieren Sie den Preis und finden Sie ein Produkt, das Ihnen gefällt. Ich wasche meine Haare oft mit verdünntem Geschirrspülmittel. Obwohl es ein wenig austrocknend wirkt, säubert es die Haare gründlich und riecht gut – doch verspüre ich danach manchmal den ungewöhnlichen Wunsch, ein paar Töpfe und Pfannen zu schrubben.

Eine Lösung für das Skunkproblem

Ich erinnere mich daran, wie ich zum ersten Mal einen Skunk roch. Ich dachte, jemand habe eine Stinkbombe geworfen. Sie sehen, selbst damals waren mir Ausdünstungen von Teströhrchen weitaus vertrauter als die von Tieren. Stinktierabsonderungen riechen wie eine Mischung aus Natriumsulfid und einer Säure. Ein derartiges Gemisch setzt Hydrogensulfid frei, dem faule Eier und Stinkbomben ihren klassischen Geruch verdanken, ein Gestank, der jedes Lebewesen das Weite suchen lässt, und zwar schnell. Und das ist natürlich genau das, was der Skunk beabsichtigt, wenn er seine kleinen Analdrüsen rechts und links des Afters abfeuert.

Wissenschaftler haben sich schon seit langem für die chemische Zusammensetzung des Skunkaromas interessiert. Bereits 1862 erhielt der renommierte deutsche Chemiker Friedrich Wöhler von «Freunden in Neuyork» ein Geschenk: das Sekret von einem «Nordamerikanischen Stinkthier». Die Substanz roch zu stark, als dass der große Mann selbst damit hätte arbeiten wollen, daher gab er sie an einen seiner Mitarbeiter weiter, einen gewissen Dr. Swarts aus Gent. Swarts war der Erste, der Skunksekret analysierte, und er fand heraus, dass es sich um eine komplexe Mischung vieler Substanzen handelt, die bei verschiedenen Temperaturen verdampften. Überdies stellte er fest, dass das Element Schwefel in der Mischung dominierte und rund sechzehn Prozent des Gesamtgewichts ausmachte. Für diese Erkenntnisse musste Swarts teuer bezahlen. Wöhler meinte später, die Gesundheit seines Assistenten sei bei der Analyse zu Schaden gekommen.

Zwar arbeiten Chemiker seit über hundert Jahren an dem Problem der exakten Zusammensetzung der Skunksekrete, doch die spezifischen Geruchskomponenten sind erst kürzlich identifiziert worden. Diese Art von Forschung steckt voller Schwierigkeiten. Zunächst einmal, wie geht man vor, um an eine Probe zu gelangen, die man untersuchen kann? Auf jeden Fall sehr vorsichtig. Dazu werden Skunks in einer Falle gefangen und mit Ether betäubt. Anschließend wird eine dicke Kanüle in den Analsack des Tieres eingeführt und der Inhalt mit einer Spritze aufgesogen. Diese Probe wird mit Hilfe einer modernen Technik, der so genannten Gaschromatographie-Massenspektrometrie, analysiert. Damit lassen sich die Komponenten eines Gemischs trennen und anschließend identifizieren. In dem Skunkextrakt fanden sich buchstäblich Dutzende von Komponenten, von denen sieben einen besonders abstoßenden Geruch hatten. Trans-2-buten-1-thiol ist der Hauptverantwortliche.

Nun, da wir das wissen, was fangen wir mit diesem Wissen an? Auch wenn die Stinktierforschung aus akademischer Sicht hochinteressant sein mag, was wir eigentlich wollen, ist eine Lösung für das Problem des neugierigen Hundes oder der vorwitzigen Katze, die auf die harte Tour erfahren haben, welche Folgen das Jagen von Stinktieren mit sich bringt. Wie können Trans-1-buten-1-thiol und seine chemischen Vettern neutralisiert werden? Mit Tomatensaft klappt's nicht – das ist leider nur eine Legende. Das Einzige, was man mit Tomatensaft erreicht, ist eine furchtbare Schweinerei – was uns mit dem zusätzlichen Problem konfrontiert, Tomatensaft von Kleidern, Böden und Wänden zu entfernen. Außerdem färbt er weiße Hunde rosa.

Aber verzweifeln Sie nicht: Es gibt eine Lösung, und die verdanken wir indirekt der Indiglo-Uhr. Die Zeiger dieser Uhren sind mit einem elektrolumineszenten Material behandelt, das im Dunklen leuchtet. Ein unerwünschtes Nebenprodukt des Herstellungsprozesses dieser Leuchtsubstanz ist Hydrogensulfid (Schwefelwasserstoff). Diese Verbindung stinkt nicht nur fürchterlich, sondern sie ist überdies giftig. Ein Materialingenieur, Paul Krebaum, der in der Fabrik arbeitete, in der das elektrolumineszente Material hergestellt wurde, entwickelte eine Technik, um den Geruch zu beseitigen. Er entwarf ein System, bei dem die Luft durch eine Lösung von konzentriertem Wasserstoffperoxid und Natriumhydroxid zirkulierte. Seine Lösung des Problems basierte auf einigen interessanten chemischen Fakten. Krebaum wusste, dass sich Schwefel leicht mit Sauerstoff verbindet und die oxidierten Derivate in der Regel weit weniger stark riechen. Experimente zeigten, dass eine basische Lösung von Wasserstoffperoxid Schwefelwasserstoff ohne Probleme zu geruchlosem Sulfat oxidierte. Damit war das Problem des Schwefelwasserstoffgeruchs in der Fabrik gelöst.

Eines Tages kam einer von Krebaums Kollegen mit einer wunderbaren Geschichte über eine Begegnung zwischen einem Hund und einem Skunk zur Arbeit. Krebaum hatte sich über das Skunkproblem nie zuvor Gedanken gemacht, aber er wusste, dass Skunkausscheidungen Thiole enthalten. Diese Verbindungen sind dem Schwefelwasserstoff chemisch ähnlich und sollten durch sein Verfahren ebenfalls oxidiert werden. Krebaum war sich jedoch auch darüber im Klaren, dass er Tiere nicht mit dreißigprozentigem Wasserstoffperoxid waschen konnte – die Substanz ist viel zu gefährlich; das Gleiche gilt für Natriumhydroxid (Natronlauge). Die Rezeptur musste verändert werden. Ein wenig Herumexperimentieren zeigte, dass eine dreiprozentige Peroxidlösung funktionieren sollte und dass sich Natriumhydroxid durch Backsoda ersetzen ließ.

Und schließlich würde ein Spritzer Geschirrspüler helfen, den Skunkgeruch endgültig aus dem Fell zu entfernen.

Hier ist die magische Rezeptur: Man nehme einen Liter dreiprozentige Wasserstoffperoxidlösung (die gibt es in den meisten Drogerien), gebe eine viertel Tasse Backsoda und einen Teelöffel flüssiges Geschirrspülmittel hinzu, wasche den Hund oder die Katze (oder das Kind) mit dieser Mischung und spüle das Opfer mit reichlich klarem Wasser ab. Und siehe da – der Skunkgeruch ist fast völlig verschwunden!

Der letztgenannte Punkt ist wichtig. Diejenigen, die die Tomatensaftvariante versucht und den Skunkgeruch gemildert haben (nicht aufgrund eines chemischen Effekts, sondern weil sie rein physikalisch einen Teil der Geruchsstoffe abgewaschen haben), stellen häufig fest, dass der Geruch zurückkehrt. Und zwar weil Skunksekrete auch so genannte Thioacetate enthalten, die nicht besonders stark riechen, im Lauf der Zeit aber mit Feuchtigkeit reagieren und Thiole bilden. Wenn die Konzentration von Thiolen zunimmt, kehrt der Skunkgeruch zurück, doch unter den leicht alkalischen Bedingungen, die von den Wasserstoffperoxid-Rezept geschaffen werden, werden die Thioacetate sofort in Thiole umgewandelt, die dann wiederum oxidiert werden. Daher wird der anhaftende Geruch stark gemildert.

Die meisten Forscher sind daran interessiert, den Skunkgestank zu eliminieren – aber nicht alle. Bekannt ist, dass Skunkgeruch Bären fern hält und den Geruch von Menschen maskiert. Das ist von großem Interesse für Jäger, denn ihr Geruch kann ihre Beute verjagen. Natürlich möchte niemand einen Flakon mit Skunkextrakt mit sich herumtragen, selbst wenn es so etwas gäbe. Das Risiko, unabsichtlich etwas zu verschütten, wäre einfach zu groß. Doch ein schlauer Erfinder hat sich nicht nur eine, sondern gleich zwei Lösungen für dieses Problem ausgedacht. «Skunk Skreen» kommt in zwei kleinen Flaschen daher. Eine enthält einen Thiol-Vorläufer, der die stinkende Verbindung liefert, wenn er mit der alkalischen Lösung in der zweiten Flasche reagiert. Wenn es die Umstände erfordern, befeuchten Sie einen Lappen mit ein paar Tropfen aus jeder Flasche und bereiten Sie sich auf einen starken, stinktierartigen Geruch vor. Bären, nehmt Reißaus!

Wie wir wissen, kann der Geruch auch Menschen fern halten. Darauf setzte ein Erfinder aus Alaska, als er einen «persönlichen Beschützer» patentieren ließ, der auf Skunkgestank basierte. Da man keine Zeit hat, Chemikalien zu mischen, wenn man angegriffen wird, entwickelte der Erfinder eine Möglichkeit, Kapseln mit Skunkextrakt in eine Plastikkarte zu inkorporieren, die einer Kreditkarte ähnelt. Im Notfall ist alles, was Sie zu tun haben, mit der Karte auf Ihren Angreifer zu weisen und sie zu knicken, wodurch die stinkende Flüssigkeit herausgepresst wird. Die Karte ist auf der einen Seite glatt und auf der anderen Seite rau, um unbeabsichtigte Selbstbesprühung zu verhindern.

Das klingt gut. Vermutlich hätte die Polizei wenig Schwierigkeiten, den Schuldigen zu finden, weil der Gestank wochenlang anhält – es sei denn, der Schuldige weiß genug über Skunkchemie, um Wasserstoffperoxid mit Backsoda zu mischen.

Ein gutes Gewissen mit Waschmitteln?

Ich weiß nie, was die Post mir bringt. An einem Tag vielleicht ein neues Waschmittel, das ich testen soll, am anderen ein neues Nahrungsergänzungsmittel, das ich ausprobieren soll, und am nächsten eine magnetische Schuheinlage, die ich auf ihr «Energie verstärkendes» Potenzial überprüfen soll. Doch zu den interessantesten Dingen, zu denen ich jemals meinen Kommentar abgeben sollte, gehörte eine anscheinend magische «Wäsche-Disk», die Kleidung ohne Hilfe von Detergenzien reinigen sollte.

Nun, ich bin immer für neue technische Entwicklungen, und ich würde bestimmt gern meinen Reinigungsmittelverbrauch aus Gründen des Umweltschutzes verringern, doch in diesem Fall war ich zugegebenermaßen von Anfang an skeptisch. Ich erhielt drei farbige Plastikscheiben, die schepperten, wenn man sie schüttelte. Ein Blick durch die perforierte Oberseite enthüllte, dass sich im Inneren zahlreiche kleine, harte Kugeln befanden. Den Instruktionen zufolge sollte man die Scheiben in die Waschmaschine legen, wo sie ihre Zauberkraft auf mindestens fünfhundert Waschmaschinenladungen ausüben würden.

Die «technische» Information, die dem Produkt beilag, war – das kann man ohne Übertreibung sagen – höchst interessant. Die Kugeln, so erfuhr ich, waren aus «aktivierter Keramik» hergestellt, die «elektromagnetische Wellen aus dem tiefen Infrarotbereich emittieren, was dazu führt, dass sich die Wassermolekülgruppen trennen, sodass viele kleinere, einzelne Wassermoleküle in die innersten Bereiche des Stoffs eindringen und den Schmutz entfernen» können. Das klingt sehr eindrucksvoll, doch Infrarotwellen sind nichts anderes als ein technischer Ausdruck für Wärme. Wenn man die Kügelchen in der Waschmaschine in Bewegung versetzt, so führt das vielleicht zu etwas zusätzlicher Reibung, doch die Menge an Wärme, die dabei frei würde, ist unbedeutend. Überdies ist die Vorstellung, dass dieser Prozess in irgendeiner Weise Wassermoleküle aktivieren könnte, barer Unsinn.

Eine andere Behauptung, die auf diesem Produkt steht, ist noch unverschämter. «Die aktivierte Keramik bringt eine Fülle von Hydroxyl-Ionen hervor, was Wassermoleküle kleiner macht und ihre Lösungsfähigkeit erhöht.» Die Größe von Wassermolekülen zu verändern, ist ganz einfach unmöglich. Die Hersteller dieses Produkts behaupten auch, «ionisierten Sauerstoff» herstellen zu können, der «Bakterien ohne Chemikalien tötet». Wow! Diese «Wäsche-Disks» müssen wirklich phantastisch sein! Sie können Bakterien abtöten. Ich frage mich, warum wir uns mit Antibiotika herumplagen.

Dem Produkt lag keine Liste mit Inhaltsstoffen bei, doch es ist mir schließlich gelungen, ein «Datenblatt über Materialsicherheit» in die Hände zu bekommen, das ein wenig Licht auf die Zusammensetzung der «Wäsche-Disks» warf. Der einzige Bestandteil von Interesse waren «Zeolithe». Diese faszinierenden Materialkomplexe können Wasser weich machen, indem sie gewisse Metallionen aus der Lösung entfernen. Kalzium- und Magnesiumionen beeinträchtigen die Aktivität eines Detergens, und aus diesem Grund enthalten kommerzielle Detergenzien Zeolithe, doch es ist schwer vorstellbar, wie sie im Fall der «Wäsche-Disks» wirken sollten.

Natürlich ist das Hauptthema nicht, ob sich die Effizienz des Produkts theoretisch rechtfertigen lässt, sondern ob das Produkt selbst bei schmutziger Wäsche tatsächlich funktioniert, daher sicherte ich mir bei den entsprechenden Experimenten die Hilfe meiner Frau. Wir wuschen getrennt Weißwäsche und Buntwäsche und benutzten dabei entweder ein normales tensidhaltiges Waschmittel, «Wäsche-Disks» oder einfach reines Wasser. Das Waschmittel wirkte am besten, die Kleidungsstücke, die wir mit «Wäsche-Disks» oder mit klarem Wasser gewaschen hatten, waren hinsichtlich ihres Sauberkeitsgrads nicht zu unterscheiden.

Erstaunlicherweise wirkte klares Wasser recht gut – die meisten Menschen unterschätzen die Fähigkeit von Wasser, Schmutz zu entfernen, und das erklärt die begeisterten Kommentare von zufriedenen Kunden in der «Wäsche-Disks»-Broschüre. Es ist auch möglich, dass kleine Waschmittelrückstände aus vorangegangenen Waschdurchgängen in den Kleidungsstücken dazu beitrugen, dass die Leute meinten, «Wäsche-Disks» seien gute Wäschereiniger. Im Allgemeinen lässt sich Wäsche sehr effizient mit weniger Waschmittel säubern, als die Hersteller empfehlen.

Nun, da wir den Unsinn aus dem Weg geräumt haben, lassen Sie uns die realen chemischen Vorgänge untersuchen, die beim Wäschewaschen eine Rolle spielen. Was ist überhaupt ein Detergens oder ein Tensid? Der Hauptbestandteil, der eine Doppelrolle spielt, ist ein Oberflächen entspannendes Mittel (*Surfactant*); es vergrößert die Fähigkeit des Wassers, Oberflächen zu befeuchten, indem es ihm ermöglicht, freier zu fließen und leichter in die kleinen Vertiefungen der Wäsche einzudringen. Wenn man einen Tropfen Wasser auf eine Oberfläche gibt, kugelt er sich aufgrund einer besonderen Eigenschaft des Wassers, der so genannten Oberflächenspannung, im Allgemeinen ab – eine Folge der Tatsache, dass die Moleküle an der Oberfläche eine sehr starke Anziehungskraft aufeinander ausüben und nicht «loslassen» wollen.

Die Moleküle eines oberflächenaktiven Stoffs (Tensids) zwängen sich zwischen die Wassermoleküle und verringern die Oberflächenspannung, sodass das Wasser jedes beliebige Wäschestück gründlicher «benetzen» kann. Vielleicht ist es dieses Phänomen, dass sich die «Erfinder» der «Wäsche-Disks» zunutze machen wollten. Die oberflächenaktiven Moleküle helfen auch beim Entfernen von Fettresten. Ein Ende des Moleküls ist Wasser abweisend (hydrophob) und damit Fett anziehend, während das andere eine hohe Affinität zu Wasser aufweist (hydrophil). Wenn die Fettmoleküle mit allem darin enthaltenen Schmutz so an die Wassermoleküle geheftet werden, lassen sie sich mit viel Wasser ausspülen.

Oberflächenaktive Substanzen können von Mineralsalzen, die im Wasser gelöst sind, inaktiviert werden. Im Fall der Seife, die ebenfalls eine oberflächenaktive Substanz ist, führt die Wechselwirkung dazu, dass Seife aus der Lösung herausfällt – das Endergebnis ist der klassische Rand in der Badewanne. Die oberflächenaktiven Substanzen in Detergenzien fallen nicht aus der Lösung aus, aber sie verlieren in Gegenwart von gelösten Kalzium- oder Magnesiumsalzen ihre Wirkung. Daher werden Wasserenthärter, wie Phosphate, Aluminosilikate (das sind Zeolithe) oder das gute altmodische Natriumkarbonat (auch als Waschsoda bekannt) zugegeben, um die lästigen Mineralien zu binden, sodass die oberflächenaktiven Substanzen ihren Job tun können.

Da ist noch mehr. Falls Wasser in den Waschmittelkarton gelangt, verklumpt das Pulver und bildet große, sperrige Brocken. Um dieses zu vermeiden, wird Natriumsulfat zugegeben, das Feuchtigkeit aufsaugen kann. Außerdem enthalten Waschmittel unter Umständen noch ein Enzym, das Eiweißflecken, zum Beispiel Blutflecken, abbaut, oder Chemikalien, die ultraviolettes Licht absorbieren und es in sichtbares Licht verwandeln, sodass es zu dem «Weißer-als-weiß-Effekt» kommt. Oft wird auch noch ein wenig Parfüm in die Mischung gegeben, wenngleich man heute wegen möglicher allergischer Reaktionen immer mehr davon absieht.

Die Waschmittelhersteller kümmern sich sogar um unsere Waschmaschinen: Sie fügen ihrem Produkt Natriumsilikat bei, um eine Korrosion der Maschinen zu verhindern. Diese Substanz reagiert mit Metall und bildet eine dünne, Wasser abstoßende Schutzschicht. Damit ist sichergestellt, dass unsere Waschmaschinen funktionieren, sodass wir auch weiterhin Waschmittel kaufen können. Aber ist das nicht alles besser, als achtzig Dollar für diese nutzlosen «Wäsche-Disks» und eine Menge pseudowissenschaftlichen Unsinn auszugeben? Ich habe schließlich eine Verwendung für meine «Wäsche-Disks» gefunden – sie geben prima Babyrasseln ab. Vielleicht haben diese «tiefen Infrarotwellen» ja eine beruhigende Wirkung.

Meerjungfrauen, Schwarzlicht und andere optische Aufheller

Ich verbringe stets gerne ein paar Tage in Disneyworld in Florida – viel Sonne, viele Leute und viel Spaß. Aber wer hätte gedacht, dass sich die Abenteuer der kleinen Meerjungfrau, die Attraktion der MGM-Studios, als spannende chemische Erfahrung herausstellen würden? Stellen Sie sich Folgendes vor: Sie treten in ein dunkles, Gott sei Dank mit Klimaanlage ausgestattetes Theater, das an eine Unterwasserhöhle erinnert. Nebel erfüllt die Luft, die winzigen Wassertropfen funkeln und glitzern im Laserlicht. Von überall erklingen bewundernde «Ahs» und «Ohs», als sich vor unseren Augen eine Unterwasserlandschaft mit farbenfrohen Fischen, Pflanzen und Meerjungfrauen entfaltet. Fische schwimmen herum, Kopffüßer treiben vorüber, und viele andere phantastische Geschöpfe geben sich ein buntes Stelldichein. Kein Anzeichen von Händen oder Kabeln. Die Wirkung ist tatsächlich magisch. Wie ist so etwas möglich? Durch einen Griff in die chemische Trickkiste, natürlich.

Die Aufregung des Publikums angesichts dieser Attraktionen wird von aufgeregten – oder, wie der Chemiker sagt, angeregten – Molekülen auf der Bühne hervorgerufen. Einige Substanzen besitzen die Fähigkeit, Licht einer bestimmten Wellenlänge zu absorbieren und es in einer anderen Form wieder zu emittieren. Wissenschaftlich gesprochen, hat das emittierte Licht eine andere Wellenlänge als das absorbierte Licht. Ein typisches Beispiel ist die Fluoreszenz gewisser Stoffe im Schwarzlicht einer Disko.

«Schwarzlicht» ist in Wirklichkeit ultraviolettes Licht und daher für das menschliche Auge unsichtbar. Fluoreszierende Moleküle können ultraviolettes Licht in sichtbares Licht umwandeln, wobei sie ein Objekt so aussehen lassen, als «glühte es im Dunklen». Der wunderbare Meerjungfrau-Bühneneffekt wird dadurch erzeugt, dass man verschiedene Fluoreszenzfarben verwendet und die Bühne in unsichtbares ultraviolettes Licht hüllt. Die Handlanger und die Hilfsstrukturen, die die Illusion schaffen, werden durch Substanzen verborgen, die nicht fluoreszieren. Der Effekt ist wirklich spektakulär.

Auch in anderen Lebensbereichen wird Fluoreszenz eingesetzt. Wir haben schon oft Anzeigen gesehen, die behaupten, ein bestimmtes Waschmittel werde unsere Wäsche «weißer als weiß» machen, und in gewissem Sinne lässt sich so etwas tatsächlich machen. Fluoreszierende Stoffe, so genannte optische Aufheller, sind Bestandteil der Waschmittelrezeptur und heften sich genauso an den Stoff an, wie es Farbstoffe tun. Sie verwandeln den unsichtbaren Ultraviolettanteil des Sonnenlichts in sichtbares Licht und schaffen auf diese Weise Helligkeit; Wäsche, die ziemlich schmutzig ist, kann so noch immer strahlend sauber erscheinen.

Wir können weiteres Licht auf die Fluoreszenz werfen, indem wir uns einmal näher mit dem allgegenwärtigen Fluoreszenzlicht beschäftigen. Wie funktioniert das eigentlich? Fluoreszenz- oder Leuchtstoffröhren enthalten etwas Quecksilberdampf. Die Applikation von elektrischem Strom führt zu einem Fluss von Elektronen durch die Röhre, und diese Elektronen kollidieren mit den Quecksilberatomen, die dadurch an Energie gewinnen und ultraviolettes Licht aussenden. Das Innere der Röhre ist mit einem fluoreszierenden Material, wie Kalziumchlorophosphat, angestrichen, das die unsichtbare Ultraviolettstrahlung in sichtbares Licht umwandelt. Derselbe Gedanke steht hinter dem Prinzip des Farbfernsehens. Der Bildschirm ist mit winzigen Punkten von Substanzen bedeckt, die in verschiedenen Farben fluoreszieren, wenn sie von dem Elektronenstrahl, der das Bild abtastet, angeregt werden.

Fluoreszierende Materialien wurden schon praktisch verwendet, bevor wir vom Farbfernsehen auch nur träumen konnten. Eines der erstaunlichsten aller fluoreszierenden Materialien ist eine synthetische Verbindung, die passenderweise den Namen Fluorescein trägt. Unter Ultraviolettbestrahlung erzeugt dieser Farbstoff eine intensive gelb-grünliche Fluoreszenz, die während des Zweiten Weltkriegs vielen abgeschossenen alliierten Fliegern das Leben rettete. 1943 wurden mehr als 500 Tonnen dieses Stoffes hergestellt und in kleinen Päckchen an Flugzeugbesatzungen verteilt, die sie im Meer als «Leuchtbojen» verwenden konnten. Da die Fluoreszenz so stark ist, dass man sie selbst dann noch sehen kann, wenn die Konzentration des Fluoresceins nur noch fünfundzwanzig Teile pro Milliarde beträgt, konnten Rettungsflugzeuge die Männer im Meer leicht aufspüren. Fluorescein wurde auch auf Flugzeugträgern eingesetzt. Die Signalgeber an Deck trugen Kleidung und hantierten mit Flaggen, die mit Fluorescein getränkt waren; durch Beleuchtung mit Ultraviolettlicht leuchteten diese Gegenstände im Dunklen. Da die einfliegenden Piloten sie deutlich erkennen konnten, mussten keine Landebahnbeleuchtungen eingesetzt werden, die die Aufmerksamkeit feindlicher Flugzeuge auf sich gezogen hätten.

Gewisse natürliche Substanzen fluoreszieren ebenfalls unter ultraviolettem Licht – Urin, Chinin und Elchfell sind interessante Beispiele. Es ist bekannt, dass Gefangene sich diese Eigenschaft ihres Urins zunutze gemacht haben, indem sie ihn als unsichtbare Tinte verwendeten. Tonic Water, das Chinin enthält, fluoresziert bei entsprechender Beleuchtung ebenfalls geheimnisvoll. Und Elchfell? Nun, in Kanada, den Vereinigten Staaten und Schweden gibt es jedes Jahr Hunderte von Unfällen, an denen Elche und Autos beteiligt sind. Manche dieser Unfälle enden tödlich. Einige Autohersteller überlegen nun, ob sie ihre Produkte mit UV-emittierenden Scheinwerfern ausrüsten sollen, um die Zahl der Unfälle mit Elchen zu reduzieren.

Als ich da saß und den fluoreszierenden Streichen der Kleinen Meerjungfrau zusah, wurde ich an eine interessante Ultraviolettepisode einer verflossenen Ära erinnert. In den 1970er Jahren entwickelten einige Großwäschereien einen schlauen Plan, um Wäsche leichter identifizieren und sortieren zu können: Sie markierten die Wäsche mit Tinte, die bei normalem Licht unsichtbar war, unter UV-Licht aber fluoreszierte. Um die Wäsche zu sortieren, hielten die Arbeiter nur eine UV-Lampe über das Teil, und sofort wurde die Markierung sichtbar – Clips oder lästige Wäscheschildchen waren nicht mehr nötig. Es schien eine tolle Idee, und das war es auch. Das heißt, bis Schwarzlicht-Discos populär wurden. Ich glaube nämlich nicht, dass der durchschnittliche Discobesucher die interessante Chemie zu schätzen weiß, die dahinter steckt, wenn beim Tanzen Wäschereinummern geisterhaft auf seinem T-Shirt fluoreszieren.

Chemische Experimente, die man lieber nicht machen sollte

Chemie ist schon immer mit dem Mischen von Dingen in Verbindung gebracht worden. In der Tat wurde die Wissenschaft auf diese Weise ins Leben gerufen: Unsere frühen Vorfahren mischten Stärke mit Hefe und stellten Alkohol her, sie mischten tierisches Fett mit Holzasche und machten Seife, sie mischten Schwefel, Kohle und Salpeter und erzeugten Schießpulver. Diese nützlichen Produkte regten ihren Experimentiergeist an, und sie machten weiter, mischten Substanzen und hofften, dass daraus etwas Nützliches entstünde. Die Ergebnisse waren nicht immer zufrieden stellend. Die Versuche der alten Ägypter, Blindheit zu heilen, indem sie dem Leidenden eine Mischung aus Schweineaugen, Antimon, Ruß und Honig ins Ohr gossen, blieben erfolglos. Und auch Hippokrates gelang es nicht, Kahlheit mit einer Mischung aus Opium, Meerrettich und Taubenkot zu kurieren.

Moderne chemische Experimentierkunst hat uns gezeigt, wie wir Silber, Zinn und Quecksilber mischen müssen, um die Karies in unseren Zähnen zu füllen, wie wir Backpulver mit Mehl mischen müssen, um Plätzchen zu backen, und wie man Ethylenglykol mit Terephthalsäure kombinieren muss, um Polyester herzustellen. Wir können sogar Nukleotide zusammenmischen, um DNA zu produzieren. Doch wir haben auch gelernt, dass es Substanzen gibt, die man *niemals* mischen sollte.

Vor ein paar Jahren beklagte sich eine Dame bei einer Nachbarin über den Mäusebefall in ihrem Haus. Die wohlmeinende Nachbarin riet ihr zu folgendem Rezept: Man mische WC-Reiniger mit Bleiche in einem Behälter und lasse das Gebräu über Nacht im Haus stehen; dann wird man die Mäuseplage garantiert los. Was sie zu sagen vergaß, war, dass man damit wahrscheinlich auch die menschlichen Bewohner loswird. Und zwar auf Dauer.

Chemisch gesprochen, ist Bleiche eine Lösung aus Natrium- oder Kalziumhydrochlorid. Wird sie mit Säure gemischt, so wird hochgiftiges Chlorgas frei. Die meisten Toilettenreiniger enthalten Natriumhydrogensulfat, eine sauer reagierende Substanz, die aus Bleiche rasch Chlor freisetzt. Die ätzenden Chlordämpfe können das Lungengewebe zerstören, was zur Folge hat, dass sich die Lungen mit Gewebswasser füllen und damit in gewissem Sinne zum Tod durch Ertrinken führen. Chlorgas wurde zu diesem Zweck im Ersten Weltkrieg eingesetzt. Unsere Dame, die sich vor Mäusen fürchtete, hätte fast dasselbe Schicksal erlitten wie die französischen Truppen in Ypern durch die Deutschen. Zum Glück wollte ihre Nachbarin nachschauen, ob das Experiment erfolgreich verlaufe, und rettete sie, als sie gerade dabei war, das Bewusstsein zu verlieren.

Nicht jeder, der diese Mischung herstellt, hat so viel Glück. Viele, die nach dem erfolglosen Versuch, Verfärbungen in der Kloschüssel mit einem handelsüblichen Reinigungsmittel zu entfernen, Bleiche in die Toilette gegossen haben, haben bleibende Lungenschäden erlitten, und einige sind sogar gestorben. Chlorhaltige Bleichmittel dürfen unter keinen Umständen mit Säuren gemischt werden – also auch nicht mit sauer reagierenden Abflussreinigern und Rostentfernern, ja nicht einmal mit Essig. Abflussreiniger können zu allerlei Problemen führen. Die am weitesten verbreiteten Mittel basieren auf Natriumhydroxid, allgemein als Natronlauge bekannt. Sie werden in flüssiger Form oder als Natriumhydroxid-Tabs verkauft, aber es gibt auch Produkte, die konzentrierte Schwefelsäure enthalten. Einzeln betrachtet, kann sich jede dieser Abflussreinigervarianten als wirksam erweisen, doch die beiden dürfen niemals gemischt werden. Wenn diese Inhaltsstoffe kombiniert werden, kommt es zu einer außerordentlich starken Wärmeentwicklung. Es gibt Berichte über Leute, die versuchten, ihre Rohre erst mit der einen und dann mit der anderen Sorte

Abflussreiniger durchgängig zu machen. Dabei entstand Wärme, die so viel Dampf erzeugte, dass ihnen die ganze korrosive Mischung ins Gesicht geblasen wurde.

Bleiche mit Ammoniak zu mischen, wie es in vielen Glasreinigern der Fall ist, kann ebenfalls riskant sein, denn dabei werden gewebereizende Chloramindämpfe freigesetzt. Diese sind nicht so gefährlich wie Chlordämpfe, aber doch höchst unangenehm. Der Geruch, den man mit Chlor in Schwimmbädern assoziiert, geht in Wirklichkeit nicht auf Chlor, sondern auf Chloramin zurück, das sich bei der Reaktion von Chlor mit Urin im Wasser bildet. Lassen Sie uns nicht darüber grübeln, warum das Wasser überhaupt Urin enthält …

Da wir gerade bei Schwimmbecken sind: Es kann zu einem Unglück führen, wenn die Chemikalien, mit denen das Wasser im Pool desinfiziert wird, nicht richtig gemischt werden. Es gibt zwei überall erhältliche chlorierende Agenzien zur Behandlung von Schwimmbeckenwasser, die beide meist in trockener, kristalliner Form verkauft werden. Im Wasser setzen beide unterchlorige Säure frei, die das eigentliche Desinfektionsmittel darstellt. Kalziumhypochlorit dient der kurzfristigen Vorsorge, während Trichlorisozyanuronat, auch als stabilisiertes Chlor bekannt, über einen längeren Zeitraum freigesetzt wird. Diese Chemikalien müssen separat ins Wasser gegeben werden. Wenn die trockenen Kristalle in einem Eimer gemischt werden und Wasser zugegeben wird, setzt sofort eine exotherme Reaktion ein, bei der Chlorgas frei wird – es kann sogar zu einer Explosion kommen. Die Reaktion ist unter Umständen so stark, dass man die beiden Substanzen noch nicht einmal nebeneinander lagern sollte.

Tatsächlich sollte man trockenes Kalziumhypochlorit mit keiner leicht entzündbaren Substanz mischen, weil es ein starkes Oxidationsmittel ist. Das ist nur ein technischer Ausdruck, um zu sagen, dass es Substanzen hilft zu verbrennen. Fragen Sie nur den Pfadfinderführer, der seiner Truppe zeigen wollte, wie man eine Latrine richtig pflegt. In vielen Latrinen steht ein Eimer voller Kalk, chemisch Kalziumoxid, griffbereit. Von Zeit zu Zeit wird eine Schaufel davon zwecks Geruchskontrolle und Desinfektion in das Loch gegeben. Wie es der Zufall wollte – als der Pfadfinderführer seiner Truppe diese Prozedur demonstrieren wollte, stellte er fest, dass der Eimer leer war. Er suchte nach der Hauptkalkquelle und entdeckte in der Hütte, wo die Vorräte für den Swimmingpool lagerten, einen Sack mit der Aufschrift «Kalziumhypochlorit». Da er sich erinnerte, dass Kalk «Kalzium-irgendwas» war, füllte er den Eimer damit. Dann schüttete er etwas von dem Pulver in das Latrinenloch, und als er zufrieden davonging, wurde der ganze Lagerplatz von einer heftigen Explosion erschüttert.

Abwässer produzieren üppige Mengen an Methangas, das sehr leicht entzündlich ist. Als der Pfadfinderführer das oxidierende Kalziumhypochlorit in das Loch schüttete, explodierte das Methan. Er und seine Schutzbefohlenen lernten an diesem Tag etwas Wichtiges über die Bedeutung von chemischen Grundkenntnissen. Kalziumoxid und Kalziumhypochlorit sind sehr unterschiedliche Substanzen. Wenn Sie im Zweifel sind, sollten Sie Chemikalien lieber nicht mischen.

Zeolithe als Retter

Der Gestank in meinem Auto war unbeschreiblich. Jedes Mal, wenn ich in das infernalische Gefährt einstieg, kam mir die klassische *Seinfeld*-Episode in den Sinn, in der Jerrys Wagen mit dem intensiven Körpergeruch eines Parkwächters gesättigt ist und kein Mittel der Welt das Gefährt von diesem Geruch befreien kann. Der Ursprung meines Problem lag woanders: Karottensaft. Ja, wirklich. Ich hatte eine Flasche gekauft, sie auf den Boden des Wagens gelegt und dort vergessen. Die Flasche war unter den Sitz gerollt, der Inhalt herausgesickert und hatte begonnen zu gären. Das erste Anzeichen eines Problems war ein fauliger, hefeartiger Geruch. Ich konnte ihn rasch zu dem verschütteten Saft zurückverfolgen und wischte den ganzen Schlamassel auf. Damit, so dachte ich, sei die Angelegenheit erledigt. Das war jedoch Wunschdenken!

Am nächsten Tag war der Gestank nur noch schlimmer. Er war, um es genau zu sagen, einfach unbeschreiblich. Es schien, als hätten sich die Mikroben in der Matte häuslich eingerichtet und produzierten ihre scheußlichen Ausdünstungen in großen Mengen: Es war an der Zeit, mein chemisches Wissen einzusetzen. Zunächst versuchte ich es mit Natriumbikarbonat. Während diese besser als Backsoda bekannte Substanz Gerüche – besonders saure – im Allgemeinen hervorragend neutralisieren kann, war es in diesem Fall so, als versuche man, einen Elefanten mit einer Steinschleuder zu erlegen. Mit Essig hatte ich nicht mehr Erfolg. Als Nächstes versuchte ich es mit Aktivkohle. Dieser Stoff, der aus Kohle besteht, die unter Sauerstoffabschluss hoch erhitzt worden ist, hat die erstaunliche Fähigkeit, Substanzen an ihrer Oberfläche zu binden, und ist häufig in Luft- und Wasserfiltern enthalten, um Unreinheiten zu entfernen. Sie erwies sich in diesem Fall als völlig wirkungslos.

Meine nächste Idee war, den Gestank zu maskieren, doch die fauligen Dämpfe schienen all meinen Bemühungen, sie mit Autodeodorants oder einer ganzen Palette von Luftverbesserern zu übertünchen, zu spotten. Diese Produkte geben einen Eigengeruch ab – sie können störende Alltagsgerüche überdecken, aber nicht diesen Höllengestank.

Nun war es an der Zeit, schweres chemisches Geschütz aufzufahren. Den Geruch verbrennen! Nun, nicht im buchstäblichen Sinn. Ein passenderer Begriff wäre: ihn «oxidieren». Oxidationsmittel können Molekülen die Elektronen entreißen, die sie zusammenhalten, und sie auf diese Weise zu einfacheren Verbindungen umwandeln. Chlorbleiche ist ein hervorragendes Oxidationsmittel. Wir alle haben wohl schon einmal erlebt, dass das Gewebe verschleißen kann, wenn man zu viel davon verwendet. Inzwischen kümmerte es mich nicht mehr die Bohne, was die Bleiche mit der Automatte anstellen würde. Der Gestank musste weg. Ich mischte eine starke Bleichlösung zusammen, rüstete mich mit einem großen Schwamm aus und behandelte das Schlachtfeld damit. Das sollte die Geruchsmoleküle oxidieren und die Mikroben abtöten, die für die Gärung verantwortlich waren, doch der einzige Lohn meiner Mühen war der lästige Geruch der Bleiche, der ein paar Tage lang in der Luft hing, bis er wieder durch den ursprünglichen Gestank ersetzt wurde. Die stinkenden Verbindungen schienen sich über mein chemisches Expertenwissen lustig zu machen. Versuch's mit etwas Stärkerem, spotteten sie. Das tat ich dann auch, mit Ethylenoxid. Das ist das Mittel, das Krankenhäuser verwenden, um chirurgische Instrumente zu sterilisieren. Ich hatte bei mehreren anderen Geruchsproblemen damit Erfolg gehabt, doch das Ethylenoxid war dem Gestank in meinen Auto nicht gewachsen.

Ich zermarterte mein Hirn. Wie, um alles in der Welt, konnte ich diese höllische Mischung organischer Verbindungen abbauen? Enzyme! Ich habe Leuten seit langem geraten, zur Bekämpfung der Gerüche der Ausscheidungen von Haustieren Produkte auf Enzymbasis zu benutzen, und das funktioniert gut. Diese Präparate erhält man in Tierbedarfsgeschäften, und sie können den Geruch von Urin, Erbrochenem und sogar Katzengespritze neutralisieren. Enzyme sind biologisch aktive Proteine, die alle Arten von organischen Abfallprodukten abbauen können, und sicherlich würde die Enzymtruppe den Job im Handumdrehen erledigen. Aber nein – diesmal feuerte die Truppe mit Platzpatronen.

Inzwischen war die Situation verzweifelt geworden. Meine Frau und meine Kinder weigerten sich, zu mir ins Auto zu steigen. Mein Stolz, mein guter Ruf als Chemiker, stand offenbar auf dem Spiel. Ich war aufgeschmissen. Mein chemisches Arsenal war leer. Aber dann erinnerte ich mich an die Geschichte vom Ziegenbock: Irgendwo hatte ich gelesen, dass diese Tiere einen schrecklichen Gestank ausströmen, der an den Händen eines jeden haften bleibt, der mit ihnen umgeht. Um dieses Problem zu lösen, reiben die Betroffenen ihre Hände mit pulverisiertem Zeolith ab. Zeolith. Klar doch! Ich tippte mir an die Stirn, weil ich nicht früher daran gedacht hatte. Natürlich kannte ich dieses Mineral – in der Tat hatte ich bereits vor ein paar Jahren über seine geruchsbeseitigenden Eigenschaften im Radio gesprochen, und ich besaß sogar noch eine Probe eines Zeolithproduktes, das mir ein Händler damals zugesandt hatte. Ich kramte sie hervor und verstreute sie im Wagen.

Aber lassen Sie mich Ihnen die Spannung über den Ausgang des Experiments nicht nehmen, bevor ich Ihnen ein wenig mehr über Zeolithe erzählt habe. Der Begriff leitet sich von dem griechischen Wort «zein» ab – was so viel wie «kochen» heißt – und «lithos», was «Stein» bedeutet; Zeolithe sind «kochende Steine». Im Jahre 1756 bemerkte der schwedische Mineraloge Baron A. F. Cronstedt, dass gewisse Steine zu kochen schienen, wenn man sie mit einer Flamme erhitzte. Diese Minerale kristallisieren in Gegenwart von Wasser, das sie in den Poren oder Kanälen ihres Kristallgitters zurückhalten. Wenn sie erhitzt werden, fängt dieses Wasser an zu kochen und dringt nach außen. Getrocknete Zeolithe sind von molekülgroßen Kanälen durchzogen, in die Wasser aufgenommen werden kann. Inzwischen werden Zeolithe häufig als Anti-Feuchtigkeits-Mittel in doppelt oder dreifach verglasten Fenstern verwendet, um das Beschlagen zu verhindern. Und Zeolithe können auch eine Reihe anderer Moleküle in ihrer porösen Innenstruktur einfangen.

Heute gibt es eine breite Palette natürlicher und synthetischer Zeolithe. Im Grunde handelt es sich immer um Aluminosilikate, das heißt Verbindungen aus Aluminium, Silizium und Sauerstoff. Diese Elemente bilden das Kristallgerüst, und ihre spezifische relative Häufigkeit sowie ihr Bindungsmuster bestimmen die Größe der Kanäle, die sich durch das Kristall ziehen. Einige Zeolithe können beispielsweise Stickstoffmoleküle einfangen und lassen sich darum dazu verwenden, die Sauerstoff- und Stickstoffkomponenten der Luft voneinander zu trennen. Andere können Natriumionen, die in ihrem Inneren gefangen sitzen, gegen Kalzium- und Magnesiumionen austauschen und sie auf diese Weise aus dem Wasser entfernen. Der Effekt wird als Wasserenthärtung bezeichnet, und aus diesem Grund werden Zeolithe auch den Waschmitteln zugesetzt. Detergenzien arbeiten in hartem Wasser nicht gut – das heißt in Wasser, in dem viele Mineralsalze gelöst sind. Im Großen und Ganzen haben Zeolithe in den meisten Wasch- und Reinigungsmitteln die umweltbelastenden Phosphate ersetzt. Ein

Zeolith mit der richtigen Porengröße kann sogar unerwünschte Verbindungen wie Methylmerkaptan entfernen, die Instant-Kaffee verderben können. Dieser widerwärtige, stinktierartige Geruch ist nur eine der rund siebenhundert Verbindungen im Aroma von Kaffee, aber er lässt sich mit dem richtigen Zeolith beseitigen.

Wenn Methylmerkaptan von einem Zeolith eingefangen werden konnte, warum nicht mein schreckliches karottensaftiges Hexengebräu? Er bewies, dass er es konnte: Nach mehreren Behandlungen mit Zeolithpulver verschwand der Gestank in meinem Auto. Das Leben wurde wieder lebenswert. Angeregt durch meinen Erfolg, startete ich eine kleine Literaturrecherche, um herauszufinden, was für andere ungewöhnliche Dinge Zeolithe zustande bringen können – und ich wurde fündig! Während junge Hähne ganz begierig darauf sind, sich mehrmals am Tag zu paaren, lässt die Lust bei älteren anscheinend nach. Forscher der Ethyl Corporation, die sich dieses Problems annahmen, haben nun festgestellt, dass sich der Paarungstrieb dieser älteren Hähne wieder anregen lässt, wenn man ihnen «Zeolith A» unters Futter mischt!

Sinn oder Unsinn – das ist hier die Frage

Wie man elektrischen Unsinn in eine Ladung Gold verwandelt

Der Farmer aus Vermont konnte nicht schlafen. Sein Herz klopfte so heftig, dass er dachte, es würde ihm aus der Brust springen. Als er es nicht länger aushalten konnte, stieg er aus dem Bett und verließ das Haus, um draußen ein wenig herumzulaufen. In der Dunkelheit stolperte er, fiel und landete mit dem Brustkorb voran auf einem elektrischen Weidezaun, den er installiert hatte, damit seine Kühe nicht davonliefen. Als sich der Farmer von dem Schock erholt hatte, stellte er zu seiner freudigen Überraschung fest, dass sein beunruhigendes Herzrasen aufgehört hatte. Daraufhin verlegte dieser erfinderische Mann eine Abzweigung des elektrischen Zauns ins Haus und behandelte sich damit, wann immer notwendig. Längere Zeit danach suchte er wegen einer anderen Beschwerde einen Arzt auf und lehnte jeden Rat zu seinem Herzzustand ab, weil er, wie er behauptete, diese Angelegenheit selbst gelöst habe.

Die meisten Leute würden die Geschichte von dieser einzigartigen «Therapie» bereitwillig akzeptieren, auch wenn sie vielleicht überrascht sind, dass sich der Farmer dabei nicht selbst elektrokauterisiert hat. Schließlich sieht man in Kino- und Fernsehfilmen immer wieder, wie Opfer von Herzattacken durch einen Elektroschock im Brustbereich wieder ins Leben gerufen werden. Defibrillation, wie so etwas medizinisch genannt wird, ist tatsächlich eines der wenigen wissenschaftlich legitimen Verfahren, bei denen ein Patient von der Anwendung des elektrischen Stroms profitieren kann. Doch wissenschaftlich unzulässige elektrische Behandlungen kommen sehr oft vor, und um sie ranken sich einige recht schockierende Anekdoten.

Ende des 19. Jahrhunderts wurde der amerikanischen Öffentlichkeit ein Wunder nach dem anderen präsentiert. Marconis Radio, Bells Telefon und Edisons Glühbirne läuteten das Zeitalter der Elektrizität ein. Wenn diese geheimnisvolle Kraft Töne durch die Luft senden und die Dunkelheit vertreiben konnte, konnte sie dann nicht vielleicht auch Wunder am menschlichen Körper wirken? Wissenschaftler begannen, sich ernsthaft mit dieser Frage auseinander zu setzen, doch lange bevor sie zu aussagekräftigen Ergebnissen kamen, erschienen die Quacksalber und Scharlatane auf der Bühne. Ohne den Ballast wissenschaftlicher Beweisführung erweckten sie mit ihren unbelegten Behauptungen und ihrem pseudowissenschaftlichen Kauderwelsch viel Interesse.

Von so genannten galvanisch-elektrischen Gürteln hieß es, sie kurierten «nervöse und chronische Krankheiten ohne Medikamente». Sie enthielten eine Reihe primitiver, mit Durchschlagpapier voneinander getrennter Batterien aus Kupfer- und Zinkstücken, die ihrem leichtgläubigen Träger einen leichten Stromschlag versetzten, was diesen davon überzeugte, dass der Heilungsprozess bereits in vollem Gang war. Eine der populärsten Erfindungen bestand aus einer Reihe von Schleifenwindungen, die bis hinab zu den Hoden reichten; ein derartiger Gürtel sollte die «verlorene Männlichkeit» wiederherstellen, deren Verlust die Hersteller «der größten Schandtat wider die sexuellen Gebote der Natur zuschrieben, die ein

Mensch begehen kann» – anderweitig auch als «Selbstbefriedigung» bekannt. Frevler gegen dieses Naturgesetz konnten an den blauschwarzen Ringen unter ihren Augen erkannt werden. Glücklicherweise konnten auch sie durch den galvanischen Gürtel mit neuer Energie versehen und von ihrem schändlichen Tun abgebracht werden.

Und für diejenigen, die elektrischen Geräten misstrauten, gab es elektrische Einreibemittel oder Pillen, die «in einer 2-Drachmen-Flasche 30 000 Volt Elektrizität» enthielten. Der einzige Kick, den dieses unsinnige Geheimmittel den Patienten bescherte, war die Rechnung des Quacksalbers, der ihnen das Zeug verkaufte. Der König der elektrischen Quacksalber war ohne Zweifel Dr. Albert Abrams, ein Arzt mit klassisch-traditioneller Ausbildung, der Schulmedizin praktizierte und zu Beginn des 20. Jahrhunderts sogar Vizepräsident der Kalifornischen Medizinischen Gesellschaft war. Als er auf die Lebensmitte zusteuerte, kam Abrams zu dem Schluss, dass er an der Schulmedizin keinen Gefallen mehr fand, und erfand daher 1909 seine eigene Fachrichtung, die er als «Spondylotherapie» bezeichnete. Man musste sich nicht länger auf Symptome stützen oder ein Stethoskop bemühen, um eine Diagnose zu stellen – Abrams behauptete, er könne jede Beschwerde diagnostizieren, indem er horchte, wie die Wirbelsäule eines Patienten beim Abklopfen klang. Nach Erstellen der Diagnose brachte Abrams den Heilungsprozess in Gang, indem er die Wirbelsäule in einem geeigneten Rhythmus betrommelte.

Die Einführung der Elektrizität kam für Abrams wie gerufen: Nun konnte er diese Vibrationsideen auf eine wissenschaftliche Grundlage stellen. Krankheiten, so behauptete er, würden von einer Disharmonie elektronischer Schwingungen im Körper hervorgerufen und ließen sich durch Schwingungen heilen, die dieselbe Frequenz wie die Krankheit haben. Er erfand eine Vorrichtung, die er «Dynamizer» nannte, um Krankheiten anhand der elektrischen Vibrationen in einem Tropfen Blut zu diagnostizieren. Die Diagnose erforderte nicht einmal die Anwesenheit des Patienten, sondern nur eine gesunde Ersatzperson. Stellen Sie sich nur einmal diese bizarre Szene vor: Ein paar Tropfen Blut des Patienten wurden mit einem starken Magneten behandelt, um sie von abträglichen Vibrationen zu «reinigen», und dann in den «Dynamizer» eingeführt. Von dieser Geheimwaffe verlief ein Draht zur Stirn eines gesunden Freiwilligen, der auf einer Metallplatte stand. Abrams fuhr damit fort, den Körper der Ersatzperson systematisch abzuklopfen, bis er einen Bereich lokalisierte, der irgendwie mit den Vibrationsfrequenzen der Blutprobe in Resonanz stand. Auf diese Weise wurde das kranke Organ identifiziert (und nebenbei auch die Religion des Patienten). Dann setzte Abrams ein zweites Gerät ein, «Oscilloclast» genannt, das er auf die Vibrationsfrequenz der Krankheit einstellte, um diese zu heilen. Artikel über die Genialität von Abrams' Geräten wurden in die Presse lanciert, und das Geld begann zu fließen.

Dem renommierten Physiker Robert Millikan zufolge war der «Oscilloclast» ein Gerät, das ein zehnjähriger Junge bauen würde, um einen Achtjährigen an der Nase herumzuführen. Die *New York Times* bezeichnete die Spondylotherapie als eine Theorie von wunderbarer Absurdität. Die Amerikanische Medizinische Gesellschaft gab Plakate heraus, auf denen sie warnte, Abrams' Anhänger würden nichtexistente Krankheiten diagnostizieren und dann ein Vermögen damit machen, diese zu «behandeln». Doch den guten Arzt ließ das alles kalt, und das Geschäft florierte. Als die Zeit der Prohibition anbrach, entwickelte er ein Gerät, das die Vibrationsfrequenzen von Alkohol duplizieren konnte, sodass Abramisten betrunken werden konnten, ohne zu trinken. Weitere Zeugnisse folgten. Als aber Abrams Krebs und Tuberkulose des Urogenitaltrakts aus einer Probe Hühnerblut diagnostizierte, begann die Öffentlichkeit ein wenig skeptischer zu reagieren. Und das Interesse flaute völlig ab, als Abrams selbst eine Lungenentzündung bekam und dieser Krankheit erlag, die sein «Oscilloclast» doch angeblich problemlos heilen konnte.

Natürlich sind quacksalberische elektrische Geräte nicht mit ihm ausgestorben – ganz im Gegenteil, dank dem Internet haben sie heute einen gewaltigen Aufschwung genommen. Sie können sich einen *Medicomat* bestellen, der Asthma, Arthritis und Hepatitis behandelt, ein *Interro-Gerät*, das «Ungleichgewichte» im Körper diagnostiziert und eine geeignete homöopathische Behandlung vorschlägt, oder einen *Q-LINK-Pendant*, der «toxische Energieformen» bekämpft und aus einer Plastikbox, einer Rolle Kupferdraht und einem Computerchip besteht – für hundertneunundzwanzig Dollar gehört dieser Schatz Ihnen. Dann gibt es da noch den *Crystaldyne pain reliever*, der garantiert alle Schmerzen lindert, von Gelenkentzündungen bis Menstruationsbeschwerden. Nun, ich *musste* mir einfach so ein Ding bestellen. Was ich für die fünfzig Dollar aus meinem «Forschungsetat» bekam, war ein Grillanzünder im Wert von zwei Dollar. Alles, was ich tun musste, um meine Schmerzen zum Verschwinden zu bringen, war, das Ding gegen meine Haut zu pressen und den Knopf zu drücken. Der Anzünder kam mir gerade recht. Er war ein Ersatz für meinen kaputten Grillanzünder.

Homöopathische Tropfen – eine gute Lösung?

Es kann zweifellos anstrengend sein, in New York City zu leben; daher ist es nicht verwunderlich, dass man in so vielen Apotheken ein Produkt findet, das sich *New York Stress Tabs* nennt. Das Etikett beschreibt den Inhalt als «homöopathische Pastillen, die helfen, den täglichen Stress im Zusammenhang mit Schlaf, Arbeit, Beziehungen, Reisen, Kater, zu großer Nachgiebigkeit und prämenstruellem Syndrom zu bewältigen». Die Gebrauchsanweisung besagt, man solle eine Pastille langsam lutschen und den Prozess bei Bedarf stündlich wiederholen. New York muss tatsächlich ein sehr stressiger Ort sein.

Welche magischen Ingredienzien können diese Lutschpastillen enthalten, die anscheinend so problemlos einem verrückten Tag die Spitze nehmen? Das Etikett verrät, dass sie Aconitin und Strychnin enthalten – zwei klassische Gifte. Aber keine Sorge. Es handelt sich um ein homöopathisches Heilmittel, was heißt, dass die Inhaltsstoffe in verschwindend geringen Mengen vorhanden sind; sie sind tatsächlich so stark verdünnt, dass in den meisten Fällen kein einziges Molekül der ursprünglichen Substanz mehr vorhanden ist; nur eine Art «Fingerabdruck» oder «molekularer Geist» bleibt zurück.

Mit Homöopathie habe ich so meine Probleme. Wenn ich deren Prinzipien akzeptieren soll, muss ich mein Verständnis von Chemie, das ich über dreißig Jahre entwickelt habe, ad acta legen. Eine Therapie, die auf nichtexistenten Molekülen beruht, passt einfach nicht in mein Modell. Aber natürlich kann ich nicht den Schluss ziehen, dass Homöopathie nicht funktioniert, weil ihre vorgeblichen Wirkmechanismen für die gegenwärtige Sicht der Wissenschaft inakzeptabel sind.

Schließlich nahm man früher allgemein an, wegen der Erdkrümmung werde eine Radioübertragung über den Atlantik niemals möglich sein, weil sich Radiowellen geradlinig ausbreiten. Dann wurde zufällig entdeckt, dass diese Wellen von der Atmosphäre reflektiert werden. Bevor wir jedoch anfangen, unsere Theorien über Moleküle neu zu formulieren, sollten wir untersuchen, ob Homöopathie wirklich funktioniert. Zunächst ein bisschen Geschichte.

Der erste Homöopath, Christian Friedrich Samuel Hahnemann, erfuhr eine klassische Ausbildung in traditioneller Medizin und begann Ende des 18. Jahrhunderts in Deutschland zu praktizieren. Er verlor bald jegliche Illusion über den Wert der Behandlungsmethoden, die er gelernt hatte. Blut abzapfen, Egel ansetzen, Schröpfen, Purgieren und Arsenpulver richteten offenbar mehr Schaden an, als dass sie Gutes taten. Hahnemann beschloss, seine Ausbildung zu ignorieren und eine Kur zu verschreiben, die zu seiner Zeit wirklich revolutionär war: frische Luft, Körperhygiene, körperliche Betätigung und eine ausgewogene Ernährung. Da er kaum eine Chance hatte, seinen Lebensunterhalt durch einfache Empfehlung dieser «Kur» zu verdienen, begann er, sein Einkommen dadurch aufzubessern, dass er auf sein Sprachtalent zurückgriff (immerhin beherrschte er acht Sprachen flüssig): Er fing an, medizinische Texte zu übersetzen. Während er an einer dieser Übersetzungen arbeitete, stieß er auf eine Erklärung, warum Chinin vermutlich Malaria heilte – die Substanz stärkt den Magen.

Aufmerksam geworden, nahm Hahnemann selbst etwas Chinin ein, um zu sehen, ob es wirklich diese Wirkung hatte. Das war nicht der Fall, ganz im Gegenteil. Schon bald darauf bekam Hahnemann Fieber: Sein Puls beschleunigte sich, seine Arme und Beine fühlten sich kalt an, und sein Kopf pochte.

Da diese Symptome exakt denjenigen der Malaria glichen, zog er eine spektakuläre Schlussfolgerung: Chinin kann Malaria heilen, weil Fieber Fieber kuriert. Mit anderen Worten, Gleiches kuriert Gleiches. Das war die Geburtsstunde der Homöopathie, die sich von dem griechischen Wort «homoios», was so viel wie «gleich» bedeutet, und «pathos» herleitet, was «Krankheit» meint.

Hahnemann ging noch einen Schritt weiter und begann systematisch, die Wirkungen einer breiten Palette von natürlichen Substanzen an gesunden Menschen zu testen. Derartiges «Ausprobieren» führte ihn zu dem Schluss, dass Belladonna zum Beispiel dazu dienen konnte, einen rauen Hals zu behandeln, weil es bei gesunden Menschen zu einer Halseinschnürung führte. Doch Belladonna ist ein klassisches Gift. War Homöopathie also gefährlich? Keineswegs. Hahnemann hatte eine andere Idee. Er stellte die Theorie auf, seine Verschreibungen arbeiteten nach dem Infinitesimalgesetz: Je kleiner die Dosis – so seine These –, desto effektiver würde eine bestimmte Substanz die «Vitalkräfte» des Körpers stimulieren und sie dazu anregen, Krankheiten abzuwehren.

Die Verdünnungen waren außerordentlich hoch. «Aktive Präparationen» wurden durch wiederholtes zehnfaches Verdünnen des ursprünglichen Extrakts hergestellt. Dabei störte es Hahnemann nicht, dass bei diesen Verdünnungen nichts von der ursprünglichen Substanz übrig blieb; er behauptete, die Kraft der heilenden Lösung rühre nicht von der Präsenz eines aktiven Inhaltsstoffes her, sondern aus der Tatsache, dass die ursprüngliche Substanz sich in irgendeiner Weise der Lösung eingeprägt habe. Mit anderen Worten: Das Wasser «erinnert» sich an die Substanz, die mehrere Verdünnungsschritte zuvor darin gelöst war. Dieser Prägeprozess musste sehr sorgfältig durchgeführt werden; ein einfaches Verdünnen der Lösung reichte nicht aus. Das Fläschchen musste mehrmals – wie oft, war genau festgelegt – gegen ein spezielles Lederkissen geschlagen werden, um «dynamisiert» zu werden.

Die Schulmedizin stand diesen seltsamen Riten nicht besonders positiv gegenüber. Die Amerikanische Medizinische Gesellschaft wurde 1846 in der Tat vornehmlich als Reaktion auf die Homöopathie gegründet; eines ihrer Gründungsziele war es, den Ärztestand von Homöopathen zu befreien. Zuweilen glitt die Einschränkungen der Gesellschaft dabei ins Lächerliche ab. So ging ein Arzt aus Connecticut seiner Mitgliedschaft verlustig, weil er eine Homöopathin konsultiert hatte – die zufällig seine Frau war.

Dennoch verschwand die Homöopathie nicht von der Bildfläche; zurzeit erlebt sie sogar eine Renaissance. Menschen, die von der naturwissenschaftlich geprägten Medizin enttäuscht sind, suchen Zuflucht bei der Homöopathie und verweisen dabei auf Untersuchungen in gutachtergeprüften wissenschaftlichen Zeitungen, die anscheinend belegen, dass Homöopathie Erfolge vorweisen kann. Bei der Behandlung leichter Beschwerden scheint Homöopathie etwas wirksamer zu sein als ein Placebo, aber das hat keine praktischen Folgen, es ist lediglich von akademischem Interesse. Wie kann es überhaupt irgendein positives Ergebnis geben, wenn es keinen aktiven Inhaltsstoff gibt? Eine einseitige Ausrichtung der Veröffentlichungen ist dafür eine wahrscheinliche Erklärung. Was ich damit meine, ist Folgendes: Wenn nur genug Studien durchgeführt werden, werden sich früher oder später positive Ergebnisse zeigen, was auf statistischen Phänomenen, wie dem Gesetz des Durchschnitts, beruht. Wenn diese veröffentlicht, während negative Befunde hingegen verschwiegen werden, kann das zu einem scheinbaren Beleg für die Wirksamkeit homöopathischer Mittel führen.

Kürzlich wurde in der führenden britischen Medizinzeitschrift *Lancet* die umfassendste Übersichtsstudie über homöopathische Untersuchungen publiziert, die jemals durchgeführt worden ist. Fasst man all diese Untersuchungen zusammen, so lässt sich eine leichte Überlegenheit der Homöopathie gegenüber dem Placeboeffekt feststellen. Aber wie es die beteiligten Forscher ausdrückten: «Wir fanden keinen ausreichenden Beweis dafür, dass Homöopathie bei irgendeiner klinischen Beschwerde eindeutig wirksam ist.» Mit anderen Worten: Homöopathie funktioniert, praktisch gesprochen, nicht. Und diese Studie wurde von Homöopathen durchgeführt! Natürlich wird keine wissenschaftliche Studie die Befürworter der Homöopathie von ihrem Weg abbringen. Sie werden weiterhin ihre «Heilmittel» für eine Vielzahl von Beschwerden kaufen und verkaufen und dabei auf anekdotische Belege aller Art verwiesen. Viele Menschen machen sich einfach nicht klar, dass die meisten Leiden von selbst wieder verschwinden.

Homöopathen propagieren sogar ein Heilmittel für den gewöhnlichen Schnupfen, ein Leiden, das Schulmediziner matt gesetzt hat. Dieses Heilmittel basiert auf gefriergetrocknetem Entenleberextrakt, und zwar so stark verdünnt, dass eine einzige Ente den Weltbedarf für ein ganzes Jahr decken kann. Es gibt vielleicht keine Gans, die goldene Eier legen kann, doch das ist offenbar eine Ente mit einer Zwanzig-Millionen-Dollar-Leber.

Manchmal ist die Realität seltsamer als die Phantasie

Einer der faszinierendsten Aspekte der Wissenschaft ist, dass man den Verlauf, den sie nimmt, nicht vorhersagen kann. Das Einzige, was wir mit wissenschaftlicher Genauigkeit vorhersagen können, ist, dass die Vorhersagen von Wahrsagern nicht eintreffen werden. Kürzlich veröffentlichte Vorhersagen, nach denen Dolly Partons linke Brust in einer TV-Show explodieren oder Bill Clinton zugeben würde, ein Außerirdischer zu sein, werden sich nicht bewahrheiten, darauf gehe ich jede Wette ein. Solche Voraussagen sind selbstverständlich amüsant zu lesen, aber warum sich mit so dummem Zeug amüsieren, wenn die Wahrheit, wie das Sprichwort sagt, noch viel seltsamer und oft auch amüsanter ist als die Erfindung? Ja, es *gibt* so etwas wie Leichtigkeit in der Wissenschaft.

Da wir gerade über Leichtigkeit sprechen, lassen Sie uns mit Wasserstoff beginnen, einem Gas, das leichter ist als Luft. Die meisten Menschen assoziieren Wasserstoff mit der Hindenburg-Explosion oder der Challenger-Katastrophe, aber würden Sie glauben, dass man in Japan ein Bier braut, bei dem ein Teil des Kohlendioxids durch Wasserstoffgas ersetzt wird? Der Hersteller hat seinen Kunden eine lahme Erklärung dafür angeboten und vorgegeben, durch die Verringerung des Kohlendioxidausstoßes den Treibhauseffekt zu reduzieren. Der wahre Grund, warum Suiso-Bier derart produziert wird, ist jedoch, dass es dem Trinkenden zeitweilig eine ungewöhnlich hohe Stimme verleiht – in einer Atmosphäre von ausgeatmetem Wasserstoffgas vibrieren die Stimmbänder mit höherer Frequenz. Die Donald-Duck-artigen Töne, die der Biergenuss hervorruft, finden in Karaoke-Bars großen Anklang, doch was noch besser ankommt, ist das spektakuläre Feuerwerk, das

Suiso-Biertrinker veranstalten können, wenn sie ihren wasserstoffgeschwängerten Atem anzünden. Das hat zu einer ziemlich gefährlichen Form von Unterhaltung geführt, bei der die Teilnehmer darum wetteifern, wer am meisten Feuer spucken kann.

Ein gewisser Toshira Otama machte sich ein Vergnügen daraus, Zuschauer zu beeindrucken, indem er fünfzehn Gläser Bier hinunterspülte und dann große Mengen Wasserstoffgas herausrülpste. Berichten zufolge konnte er Flammenbälle durch die Bar katapultieren, was allseits große Begeisterung hervorrief. Nur der Rausschmeißer war nicht amüsiert. Nachdem Mr. Otoma mit seinem Feuerspeiakt die Haare und Augenbrauen eines Patrons versengt hatte, erklärte der Muskelprotz, diese Vorführung sei zu gefährlich, und versuchte, sie zu unterbinden. In dem darauf folgenden Handgemenge verschluckte Otama seine Zigarette und zündete somit das Wasserstoffgas. Er erlitt schlimme Verbrennungen an Speiseröhre, Nebenhöhlen und Kehlkopf. Da seine Stimmbänder verkohlt waren, konnte Otama keinen Kommentar zu dem Vorfall abgeben, doch man darf annehmen, dass er sich in Zukunft nach weniger gefährlichen Formen der Unterhaltung umsehen wird.

Otamas Geschichte mag erstaunlich klingen, doch sie verblasst im Vergleich zu derjenigen von Balaram Sharan, einem Yogalehrer aus Neu Delhi. Sharan verblüffte eine Versammlung im Presseklub dadurch, dass er hundertfünfzig Milliliter Öl durch seinen Penis in seine Blase sog und diese dann in eine Öllampe entleerte. Anschließend zündete er die Lampe an, um zu beweisen, dass die ausgetretene Flüssigkeit tatsächlich nichts anderes als Öl war. Wenn Sharan auch kein professionell auftretender Künstler ist, so hat seine Vorführung zweifellos einen gewissen Unterhaltungswert. Eigentlich ist er auf dem Gesundheitssektor tätig. Seiner Theorie nach wäre die Welt frei von Krankheiten, wenn jedermann dieses Kunststück vollbringen könnte, weil Krankheiten in der Blase beginnen. Ich weiß jedoch nicht genau, wie man diese außerordentliche Fähigkeit erlernen kann; überdies hat Sharan nicht verraten, ob dieser Ölwechsel auch bei Frauen funktioniert, die wohl ein noch größeres Installationsproblem zu überwinden hätten.

Der umsichtige Sharan hat aber deutlich gemacht, dass die Reinheit des Enddarms gleichermaßen von Bedeutung ist. Und niemand sage, der Mann sei kein Multitalent! Nach seiner Öldemonstration saugte er durch einen Gummischlauch drei Liter Wasser aus einem Eimer in seinen Enddarm und erstaunte dann jedermann damit, dass er dieses Wasser durch den Mund wieder ausspie. Vermutlich reinigte das seinen Darm und machte ihn gesünder. Ich gebe zu, dass ich lieber Kleie essen würde.

Sharan führte seinen unglaublichen Rektum-Saugakt völlig nackt vor – Schamgefühle beeinträchtigten seine Leistung nicht. Das macht Sinn im Lichte einer Untersuchung, die kürzlich an der Universität Michigan durchgeführt wurde und bei der freiwillige Versuchspersonen nur mit Badezeug bekleidet einen Mathetest schreiben sollten. Sie arbeiteten in Einzelkabinen, die lediglich einen Schreibtisch und einen Spiegel enthielten. Voll bekleidete Frauen schnitten viel besser ab als Badenixen, doch Männer erzielten mehr Punkte, wenn sie nur spärlich bekleidet waren. Anscheinend waren die Badenixen so mit ihrem Aussehen beschäftigt, dass ihre Konzentrationsfähigkeit darunter litt. Warum Männer fast unbekleidet besser abschnitten als bekleidet, ist nicht klar; ebenso wenig klar ist, warum jemand eine solche Studie durchführt.

Ich vermute, dahinter steckt die gute alte Neugier. Der Treibstoff der Wissenschaft. Sie führt uns nicht immer irgendwohin, wo bedeutende Schätze zu heben sind, aber ohne sie kommen wir nirgendwohin. Wissenschaftler untersuchen alles, solange es nur interessant ist. Wie die Beziehung zwischen Koitushäufigkeit und Gesundheit. Eine zehnjährige epidemiologische Studie, die in einem Waliser Dorf durchgeführt wurde, zeigte eindeutig, dass Männer, die den meisten Sex hatten, am längsten lebten; diejenigen, die mindestens zweimal pro Woche aktiv waren, lebten länger und gesünder als die Einmal-pro-Monat-Aktivisten. Erstaunlicherweise ergab sich eine Dosis-Wirkungs-Beziehung, wonach gute Gesundheit direkt mit der Beischlafhäufigkeit zusammenhing.

Diese gesunden Waliser könnten jedoch einen ungesunden Effekt auf ihre Nachbarn haben. Forscher an der Universität Cardiff, ebenfalls in Wales, untersuchten die Auswirkungen, die geräuschvoller Beischlaf auf die Nachbarn hat. Ihre Schlussfolgerungen, die sich auf zahlreiche Interviews stützten, ergaben, dass sich die Menschen vom Stöhnen und Hecheln stärker gestört fühlten als beispielsweise von der lauten Musik aus der Stereoanlage. Die irritierten Testpersonen sagten, sie fühlten sich gestresst, weil sie dächten, es sei unschicklich, sich über koitale Geräuschbelästigungen zu beklagen. Als besonders störend wurde es empfunden, wenn die herüberdringenden Geräusche die Worte «Ja, ja, ja!» enthielten. Das ist kein Witz!

Es gibt jedoch vielleicht eine Lösung für die Beklemmung, die aus dem Übereifer anderer erwächst: den Schaukelstuhl. Forscher an der Universität Rochester haben nachgewiesen, dass Schaukeln Beklemmung und sogar Depressionen lindern kann. Von achtzehn älteren Patienten, die pro Tag achtzig Minuten schaukelten, zeigten zehn bei Tests, in denen Angstzustände und Depressionen gemessen wurden, erstaunliche Verbesserungen. Ein Schaukelstuhl wäre daher wohl das Richtige für eine Neuseeländerin gewesen, die gerade mit einer Freundin telefonierte, als sie plötzlich ein Huhn in der Küche kreischen hörte. Das beunruhigte sie, denn das einzige Huhn im Umkreis, das sie kannte, war dasjenige, das sie gerade in den Backofen gesteckt hatte. Und tatsächlich kam das Geräusch genau dorther. Den Kopf voller Visionen von rachsüchtigen Hühnergeistern, riss sie die Ofentür auf und holte den lauten Vogel heraus. Offenbar waren die Stimmbänder in dessen Hals noch intakt, und der Dampf, der aus der Füllung aufstieg, hatte sie zum Schwingen gebracht.

Das ist der Stoff, aus dem man Albträume macht, doch nicht so schrecklich wie die Erfahrung, die eine Kundin auf dem Parkplatz eines Supermarkts in Arkansas machen musste. Eine Passantin bemerkte, dass die Frau in ihrem Wagen saß und sich den Kopf festhielt, ohne sich zu bewegen. Sie klopfte an die Fensterscheibe und fragte, ob irgendetwas nicht in Ordnung sei. Die Antwort, die sie erhielt, war schockierend. «Man hat mir in den Kopf geschossen, und ich halte mein Gehirn drin.» Die Ambulanz wurde gerufen und stellte fest, dass die Frau einen Teigklumpen an ihrem Hinterkopf festhielt. Offenbar hatte sie Fertigteig in der Dose gekauft, der in dem heißen Wagen explodiert war, was wie ein Schuss klang. Die entsetzte Frau hatte einen Fetzen Teig an ihrem Hinterkopf gespürt und war zu der Überzeugung gelangt, ihr Gehirn trete aus dem Schädel.

Nun einmal ehrlich, hätte irgendein Mensch mit übernatürlichen Fähigkeiten diese seltsamen, aber wahren Begebenheiten vorhersagen können? Natürlich nicht. Wahrsager haben nicht einmal den Erfolg von Viagra vorhergesagt. Aber lassen

Sie es mich einmal mit Vorhersagen versuchen: Ich denke, die Meerrettich-, Hühnerklauen- und Bananenschalendiät wird der neue Renner werden, eine multimediale Marketingfirma wird mit Sauerstoff angereicherten Salatsaft als Allheilmittel propagieren, und eine Untersuchung wird zeigen, dass Leute, die Vitamintabletten einnehmen, zum Schluss sterben. Aber ich könnte mich irren. Schließlich meinte jemand 1981, was Computer anginge, so sollten 640 KB für jedermann ausreichen. Wer das war? Nun, niemand anderer als Bill Gates.

Farbenprächtiger Unsinn

Wenn ich als Kind Halsschmerzen hatte, wickelte mir meine Mutter immer einen Schal um den Hals. Das war warm und gemütlich, doch ich glaube nicht, dass es von großem therapeutischen Wert war – vielleicht weil der Schal die falsche Farbe hatte; das ist es zumindest, was die Anhänger des Heilenden Schals sagen würden. Dieses neueste medizinische Wunderding fiel mir im Internet ins Auge und erregte meine Neugier, weil dort behauptet wurde, es könne «Ihre Energien ausbalancieren und Ihr Gefühl des Wohlbefindens stärken». Zugegeben, es ist ein hübscher Schal aus chinesischer Seide in den Farben des Regenbogens und wurde «entworfen, um alle heilenden Farben in Ihr Bewusstsein zu bringen».

Mit Farben heilen? Woher kam diese Idee? Ich beschloss, es herauszufinden, und ich bin froh darüber, denn der gewundene Pfad, auf den ich auf meiner Suche geriet, führte mich zu einem der faszinierendsten Charaktere in der Geschichte der wissenschaftlichen Quacksalberei. Lassen Sie mich Ihnen von Dinshah P. Ghadiali und seinem wunderbaren Spektrochrom erzählen. Dinshah, wie er sich am liebsten nennen ließ, wurde 1873 in Indien geboren. Zumindest nach seinen eigenen Aussagen war er ein bemerkenswerter Mann. Er startete seine Schulkarriere mit zweieinhalb Jahren, mit acht war er bereits auf der High School und mit elf Assistent eines Mathematiklehrers an einem Bombayer College. In seinen Schriften behauptet Dinshah, mit vierzehn Jahren mit dem Medizinstudium begonnen zu haben, doch weiter hören wir nichts über die Fortschritte des Wunderkindes auf diesem Gebiet – wahrscheinlich, weil er keinen Sinn darin sah, dieses nutzlose Unterfangen weiterzuverfolgen, nachdem er ganz allein den Schlüssel zur Gesundheit gefunden hatte: die Farbtherapie.

Dinshah machte diese Entdeckung, als er ein junges Mädchen heilte, das an Colitis, einer entzündlichen Erkrankung des Dickdarms, litt, indem er sie mit Licht aus einer Lampe bestrahlte, die mit einem indigofarbenen Filter ausgestattet war. Zur Therapie gehörte auch, der Patientin Milch zu verabreichen, die in eine Flasche derselben Farbe gefüllt und dem Sonnenlicht ausgesetzt worden war. Innerhalb von drei Tagen wurde das Mädchen gesund, und Dinshahs Karriere nahm ihren Lauf. Er eröffnete ein «Elektromedizinisches Zentrum» und begann, seine Behandlungsmethoden zu verfeinern. Als er 1911 nach Amerika fuhr, hatte er bereits eine – wenn auch bizarre – Theorie entwickelt, die zu seinen farbigen Lichtern passte. Er erklärte, dass jedes Element ein Übergewicht hinsichtlich einer der sieben Farben des Prismas aufweist. Sauerstoff, Wasserstoff, Stickstoff und Kohlenstoff, die Elemente, die siebenundneunzig Prozent des Körpers ausmachen, sind mit Blau, Rot, Grün und Gelb assoziiert. Bei einem gesunden Menschen stehen diese Farben im Gleichgewicht, doch sobald

Krankheiten auftreten, geraten sie aus der Balance. Die Therapie ist simpel: Um eine Krankheit zu heilen, muss man lediglich die Farben dazugeben, die fehlen, oder die Farben abschwächen, die zu stark geworden sind.

Um seine Therapie umzusetzen, entwickelte Dinshah das Spektrochrom, einen Kasten mit einer Glühbirne und einer Öffnung, die mit verschiedenen farbigen Filtern ausgestattet werden konnte. Diesen Apparat verkaufte er zusammen mit einem therapeutischen Leitfaden für das Spektrochrom-System, in dem detailliert dargelegt wurde, welcher Patient mit welchen Farben zu bestrahlen sei. So stimulierte grünes Licht beispielsweise die Hypophyse und wirkte keimtötend, während Scharlachrot das Genitalsystem anregte. Jede Krankheit und jedes Gebrechen, insistierte Dinshah – mit Ausnahme von gebrochenen Knochen –, lasse sich durch Farbtherapie heilen. Er behauptete auch, das Spektrochrom sei besonders für den Einsatz bei intelligenten Menschen geeignet, da «Medikamente das nervös-vitale Gleichgewicht in Menschen von hohem geistigem und spirituellem Niveau leicht durcheinander bringen können». Ein wirklich cleverer Schachzug – die Leichtgläubigen, die sich für intelligent hielten, fielen scharenweise darauf herein.

Damals fanden viele Menschen seine Argumente über die Vorzüge der Farbtherapie recht überzeugend. Schließlich wussten sie, dass früh geborene Babys zur Bekämpfung der Neugeborenengelbsucht mit blauem Licht bestrahlt wurden, dass der Körper Sonnenlicht benötigte, um Vitamin D zu bilden, und dass Pflanzen ohne Licht nicht wachsen. Berücksichtigt man außerdem, dass die Elemente, wie Chemiker festgestellt hatten, beim Erhitzen verschiedenfarbiges Licht emittieren, dann begannen Dinshahs groteske Behauptungen Sinn zu machen.

Sein Slogan «Keine Diagnose. Keine Medikamente. Keine Operation» fiel in der Öffentlichkeit, die mit der verfügbaren medizinischen Fürsorge weitgehend unzufrieden war, auf fruchtbaren Boden. Die Idee einer nichtinvasiven Therapie und das Versprechen einer Heilmethode für praktisch jedes Leiden war sehr verlockend.

Natürlich dauerte es nicht lange, bis Dinshah Schwierigkeiten mit der etablierten Schulmedizin bekam. Er wurde von der Amerikanischen Medizinischen Gesellschaft als Schwindler und Scharlatan bezeichnet, schaffte es jedoch auf gerissene Weise, sich als Menschenfreund darzustellen, der von raffgierigen, inkompetenten und neidischen Ärztekollegen verfolgt wurde. Um sich vor dem Gesetz abzusichern, drückte sich Dinshah in einem unglaublichen Kauderwelsch aus. Er sprach nicht von «Heilungen», sondern davon, den Körper zu «normalisieren». Statt Patienten zu «behandeln», stellte er «ihr radioaktives und radioemanatives Gleichgewicht» wieder her. Das tat er mit Hilfe seiner Lichtexpositionen oder «Bestrahlungen». Bei diesen Bestrahlungen sollte der Patient mit dem Kopf nach Norden liegen, um das Magnetfeld der Erde und des Körpers gleichzurichten. Dinshah entwickelte auch Spirometer-Stäbe, um den Druckunterschied zwischen den beiden Nasenlöchern zu messen und damit festzustellen, zu welcher Tageszeit die Bestrahlungen durchgeführt werden sollten, um die natürlichen Gezeiten des Körpers voll zu nutzen. Spezielle Thermometer, die über den inneren Organen auf der bloßen Haut angebracht wurden, sollten Auskunft darüber geben, ob der Zustand akut oder chronisch war und welche Art von Lichttherapie am hilfreichsten wäre. Man kann sich nur schwer eine verworrenere und irrationalere Form der Therapie vorstellen.

Im Jahre 1931 geriet Dinshah wegen des Spektrochroms mit dem Gesetz in Konflikt. Es war nicht sein erstes juristisches Gefecht – sechs Jahre zuvor war er verhaftet worden, weil er seine Sekretärin, eine Neunzehnjährige, mit unmoralischen Absichten über die Staatsgrenze geschafft hatte. (Vielleicht hatte er sich zu lange scharlachrotem Licht ausgesetzt.) Er verbrachte vier Jahre im Gefängnis. Doch diesmal war Dinshah des Betrugs angeklagt; ein früherer Student hatte ihn verklagt, weil das Spektrochrom nicht das halte, was er versprochen habe. Zu seiner Verteidigung wartete Dinshah mit mehreren zufriedenen Patienten auf, darunter – kaum zu glauben – auch mit einigen Ärzten. Eine Chirurgin, Kate Baldwin, trat in den Zeugenstand und berichtete, sie habe mit Dinshahs Gerät erfolgreich Grünen Star, Tuberkulose, Krebs, Syphilis und einen sehr schweren Fall von Verbrennung behandelt. Die Regierung bot Experten auf, die bezeugten, dass das Spektrochrom nichts weiter als eine gewöhnliche Glühbirne war und irgendwelche Erfolge auf den Placeboeffekt zurückgingen. Letztlich konnte die Staatsanwaltschaft Dinshah jedoch keine Betrugsabsichten nachweisen, und er wurde freigesprochen. Er fuhr also fort, weitere Spektrochrome zu verkaufen und zu behaupten, er habe vor Gericht gewonnen.

Nach der Verabschiedung des *Food and Drug Act* im Jahre 1931, die der *Food and Drug Administration* (*FAD*) eine gewisse Handhabe gab, medizinisch-therapeutische Geräte zu kontrollieren, begann die Regierung erneut, Beweise gegen Dinshah zu sammeln. Schließlich, im Jahre 1945, wurde er angeklagt, einen falsch bezeichneten Artikel in den zwischenstaatlichen Handel gebracht zu haben, was eine Verletzung des Strafgesetzbuches war. Wiederum wartete Dinshah mit seinen zufriedenen Patienten auf, doch diesmal konnte er keine Ärzte als

Unterstützer auftreiben. Sein Schicksal war besiegelt, als sein Starzeuge, den er vom Schlaganfall «geheilt» hatte, ausgerechnet im Zeugenstand einen Schlaganfall erlitt. Die Staatsanwaltschaft rief zudem eine Zeugin auf, von der Dinshah in seinen Anzeigen wiederholt behauptet hatte, er habe sie von ihrer Lähmung geheilt; sie konnte trotz inständigen Bittens des Meisters keinen einzigen Schritt tun. Ein anderer Zeuge schilderte, dass er mit Dinshah Kontakt aufgenommen hatte, als sein zuckerkranker Vater ins Koma fiel, und den Rat erhalten hatte, ihn mit gelbem Licht zu bestrahlen. Er tat, wie ihm geheißen, bis sein Vater starb. Und schließlich erfuhr das hohe Gericht, dass das berühmte Brandopfer, dessen wunderbare Heilung Dr. Baldwin in dem vorangegangenen Prozess so eindrucksvoll beschrieben hatte, seinen Verletzungen erlegen war.

Dinshah wurde zu einer hohen Geldstrafe verurteilt, seine Bücher und seine Lampen wurden beschlagnahmt, und er bekam eine Bewährungsstrafe von fünf Jahren. An dem Tag, an dem seine Bewährung endete, war er wieder im Geschäft. Diesmal gründete er das *Visible Spectrum Research Institute*, ein Institut zur Erforschung des sichtbaren Spektrums, und verkaufte Lampen, die ihrem Etikett zufolge «keine heilende oder therapeutische Wirkung» hatten. In seinen Schriften ließ er natürlich durchblicken, dass dies nur ein Trick war, um sich die Spürhunde der FAD vom Leib zu halten – nur eine bedeutungslose juristische Finte, zu der David in seinem ewig währenden Kampf gegen Goliath Zuflucht nehmen musste. 1958 erwirkte die Regierung eine gerichtliche Verfügung, die es auf Dauer verbot, Spektrochrome über die Staatsgrenzen zu verfrachten, doch der hartnäckige Dinshah verkaufte seine Produkte weiterhin in New Jersey. Nach seinem Tod im Jahre 1966 übernahmen seine Söhne das Geschäft und schafften es, die *Dinshah*

Health Society of Malaga als gemeinnützige steuerbefreite wissenschaftliche Non-Profit-Organisation registrieren zu lassen. Die Gesellschaft vertreibt noch immer Lichttherapiebücher aller Art, darunter auch eine Geschichte des Spektrochroms, von Dinshah selbst verfasst, in sieben leinengebundenen Bänden zu 220 Dollar. Sie können auch Anweisungen für den Bau eines preisgünstigen Spektrochroms aus einem Karton, einer Glühlampe und bunten Plastikscheiben erwerben. Offenbar vertreibt die Gesellschaft nicht das fertige Produkt, doch eine andere Firma im Internet wirbt für Farblichttherapie-Lampen mit dem Slogan «von Dinshah empfohlen». Diese Lampen sehen wie Theater-Spotlights mit farbigem Gel aus.

Anscheinend ist die Unwissenheit über die Natur des Lichtes, über Krankheitsprozesse und Körperfunktionen auch heute noch groß; die Leichtgläubigen fallen den Wölfen noch immer zum Opfer. Der schillernde Dinshah hat zwar in einem Zeitalter gelebt, das wir als aufgeklärt betrachten, doch seine pseudowissenschaftlichen Ideen riechen sehr nach finsterem Mittelalter. Ich weiß nicht, ob er den Heilenden Schal gutgeheißen hätte, aber ich vermute, so etwas hätte ganz auf seiner Linie gelegen. Der Schal, muss ich zugeben, ist jedoch so hübsch, dass ich mir ein Exemplar gekauft habe. Und er funktioniert tatsächlich – er hält meinen Hals warm.

«Wo ist die Aura?»

Selten schlägt eine Veröffentlichung im *Journal of the American Medical Association* so hohe Wellen wie der Artikel «Eine genauere Betrachtung des Therapeutic Touch». Und nur selten ist die Autorin eines Artikels, der in einem der weltweit führenden wissenschaftlichen Publikationsorgane erscheint, ein elfjähriges Mädchen, und genauso selten ist ein Projekt der vierten Grundschulklasse das Thema eines wissenschaftlichen Artikels. Wie gelangte dieser Artikel in die renommierte Zeitschrift? Nun, auf dieselbe Weise wie alle anderen wissenschaftlichen Aufsätze: Er bestand vor dem prüfenden Blick eines Expertengremiums.

Die Autorin des Artikels war Emily Rose. Mit Hilfe ihrer Mutter, einer Krankenschwester, beschrieb sie, wie sie ein einfaches Experiment entworfen und durchgeführt hatte, um die Behauptung zu prüfen, es gebe so etwas wie eine heilende Berührung, einen so genannten Therapeutic Touch (TT). Menschen, die den TT praktizieren, sagen, dass sie die «Energieaura» erfühlen können, die einen menschlichen Körper umgibt. Sie behaupten, dass sie dieses Energiefeld wahrnehmen, wenn sie ihre Hände über den Körper eines Patienten gleiten lassen, und dass sie es sogar rekonfigurieren können, um das «Ungleichgewicht» zu korrigieren. Nach eigenen Angaben sind sie in der Lage, eine breite Palette von Beschwerden zu lindern, die von Arthritis bis Alzheimer reichen.

Emily prüfte die Behauptungen von 21 TT-Praktizierenden auf ganz direkte Weise. Sie verbarg sich hinter einem Schirm und forderte die Heiler, die sie testete, auf, beide Hände durch die Abschirmung zu stecken. Dann hielt sie ihre eigene Hand über eine der beiden Hände ihrer Versuchsperson, und zwar in einer Entfernung, die nach Aussagen aller TT-Praktizierenden ideal war, um das Energiefeld zu spüren. Die jeweilige Versuchsperson musste nun lediglich angeben, mit welcher Hand sie Emilys Gegenwart verspürte. Die Ergebnisse fielen so aus, als hätte man bei jeder Antwort eine Münze geworfen, das heißt, sie kamen über das Zufallsniveau nicht hinaus.

Wie man sich denken kann, versetzten Emilys Ergebnisse die Anhänger des therapeutischen Touchs in helle Aufregung. Dolores Krieger, eine Professorin für Krankenpflege an der Universität von New York, die 1973 eine Vorreiterin des TT gewesen war, schäumte buchstäblich: Die Studie sei wertlos, wetterte sie, weil man nicht einfach in einen Raum geht und TT praktiziert; überdies müssten sich die Hände des Heilers die ganze Zeit bewegen, um die «Aura» zu spüren. Aber was Krieger verschwieg, war, dass die TT-Heiler, die Emily testete, die Versuchsanordnungen vor dem Experiment als akzeptabel bezeichnet und versichert hatten, sie könnten das von Emilys Hand erzeugte Feld unter diesen Bedingungen erspüren.

Die Einwände von Dolores Krieger sind verständlich, wenn man bedenkt, dass sie den therapeutischen Touch zu einem Riesengeschäft gemacht hat. In Nordamerika gibt es annähernd 50 000 TT-Praktizierende, und TT wird an vielen Universitäten gelehrt. Krankenhäuser heuern diese Therapeuten zu einem Stundenhonorar von siebzig Dollar an, um das Energiefeld rund um einen Patienten auszubalancieren. Krieger sieht so etwas als völlig gerechtfertigt an und verweist auf die «vielen hundert» Studien in der wissenschaftlichen Literatur, die dies bestätigen. Als ich mir diese Studien jedoch tatsächlich vorknöpfte, wurde deutlich, dass sie kaum Beweiskräftiges enthielten. Gegen die meisten von ihnen lässt sich wissenschaftlich mehr einwenden als gegen Emily Roses Schulprojekt.

Wenn Emilys Untersuchung auch gezeigt hat, dass TT nicht so funktioniert, wie von seinen Anhängern behauptet, entkräftet sie diese Form der Behandlung damit sicherlich nicht. Es gibt keinen Zweifel daran, dass viele Menschen Erleichterung verspüren, wenn sie glauben, dass ihr Energiefeld in Ordnung gebracht wird. Wenn sich ein Patient nach einer Behandlung besser fühlt, dann ist die Frage nach dem «Warum» zweitrangig. Wenn der therapeutische Touch durch den Placebo-Effekt wirkt, dann sei es so.

Dolores Krieger glaubt natürlich, dass hinter TT mehr steckt als die Macht der Suggestion. 1971 begann sie sich als Mitglied eines Forschungsteams, das zusammengestellt worden war, um die Heilfähigkeiten des bemerkenswerten Oskar Estabany zu untersuchen, für das Thema zu interessieren. Estabany, ein ehemaliger ungarischer Offizier, behauptete, er könne Pferde und Menschen allein durch Handauflegen heilen. In den 1960er Jahren lagen genug Aussagen vor, um eine Studie einzuleiten, die von Bernard Grad an der McGill-Universität durchgeführt wurde. Diese Studie schien zu belegen, dass der Heiler imstande war, bei Ratten, die unter Jodentzug litten, die Wachstumsrate von Kropf unter Kontrolle zu bringen, indem er zweimal täglich seine Hände fünfzehn Minuten lang um deren Käfig legte. In der Studie aus dem Jahr 1971, an der Krieger teilnahm, sah es so aus, als könne Estabany den Hämoglobinspiegel von Patienten beeinflussen. All dies genügte, um sie von der Idee des Heilens durch Handauflegen zu überzeugen, und schon bald darauf entdeckte sie, dass sie die gestaute Energie ihrer Patienten freisetzen (auch wenn sich dieses Phänomen mit keinem bekannten Gerät oder Apparat nachweisen lässt) und mit ihrer eigenen Energie stärken konnte. Um ihr Gerechtigkeit widerfahren zu lassen: Krieger arbeitet nur mit approbierten Ärzten zusammen und behauptet lediglich, Entspannung und Schmerzlinderung bewirken zu können; sie spricht nicht von Wunderheilungen.

Dolores Krieger war offensichtlich nicht die Erste, die vermutete, der menschliche Körper verfüge über eine Art von spiritueller Energie, die imstande sei, die Gesundheit zu kontrollieren. Tatsächlich ist dies eines der ältesten Konzepte der alternativen Medizin. Die Chinesen glauben seit langem an eine geheimnisvolle Lebenskraft, genannt «Chi», die durch die «Meridiane» des Körpers strömt und die, wenn sie aus dem Gleichgewicht gerät, Krankheiten auslösen kann. Eine Korrektur dieses Ungleichgewichts durch Akupunktur, spezielle Atemtechniken oder eine bestimmte Ernährung bringt Erleichterung. Die uralte Praxis der Ayurveda-Medizin in Indien baut auf ähnlichen Vorstellungen auf. Der menschliche Körper besteht demnach aus Energieelementen, so genannten «doshas», die durch körpereigene Kanäle operieren; das ungehinderte Strömen dieser Elemente ist ausschlaggebend für die Gesundheit. Keines dieser Glaubenssysteme basiert auf anatomischen Gegebenheiten, und sie entwickelten sich, weil es in China, gleichermaßen wie in Indien, verboten war, den menschlichen Körper zu sezieren, sodass das physische Funktionieren des Körpers von Geheimnis umhüllt blieb. Heilung fußte daher auf metaphysischen Glaubensvorstellungen.

Diese Glaubensvorstellungen haben sich in vielen Fällen als sehr mächtig erwiesen und die Zeiten überstanden. Ihr Erfolg beruht wahrscheinlich auf der Einbildungskraft und darauf, dass viele Krankheiten psychosomatisch sind; jede andere Erklärung würde den Naturwissenschaftlern ziemlich zu schaffen machen. Wie, wenn nicht durch die Kraft der Suggestion, könnten wir die Heilerfolge von George Chapman erklären, einem ungebildeten Engländer ohne medizinisches Wissen? Chapman behauptete, der Geist eines verstorbenen Arztes habe mit ihm Kontakt aufgenommen und ihn gelehrt, in Trance zu verfallen und den spirituellen Körper eines Patienten mit unsichtbaren chirurgischen Instrumenten zu operieren. Nicht nur, dass Chapmans Patienten seine Tüchtigkeit in den höchsten Tönen lobten, sondern sie behaupteten auch, sie hätten das Zwicken des Skalpells und das Zusammenziehen des spirituellen Fleisches nach der «Operation» gespürt.

Wilhelm Reich, ein Psychoanalytiker, der zunächst zum Schülerkreis von Sigmund Freud gehörte, wandte sich nicht an Geister, um etwas über die Energien zu erfahren, die die körperliche Gesundheit kontrollieren: Er blickte in den Weltraum. Reich glaubte, er entstamme der Beziehung zwischen einem Außerirdischen und einer Erdfrau, und dieser ungewöhnliche Hintergrund erlaube ihm zu erkennen, dass nicht nur der Körper, sondern das ganze Universum von «Orgon-Energie» gelenkt werde. Er leitete diesen Begriff von «Orgasmus» ab, der, wie er erklärte, die ultimative Form dieser Energie sei. Krankheit, so glaubte Reich, gehe auf einen Orgon-Mangel zurück, den er heilen konnte, indem er den Patienten unter einen «Orgon-Akkumulator» legte, einen einfachen schrankartigen Kasten aus Holz und Metall von der Größe einer Telefonzelle ohne weitere mechanische oder elektrische Komponenten. Es häuften sich die Schreiben, in denen begeisterte Patienten ihm ihre Anerkennung ausdrückten.

Doch nicht jede Form von Orgon ist positiv: Reich wies darauf hin, dass einige UFOs von Orgon-Motoren angetrieben werden und dass sich tödliche Orgon-Energie in der Atmosphäre ansammelt, was auf Erden zu Krankheiten führt. Zuvorkommenderweise entwickelte Reich ein Gerät (*Deadly Orgone Buster*), mit dessen Hilfe sich das tödliche Orgon vernichten ließ und die Menschheit von dieser Geißel befreit werden konnte.

Ob Sie es glauben oder nicht, es gibt immer noch Orgon-Propagandisten unter uns. Einer von ihnen verkauft einen Orgon-Generator für den Hausgebrauch, der sogar über Fernwirkung verfügt und den Patienten überall mit Energie aufladen kann, solange dieser nur ein entsprechendes Übertragungsgerät (*transfer disk*) in der Tasche hat. Dieser Internet-Werber bietet einen Beweis für die Effizienz seines Geräts an: Man möge doch nur ein «Übertragungsdiagramm» herunterladen und seine Hand in 7,5 Zentimeter Höhe darüber halten, um ein Gefühl von Wärme oder einen leichten kühlen Lufthauch zu verspüren. Ich hab's versucht. Ich habe kein Orgon gefühlt. Nur ziemlich blöd hab ich mich gefühlt.

Unter der Gürtellinie

Urin ist ein besondrer Saft

In unseren Tagen macht Urin nur selten Schlagzeilen. Dann und wann lesen wir davon, dass ein Sportler anhand seiner Urinprobe des Dopings überführt worden ist oder dass sich ein betrunkener New Yorker selbst per Stromschlag ins Jenseits befördert hat, weil er auf die Schienen der Untergrundbahn uriniert hat. Wir denken vielleicht an Urin, wenn ein Kater gegen unsere Verandatür gespritzt hat oder der Urin einer läufigen Hündin alle Rüden der Nachbarschaft anlockt. In früheren Zeiten gab es jedoch häufiger Gelegenheiten, bei denen es Urin durchaus bis in die Schlagzeilen gebracht haben könnte.

Eines Tages im Jahre 1669 hätte der *Hamburger Stadtanzeiger* zum Beispiel mit dem Aufmacher herauskommen können: «Heimischer Alchemist entdeckt kaltes Feuer!» Wie andere Alchemisten seiner Zeit war Hennig Brand von dem Wunsch besessen, Gold herzustellen und das Geheimnis des Lebens zu lüften. Zwischen beidem bestand nach damaliger Ansicht durchaus ein Zusammenhang. Gold wurde als ewige Substanz betrachtet, es konnte nicht korrodieren oder anlaufen. Wenn sich das Geheimnis seiner Unsterblichkeit lösen ließ, würde man es vielleicht auf die Menschen übertragen können und sie ebenfalls unsterblich machen. Brand suchte im Urin nach diesem doppelten Geheimnis. Vielleicht war dessen gelbe Färbung ja auf Gold zurückzuführen, mutmaßte er, und begann, nach Methoden zu suchen, um die kostbare Substanz daraus zu gewinnen. Er wusste zudem, dass der Urin aus dem Blut stammt, und Blut ist die Essenz des Lebens. Es schien daher vernünftig anzunehmen, dass sich einige der Leben spendenden Eigenschaften des Blutes im Urin wieder finden könnten. Also sammelte Brand große Mengen an Urin und versuchte, die Lösung zu konzentrieren, indem er sie einkochte und die Dämpfe abdestillierte.

Erwartungsvoll beobachtete er, wie die Dämpfe kondensierten. Zunächst muss er bitter enttäuscht gewesen sein, weil kein Gold ausfiel. Doch auf diese Enttäuschung folgte sicherlich Begeisterung, als die wachsartige weiße Substanz, die nun das Innere seines Kolbens überzog, im Dunkeln geisterhaft zu glühen begann – er war bestimmt nicht auf Gold gestoßen, aber konnte es sich nicht um das so begehrte «Elixier des Lebens» handeln? Da Brand nicht mehr unter uns weilt, war das offensichtlich nicht der Fall, doch diese seltsam glühende Substanz verlieh dem neugierigen Alchemisten tatsächlich eine gewisse Unsterblichkeit, denn Hennig Brand wird uns für immer als der Entdecker des Elements Phosphor in Erinnerung bleiben.

Brand brauchte nicht lange, um zu erkennen, dass seine neue Substanz mehr konnte, als nur im Dunkeln zu glühen. Als die Paste trocknete, fing sie an zu brennen. Überdies ließ sich die Substanz sicher unter Wasser lagern und dazu verwenden, wann immer nötig, Feuer zu produzieren. Das war in der Tat eine wichtige Entdeckung, denn damals ließ sich Feuer nur mühselig mit einem Feuerstein entzünden. Brand versuchte, geheim zu halten, wie er diese faszinierende Substanz isolierte, und er verstand es sogar, aus seiner Entdeckung Geld zu schlagen, indem er die Methode einigen Menschen gegen ein hohes Entgelt verriet. Die französische Regierung ließ dieses

Verfahren jedoch untersuchen und veröffentlichte 1737 einen Bericht darüber. Brands Geheimnis war nun gelüftet.

Die dahinter stehende Chemie erwies sich als relativ einfach. Urin ist eine Lösung von Abfallprodukten des Körpers, darunter einer ganzen Reihe von Phosphaten, das heißt von anorganischen Verbindungen, in denen Phosphor an Sauerstoff gebunden ist. Wenn man Phosphate in Gegenwart von Kohlenstoff erhitzt, dann entzieht dieses Element den Phosphaten den Sauerstoff, sodass sich Kohlenmonoxid bildet und elementarer Phosphor zurückbleibt. Brand schuf den nötigen Kohlenstoff, indem er den Urin hoch erhitzte, dadurch verkohlten die organischen Bestandteile des Urins, und es bildete sich Kohlenstoff. Das ist nicht viel anders, als wenn man Holz zu Holzkohle verbrennt.

Gegen Ende des 18. Jahrhunderts hatte man vielseitig Verwendung für Phosphor gefunden. Sogar das erste Zündholz war erfunden worden. Es war ein recht simples Ding und bestand aus einem Stückchen Papier, dessen Spitze in Phosphor getaucht war, alles in einem Glasröhrchen versiegelt. Wenn man das Röhrchen aufbrach, kam der Phosphor mit Luft in Kontakt, und das Papier begann zu brennen. Bald wurde das Design verbessert. Man konnte nun zusammen mit einer kleinen Flasche Phosphor dünne Holzspäne mit Schwefelköpfchen kaufen. Wenn der Span in die Flasche getaucht wurde, fing der Phosphor an zu brennen und entzündete den Schwefel, der seinerseits wiederum den Holzspan entzündete.

Von nun an dauerte es nicht mehr lange, bis das Streichholz zum «Überall-Anzünden» erfunden wurde. Dazu wurde ein Holzspan mit der Spitze in Phosphor, Schwefel (daher auch Schwefelholz) und Kaliumchlorat gesteckt und anschließend in Leim getaucht. Der Leim verhinderte den Luftkontakt, bis er an einer rauen Oberfläche abgerieben wurde, sodass der Phosphor sich entzünden konnte. Diese Reaktion wurde durch die Freisetzung von zusätzlichem Sauerstoff aus dem Kaliumchlorat am Streichholz verstärkt, bis die Temperatur hoch genug war, um den Schwefel zu entzünden. Daraufhin fing dann auch der Holzspan zu brennen an.

Wenn man einen Holzspan mit Hilfe von Phosphor in Flammen aufgehen lassen konnte, warum dann nicht auch einen Menschen? Schließlich kennt der Einfallsreichtum des Menschen keine Grenzen, besonders wenn es darum geht, neue Kriegstechniken zu entwickeln. Schon bald tauchten Phosphorbomben auf den Kriegsschauplätzen auf, aus denen Feuer auf den Feind niederprasselte, wobei die winzigen Phosphorpartikel Kleider in Brand setzten und Fleisch verschmorten. Wenn Phosphor brennt, wandelt es sich in Verbindung mit Sauerstoff in Phosphoroxid um, das in der Luft als dichter weißer Rauch erscheint. Diese Eigenschaft des Phosphors wurde bei der Entwicklung von «Nebelbomben» genutzt.

Doch woher kam der ganze Phosphor, der für all das benötigt wurde? Bestimmt wurde er nicht durch Kochen von Urin in großtechnischem Maßstab gewonnen. Zu Beginn des 19. Jahrhunderts hatten Chemiker entdeckt, dass auch Knochen Phosphor enthielten. Zunächst verwendete man Tierknochen, doch als deutlich wurde, dass es davon nicht genug gab, durchkämmte man die Schlachtfelder nach menschlichen Knochen. Erst als man rund um den Erdball riesige Lagerstätten von phosphathaltigem Gestein entdeckte, wurde Phosphor zu einem leicht beschaffbaren und billigen Stoff. Heute wird Phosphor in industriellem Maßstab hergestellt, indem man Phosphatgestein zusammen mit Kohlenstoff in einem Prozess erhitzt, der an Hennig Brands frühe Versuche erinnert.

Mit dem «weißen Phosphor», der früher produziert wurde, gab es mehrere Probleme. Erstens war er giftig, und viele Menschen, die mit dieser Substanz in Kontakt kamen, starben am «Phosphorkiefer». Dieses Krankheitsbild wurde von Phosphordämpfen hervorgerufen, die durch verrottete Zähne in den Körper eindrangen und das Knochengewebe zerstörten – die Kieferknochen waren zuerst an der Reihe. Das andere Problem war, dass sich Phosphor leicht entzündet. Beide Schwierigkeiten wurden überwunden, als man erkannte, dass sich weißer Phosphor in eine viel sicherere Form, in «roten Phosphor», umwandeln ließ, wenn man ihn in Gegenwart von Stickstoff oder Argon erhitzte. Die ersten Sicherheitsstreichhölzer wurden hergestellt, indem man etwas Schwefel und Kaliumchlorat an den Kopf eines Hölzchens leimte. An der Schachtel, in der sie aufbewahrt wurden, befand sich eine Streichfläche, die mit zerriebenem Glas für die nötige Reibung und rotem Phosphor für die Zündung überzogen war. Der Phosphor entzündete den Schwefel, der in Gegenwart des Sauerstoffs, der vom Chlorat freigesetzt wurde, zu brennen begann und das Holz entzündete.

Die letzte Verbesserung bei der Streichholzherstellung entwickelte sich aus der Idee, dass man Schwefel und Phosphor miteinander zur Reaktion bringen kann, sodass eine Verbindung entsteht, die Phosphorsesquisulfid heißt. Diese Substanz ist ungiftig und reagiert nicht mit Luft; sie entzündet sich jedoch, wenn die Temperatur durch Reibung steigt. Moderne Streichhölzer, die man überall anzünden kann (so genannte Überallhölzer), haben daher ein Köpfchen aus Phosphorsesquisulfid als Zündsubstanz, Kaliumchlorat als Oxidationsmittel und pulverisiertes Glas als Reibfläche bzw. Hitzegenerator – alles durch einen Kleber zusammengehalten. Bei modernen

Sicherheitszündhölzern ist das Köpfchen mit Kaliumchlorat überzogen und wird gegen eine Oberfläche gestrichen, die mit rotem Phosphor und Antimonsulfid überzogen ist. Das Chlorat liefert den Sauerstoff, der nötig ist, um den Phosphor zu entzünden, der den Schwefel entzündet, der das Streichholz entzündet. Nebenbei bemerkt liegt den Zündplättchen von Spielzeuggewehren dieselbe Kombination von Elementen zugrunde – das heftige Anschlagen einer Mischung von Schwefel, rotem Phosphor und Kaliumchlorat führt zu einer Miniexplosion. Brand hätte sich wohl niemals träumen lassen, dass sein Urin solchen Ruhm erwerben würde. Doch unser Überblick über die Beiträge, die Urin zur Wissenschaft geleistet hat, ist noch nicht zu Ende.

Man kann die Chemie grundsätzlich in zwei Forschungsgebiete einteilen: Analyse und Synthese. Analytische Chemiker suchen herauszufinden, aus welchen Grundstoffen eine bestimmte Verbindung aufgebaut ist, während Chemiker, die sich mit der Synthese von Stoffen befassen, Verbindungen aus ihren molekularen Bausteinen zusammensetzen. Die Alchemisten beschäftigten sich sowohl mit der Analyse als auch mit der Synthese von Stoffen, doch wir können ihre geheimtuerischen, stümperhaften und oft chaotischen Experimente wohl kaum als Wissenschaft bezeichnen. Mitte des 18. Jahrhunderts kam eine neue Zunft von Wissenschaftlern auf. Echte Wissenschaftler wie Boyle, Priestley, Lavoisier, Newton und Dalton machten sich daran, die Geheimnisse der Natur zu ergründen, und ihre einzige Motivation war Neugier. Sie wollten wissen, was die Welt im Innersten zusammenhält.

Damals war man allgemein der Ansicht, alle Materie lasse sich in zwei Kategorien einteilen – in organische und anorganische Materie. Gesteine und Minerale, die offensichtlich unbelebt waren, galten als anorganisch, während diejenigen Substanzen, die man aus Lebewesen isolieren konnte, dem Reich des Organischen zugerechnet wurden. Überdies nahm man an, dass diese organischen Substanzen, wie Opium aus dem Schlafmohn oder Chinin aus der Rinde des Chinarindenbaums, eine Lebenskraft (*vis vitalis*) enthielten, die von Menschen niemals nachgebildet werden könne.

Während niemand daran zweifelte, dass Chemiker anorganische Substanzen handhaben konnten – seit Jahrhunderten hatten sie Metall aus seinem Muttergestein isoliert und es zu Schwertern und Pflugscharen verarbeitet –, galt es als unmöglich, organische Substanzen aus anorganischen herzustellen. Wenn man Vanillegeschmack wünschte, sollte man wissen, wo man eine Vanilleschote findet.

All das sollte sich 1828 grundlegend verändern. Wieder einmal war das Ausgangsmaterial Urin. Bereits 1773 hatte der französische Chemiker Hilaire-Marin Rouelle eine weiße kristalline Substanz aus Urin isoliert, die entsprechend ihrer Herkunft als Urea – Harnstoff – bezeichnet wurde. Da dieser Stoff vom menschlichen Körper produziert wird, war er offensichtlich «organisch» und konnte nicht im Labor hergestellt werden – oder so dachte man zumindest, bis der deutsche Chemiker Friedrich Wöhler einige Tests mit einem weißen kristallinen Material durchführte, das er durch Erhitzen einer Substanz namens Ammoniumisocyanat hergestellt hatte.

Als er die Kristalle mit Salpetersäure behandelte, «erzeugten sie sofort einen Niederschlag glitzernder Schuppen». Es dämmerte Wöhler, dass er diesen Effekt bereits zuvor einmal gesehen hatte – er zermarterte sein Hirn, bis er sich erinnerte, dass natürlicher Harnstoff, mit dem er früher einmal gearbeitet hatte, auf eine Behandlung mit Säure ähnlich reagierte. Auf der

Stelle beschaffte er sich etwas Harnstoff und zeigte, dass dieser Harnstoff identisch mit den weißen Kristallen war, die er durch Erhitzen seines «anorganischen» Ammoniumisozyanats hergestellt hatte. Höchst aufgeregt schrieb Wöhler an seinen früheren Professor Jacob Berzelius: «Ich muss Ihnen mitteilen, dass ich Harnstoff herstellen kann, ohne Hilfe von Nieren oder irgendeines Tieres, sei es Mensch oder Hund.» In der Tat hatte Wöhler in einem einzigen Handstreich Harnstoff hergestellt, die Theorie ad absurdum geführt, dass organische Substanzen irgendeine Lebenskraft besäßen, und eine dauerhafte Brücke zwischen anorganischer und organischer Chemie errichtet. Auf einmal erschien das Potenzial der Chemie grenzenlos: Wenn sich Harnstoff im Labor herstellen ließ, dann vielleicht auch Chinin oder Vanillin oder eine ganze Palette von Substanzen, die es bisher noch gar nicht gab.

Für Chemiker begrub Wöhlers Harnstoffsynthese die Vorstellung, es gebe einen prinzipiellen Unterschied zwischen natürlichen und synthetischen Substanzen. Da sich synthetisch hergestellter Harnstoff in keiner Weise von der natürlichen Substanz unterschied, wurde deutlich, dass die Eigenschaften einer bestimmten Verbindung nur von ihrer Zusammensetzung abhingen, nicht von ihrer Herkunft. Wöhlers Harnstoff war ein ebenso guter Dünger wie sein natürliches Pendant, denn beide waren identisch. Interessanterweise wird die Vorstellung, das Natürliche sei dem Synthetischen in irgendeiner Weise überlegen, hundertfünfzig Jahre nach Wöhlers Entdeckung noch immer von einem Großteil der Bevölkerung geteilt. Viele glauben zum Beispiel noch immer, dass natürliches Vitamin C irgendeine undefinierbare Eigenschaft besitzt, die es synthetischer Ascorbinsäure überlegen macht.

Auf Wöhlers Zufallssynthese von Harnstoff folgte bald eine

weitere wichtige chemische Entwicklung, bei der Urin eine Rolle spielte. Der deutsche Chemiker Karl Ludwig Reichenbach wollte chemische Substanzen aus Buchenholzteer isolieren. Davon war rundum reichlich vorhanden, denn Buchenholz diente zur Herstellung der Holzkohle, die in den Gießereien zum Ausschmelzen von Metallen aus ihren Erzen benötigt wurde. Reichenbach war der erste Chemiker, dem die Herstellung von Kreosot gelang, einer Flüssigkeit, die man durch Destillation aus Holzteer gewinnt. Der ziemlich unangenehme Geruch von Kreosot brachte Reichenbach auf eine Idee: Sein Haus war von einem Holzzaun umgeben, der – sehr zu seinem Leidwesen – von den Rüden der Nachbarschaft gerne aufgesucht wurde. Um den Hunden das Beinheben rund um sein Anwesen zu verleiden, strich der einfallsreiche Chemiker seinen Gartenzaun mit Kreosot, doch auf Hundenasen wirkte Kreosot offenbar nicht abschreckend, und die Rüden tränkten seinen Zaun weiterhin mit ihrem Urin.

Obwohl Kresosot als Hunde abstoßender Stoff also ein Fehlschlag war, führte dies zu einer wichtigen chemischen Entdeckung. Reichenbach stellte fest, dass dort, wo Kreosot, Holz und Urin in Kontakt gekommen waren, eine blaue Färbung sichtbar wurde. Bald isolierte er daraus eine blaue Farbe, die er nach den griechischen Wörtern für «Teer» und für «wunderbar» als «Pittacal» bezeichnete. Reichenbach machte sich daran, Pittacal rein herzustellen, und versuchte, seinen Teerfarbstoff als kommerzielles Färbemittel zu verkaufen. Er hatte damit wenig Erfolg, doch als erster künstlicher Farbstoff nimmt Pittacal einen wichtigen Platz in der Geschichte der Chemie ein. Das war, rund fünfundzwanzig Jahre bevor William Henry Perkin seine berühmte Entdeckung des Farbstoffs Mauvein (*Perkin-Violett*) gelang.

Wir wissen seit undenklichen Zeiten, dass Urin eine wichtige Rolle bei der Farbbildung spielen kann. Schon früh erkannten die Färber, dass gewisse Substanzen natürlichen Farbstoffen halfen, besser am Gewebe zu haften. Diese Verbindungen wurden als «Beizen» bezeichnet, abgeleitet von dem Begriff «beißen». Wenn man zum Beispiel Baumwolle oder Wolle zusammen mit Zwiebelschalen auf kleiner Flamme köcheln lässt, passiert nicht viel. Gibt man jedoch etwas Alaun zu der Lösung, wird das Tuch gefärbt. Das Alaun hilft den natürlichen Pigmenten in der Zwiebelschale, sich im Stoff «festzubeißen».

Die Entdeckung dieses Effekts erfolgte zweifellos zufällig, wahrscheinlich als man feststellte, dass die Zugabe von Bärlapp zu Färbelösungen die Farbqualität verbesserte. Wie wir heute wissen, sind Bärlappgewächse eine gute Alaunquelle. Solche Beobachtungen führten zu weiteren Experimenten mit allgegenwärtigen Substanzen – und was war allgegenwärtiger als Urin oder Dung? Beides funktionierte. Die römischen Damen verwendeten in Urin getauchte Blätter von Königskerzen, um ein gelbes Haarfärbemittel herzustellen. In Indien wird Baumwollstoff noch immer mit Hilfe von Kuhdung gefärbt. Vor der Entdeckung von synthetischem Indigo wurde der Stoff, der mit natürlichem Indigoextrakt gefärbt werden sollte, im Verlauf dieses Prozesses in erhitzten Urin getaucht. Im 19. Jahrhundert, als die chemischen Kenntnisse zunahmen und die Labortechniken raffinierter wurden, wandte sich die Aufmerksamkeit den Mechanismen zu, durch die Urin seine farbverstärkende Wirkung erzielt. Dieses Projekt war für Textilmanufakturen zweifellos besonders interessant.

Der deutsche Textilhersteller Adolf Schlieper hatte sich im Labor von Justus Liebig, einem der führenden Chemiker seiner Zeit, einige Kenntnisse in Chemie angeeignet. Schlieper hatte mit Harnsäure gearbeitet, einer weißen, kristallinen Substanz, die der schwedische Chemiker Karl Wilhelm Scheele fast hundert Jahre zuvor aus Harnstein isoliert hatte. Man findet Harnsäure in geringen Mengen im Urin aller Fleischfresser, und sie ist der Hauptbestandteil der Exkremente von Vögeln, Reptilien, Raupen und – durch eine Laune der Natur – Dalmatinern. Harnsäureablagerungen in den Gelenken rufen ein schmerzhaftes Leiden hervor, die Gicht.

Schliepers Studien über Harnsäure führten nicht sehr weit. Sein Hauptbeitrag zur Wissenschaft bestand darin, einige der Chemikalien, mit denen er gearbeitet hatte, an einen anderen jungen deutschen Chemiker, Adolf von Baeyer, weiterzugeben. Baeyer, dessen Interesse geweckt war, begann mit Harnsäure und ihren Derivaten zu experimentieren, und eines dieser Harnsäurederivate sollte Baeyer zu unvergänglichem Ruhm verhelfen. Ausgehend von Harnsäure synthetisierte er eine brandneue weiße kristalline Verbindung, die er «Barbitursäure» nannte. Es gibt mehrere Theorien darüber, warum Baeyer gerade diesen Namen wählte. Einige meinen, die Verbindung sei nach einer Münchner Kellnerin benannt worden, die oft den Rohstoff für die Untersuchungen geliefert hatte. Andere sagen, die Entdeckung habe am Sankt-Barbara-Tag stattgefunden. Baeyer selbst deutete in seinen Vorlesungen an, dass er damals in ein «Fräulein Barbara» verliebt gewesen sei (was natürlich die Geschichte mit der Kellnerin nicht widerlegt).

Wenn der Ursprung des Namens auch strittig bleibt, sicher ist, dass Baeyers Entdeckung der Barbitursäure den Grundstein für die Entwicklung einer der wichtigsten Medikamentenkategorien legte: den Barbituraten. Die Bedeutung dieser Verbindungen basiert auf der Tatsache, dass sie dämpfend auf das Zentralnervensystem wirken und eine breite Palette von Wirkungen auslösen können, die von einer leichten Beruhigung bis zum Tiefschlaf reichen. Barbiturate finden sich in vielen verschreibungspflichtigen Schlafmitteln und werden auch häufig zu Narkosezwecken eingesetzt.

Baeyer selbst bemerkte bei der Barbitursäure keinerlei sedierende Wirkung, aber das ist nicht verwunderlich, weil Barbitursäure selbst überhaupt keine narkotisierenden Eigenschaften hat. Es war Baeyers berühmtester Schüler Emil Fischer, der schließlich entdeckte, dass ein Derivat der Barbitursäure, Barbital, schlaffördernd wirkte. Fast fünfzig Jahre nach Baeyers erster Synthese von Barbitursäure führte Fischer in Zusammenarbeit mit dem Arzt Joseph von Mering vor, dass ein Hund, dem eine einzige Dosis Barbital injiziert wurde, in tiefen Schlaf verfiel. Angesichts dieser Entdeckung benannte Fischer die Substanz in «Veronal» um; Namenspatin war dabei die Stadt Verona in Italien, die er für die ruhigste Stadt auf der ganzen Welt hielt. Wenn wir uns heute einer Operation unterziehen müssen, können wir Ruhe bewahren, weil Adolf von Baeyers Interesse am Urin schließlich zur richtigen Chemie geführt hat.

Warum rülpset und furzet ihr nicht?

Benjamin Franklin war ein praktischer Mann. Ihm verdanken wir unter anderem den Franklin-Ofen mit niedrigem Brennstoffverbrauch, den Blitzableiter und die Zweistärkenbrille: Der große Erfinder vertrat die Meinung, die Wissenschaft solle dem Wohl des Menschen dienen. Akademische Gesellschaften, die sich in obskure theoretische Diskussionen verbissen, bekamen häufig Franklins beißenden Spott zu spüren. Im Jahre 1783 stellte die Königliche Akademie in Brüssel ihren Mitgliedern eine Frage, bei der es darum ging, wie oft eine bestimmte geometrische Form in eine andere, größere Form eingeschrieben werden konnte. Diese Art philosophische Gedankenspielerei verabscheute Franklin, und als die Akademie dann auch noch behauptete, die Lösung dieser Frage könne praktische Auswirkungen haben, ließ Franklin seiner satirischen Feder freien Lauf.

Er sei froh zu hören, schrieb er der Akademie, dass sich die Institution endlich mit Dingen beschäftigte, die das Potenzial besäßen, die Gesellschaft zu verbessern. Und da dies nun der Fall sei, wolle er einen Vorschlag für ein künftiges Projekt von großer praktischer Bedeutung unterbreiten, von dem er hoffe, die Akademie werde ihn berücksichtigen. Könne die Akademie uns wohl sagen, wie sich die Geruchsbelästigung durch menschliche Gasemissionen beseitigen lasse? Franklin wies darauf hin, dass alle Menschen Gase produzieren, doch die meisten Menschen sich große Mühe geben, diese Emissionen zurückzuhalten, um nicht des unsozialen Verhaltens geziehen zu werden. Diese Art von Zurückhaltung, fuhr er fort, könne Aufgetriebenheit, Kolik und Verstopfung hervorrufen. Daher forderte er die gelehrten Mitglieder der Akademie auf, «ein Medikament zu entdecken, bekömmlich und wohlschmeckend, das man in unsere gewöhnliche Nahrung oder Soßen mischen kann und das den natürlichen Ausstoß von Winden aus unserem Körper nicht nur harmlos macht, sondern ihnen überdies einem Parfümduft verleiht».

Franklin hatte auch schon ein paar Vorschläge parat, wie man das Projekt anpacken könnte. Da es üblich war, Kalk ins Klo zu werfen, um üble Gerüche zu verhindern, könnten die Wissenschaftler der Akademie vielleicht ein Kalkpräparat entwickeln, das Menschen einnehmen könnten. Oder wenn das nicht ginge, wäre es dann nicht vorstellbar, der Nahrung angenehme Duftstoffe beizugeben, um den Geruch der Darmemissionen zu verbessern? Wäre es nicht möglich, in derselben Weise, wie man sich parfümierte, um anderen zu gefallen, den Flatus zu aromatisieren, um ihn nicht nur gesellschaftlich akzeptabel, sondern gar wünschenswert zu machen – bei einer Gelegenheit Lilienduft, bei einer anderen lieber Moschusaroma?

Franklin war es mit seinem Schreiben sicherlich nicht ernst – er betrachtete Flatulenz bestimmt nicht als eine schlimme Geißel der Menschheit. Die Königliche Akademie in Brüssel strafte Franklins Schreiben denn auch mit Nichtachtung, doch die moderne Wissenschaft hat das Schweigen über dieses ehemalige Tabuthema gebrochen. Denn schließlich tut es jeder. Furzen, nämlich.

Jeder, der atmet und isst, furzt auch. Das wusste schon der Reformator Martin Luther, der sich bei seinen Gästen erkundigte: «Warum rülpset und furzet ihr nicht, hat es euch nicht geschmacket?» Um es einfach auszudrücken: Die Gasproduktion ist eine direkte Folge des Luft- und Essenschluckens. Wir kennen inzwischen recht gut den Mechanismus der menschlichen Ventilation. Die frühesten Untersuchungen auf diesem Gebiet wurden vom französischen Physiologen François Magendie durchgeführt, der 1816 die Darmgase frisch geschlachteter Tiere studierte. Seine Identifizierung von Kohlendioxid, Stickstoff und Methan wurde zum Grundpfeiler der wissenschaftlichen Flatologie. Das interessanteste Darmgas – Wasserstoff – entging Magendie jedoch, und es gelang ihm auch nicht, den Ursprung der geruchsintensiven Winde zu entdecken.

Da kommt uns die Chemie zur Hilfe. Heute gibt es eine Technik, die so genannte Gaschromatographie, die die Analyse von unbekannten Substanzen recht ermöglicht. Wenn der Rohstoff für die Forschung auch allgegenwärtig ist, so erfordert die Probenentnahme doch ein wenig Phantasie und Wagemut. Dr. Albert Tangermann, ein niederländischer Gastroenterologe, stattete sechs Versuchspersonen zum Zweck des Gasesammelns mit großen Spritzen aus, die sie gegen ihr Hinterende drücken sollten, wenn das Ablassen von Winden unmittelbar bevorsteht. Wie sich herausstellte, kamen die Gase, die für den üblen Geruch der Winde verantwortlich waren, nur in ganz geringen Konzentrationen vor – weniger als ein Prozent des Gesamtvolumens –, doch es gab rund zweihundertfünfzig gasförmige Komponenten, wobei Schwefelwasserstoff, Methanethiol, Skatol, Dimethylsulfid und Dimethyldisulfid für den größten Teil des Geruchs verantwortlich waren.

Woher stammen diese Gase? Einige gehen auf verschluckte Luft zurück, doch die Mehrheit – das heißt Wasserstoff, Methan und Kohlendioxid – werden von Bakterien produziert, die Zucker, Stärken und Fasern im Enddarm abbauen. Welche Bestandteile dieser Hauptnahrungsmittel auch immer nicht verdaut und vom Blutstrom aufgenommen werden, während sie den Dünndarm passieren, dienen den Darmbakterien als Nahrung. Die Produkte der bakteriellen Verdauung sind die bereits erwähnten Gase, doch jeder Mensch trägt seine ganz persönliche Darmflora mit sich herum und produziert daher auch ein Furzmuster, das ebenso unverwechselbar wie sein Fingerabdruck ist. So setzt beispielsweise nur ein Drittel aller Menschen Methan frei. Weiße und Schwarze produzieren mehr Methan als Orientalen. Bemerkenswert ist auch, dass die Methanproduktion bei Menschen, die an der Crohn-Krankheit leiden, herabgesetzt ist, bei Menschen mit Dickdarmkrebs jedoch erhöht ist. Stärke und Häufigkeit von Blähungen hängen vorwiegend von der Ernährung ab. Gewisse Kohlenhydrate wie Raffinose, Stachyose und Verbascose stellen ein ernstes Problem dar, weil den Menschen das Enzym fehlt, das für ihre Verdauung nötig ist. Daher die blähende Wirkung von Bohnen, Grünkohl, Blumenkohl und Brokkoli. Lactose, besser als Milchzucker bekannt, wie auch Pektine und Beta-Glukane in Weizenkleie sind notorische Gasproduzenten.

Wir wissen überraschend viel über diese Gasproduktion und ihre Auswirkungen, weil mehrere praktische Überlegungen die Forschung auf diesem Gebiet angeregt haben. So stellte beispielsweise die Entwicklung von Kampflugzeugen für sehr große Höhen im Zweiten Weltkrieg ein neuartiges Problem dar. Als die Flugzeuge immer höher aufstiegen, begannen die Piloten, unter Bauchkrämpfen zu leiden. Wie jeder Student weiß, der sich mit den Grundlagen der Physik auskennt, dehnen sich Gase aus, wenn der Druck nachlässt, und in diesem Fall waren es die sich ausdehnenden Gase im Darm der Piloten, die zu starken Blähungen und Bauchschmerzen führten. Angesichts dieses Problems erforschte die U.S. Air Force die Natur der Nahrungsmittel, die die größten Unannehmlichkeiten bereiteten, und kam zu dem Schluss, Bohnen und andere Hülsenfrüchte vertrügen sich nicht mit der Fliegerei. Dass die Piloten der Alliierten daraufhin Bohneneintopf und ähnliche Genüsse mieden, könnte zumindest zum Teil zu ihrem Erfolg über die deutsche Luftwaffe beigetragen haben: Das Leibgericht der Deutschen war Sauerkraut, ein außerordentlich starker Gasproduzent.

Einen der größten Schübe für die Flatulenzforschung brachte der Anbruch des Raumfahrtzeitalters mit sich. Die Kontrolle der inneren Atmosphäre in einem Raumschiff war eine ungeheure Herausforderung. Natürlich musste man sich überlegen, wie man das Kohlendioxid entfernt, das von den Astronauten ausgeatmet wird, doch die Wissenschaftler mussten auch mit den steigenden Konzentrationen von Methan und Wasserstoff in der Kapsel fertig werden. Diese leicht entflammbaren menschlichen Abgase galten in der sauerstoffreichen Atmosphäre des Raumschiffs als potenzieller Gefahrenherd. Daher wurde bei der Zusammenstellung der Astronautenkost speziell darauf geachtet, Gas produzierende Nahrungsmittel auszuschließen.

Eine solche Sorgfalt fürs Detail hat peinliche Zwischenfälle draußen im All vermieden, doch auf der Erde bleiben die Probleme bestehen. Es ist tatsächlich bereits zu Explosionen im Enddarm gekommen, manchmal mit üblen Folgen. Wucherungen im Enddarm, so genannte Polypen, werden routinemäßig entfernt, um das Risiko für Colonkarzinome zu verringern. Die Vorgehensweise ist recht einfach, dabei wird eine mit einer Schlinge versehene Sonde in den Enddarm eingeführt. Die kleine Blutung, die gewöhnlich mit der Entfernung des Polypen einhergeht, wird durch Elektrokauterisation (Verschmoren des Gewebes) gestillt – und genau da liegt das Problem. Vor dem Eingriff muss der Enddarm des Patienten entleert werden, was gewöhnlich dadurch eingeleitet wird, dass der Patient große Mengen eines Abführmittels zu trinken erhält. Abführmittel arbeiten präzise, weil sie nicht vom Körper resorbiert und daher rasch wieder via Verdauungstrakt ausgeschieden werden. Eine Mannitollösung liefert beispielsweise dem Arzt ein sehr sauberes Arbeitsumfeld, doch Mannitol dient Darmbakterien auch als Nahrung und begünstigt daher die Bildung von Wasserstoffgas. Wenn von diesem Gas noch etwas präsent ist und wenn die Elektrokauterisation durchgeführt wird, könnte dies für Patient wie Arzt einen üblen Schock bedeuten. Es hat in der Tat Fälle gegeben, in denen der Darm des Patienten durch eine derartige Explosion zerrissen und der Arzt durch den ganzen Raum geschleudert wurde. Wenn der Verdacht besteht, im Enddarm könnte sich Wasserstoff angesammelt haben, kann ein Durchspülen mit Kohlendioxid viel Leid verhindern.

Für Ärzte können Darmgase ein Berufsrisiko sein, für Rechtsanwälte hingegen ein finanzieller Segen. Denken Sie nur an die Geschichte mit dem Kassierer, der in Portland, Oregon, in einem Supermarkt arbeitete. Er wurde angeklagt, einen anderen Angestellten dadurch zu mobben, dass er in dessen Gegenwart absichtlich und wiederholt Darmgase abließ. Das Opfer verklagte ihn daraufhin wegen «starker psychischer Belastung und Demütigung». Im Prozess beschrieb der Kläger, wie der Urheber dieses abscheulichen Verbrechens die Winde «zurückhielt und dann mit zusammengekniffenen Pobacken auf mich zukam». Der clevere Verteidiger berief sich jedoch auf die Verfassung und argumentierte, das Ablassen von Darmwinden sei eine Sonderform der freien Rede, die im ersten Artikel der Verfassung gewährleistet sei. Der Richter stimmte dem zu, und so löste sich der Fall des Staatsanwalts in Luft auf.

Der König der Darmwinde

Der gefeierte Künstler, erlesen gekleidet mit Weste, roter Reithose, weißen Strümpfen und schwarzen Lacklederschuhen, betrat selbstbewusst die Bühne des Moulin Rouge. Das Publikum, das den Saal bis auf den letzten Platz füllte, hatte diesem Augenblick entgegengefiebert in der Erwartung, endlich den berühmtesten französischen Unterhaltungskünstler der beschwingten 1890er Jahre zu sehen. Nicht einmal die umjubelte Sarah Bernhardt zog das Publikum derart an oder konnte so hohe Gagen fordern wie Joseph Pujol.

Pujol war eine Art Musiker, doch er spielte kein Instrument. Vielmehr war er selbst ein Musikinstrument – ein Blasinstrument. Dieser illustre Entertainer besaß die wundersame Fähigkeit, Luft in seinen Körper einzusaugen, indem er seine Bauchmuskulatur entspannte, und die Luft anschließend durch Kontrahieren und Entspannen seines Afterschließmuskels kontrolliert wieder ausströmen zu lassen. Die einzigartige Elastizität dieses besonderen Teils seiner Anatomie erlaubte ihm, Töne zu erzeugen, die von einem Donnerschlag bis zu den Geräuschen reichten, die beim Zerreißen von Stoff entstehen. Pujol, so hieß es seinerzeit, hatte das Ablassen von Winden zu einer Kunstform erhoben.

Das Publikum jubelte begeistert, wenn dieser «König der Darmwinde» durch den After eine Reihe von Soundeffekten abließ: Seine Interpretationen der donnernden Fürze von Maurern, der entschuldigenden Töne von Nonnen und der kaum hörbaren Stakkatosalven von Bräuten in ihrer Hochzeitsnacht brachten den Saal immer wieder zum Toben. Die Vorstellung endete damit, dass der «König der Darmwinde» eine Kerze auf seine unnachahmliche Weise ausblies.

Joseph Pujol war in der Tat eine wissenschaftliche Kuriosität. Als er noch ein kleiner Junge war, entdeckte er eines Tages zufällig am Strand sein «Talent». Er hielt seinen Atem an, steckte seinen Kopf unter Wasser und spürte daraufhin plötzlich zu seinem Entsetzen etwas Feuchtes, Kaltes in seinen Bauch eindringen. Als er aus dem Wasser lief, stellte der kleine Joseph verwundert fest, dass Wasser aus seinem After strömte. Bald lernte er, dass er seinen Körper dazu bringen konnte, sich wie eine gigantische Pipette zu verhalten, und dass er ganz nach Belieben Wasser einsaugen und ablassen konnte. Dann machte er die wunderbare Entdeckung, dass er auch Luft auf diese einzigartige Weise inhalieren und wieder ausströmen lassen konnte. Das war die Geburtsstunde des vielleicht erstaunlichsten Varietékunststücks aller Zeiten.

Pujol verkaufte diese Vorführung in seiner eigenen, unnachahmlichen Weise an den Manager des Moulin Rouge. Nachdem er ein mit Wasser gefülltes Becken im Büro des Gentleman platziert hatte, machte er sich daran, das Becken im Reitersitz zu leeren und wieder zu füllen. Der verblüffte Manager bekam auch eine Auswahl von Klangeffekten und eine

Wiedergabe des Lieds «Au clair de la lune» zu hören, in höchst origineller Weise auf der Flöte gespielt. Selbstverständlich erhielt Pujol den Job.

«Der König der Darmwinde» wurde das Stadtgespräch von Paris. Er inspirierte viele Nachahmer, doch niemand konnte ihm das Wasser reichen, und alle verschwanden rasch wieder von der Bildfläche. Nur eine Dame, Angèle Thibeau, hatte einigen Erfolg als weibliches Pendant zu Pujol. Sie versprach, keine Tricks anzuwenden und keine lästigen Gerüche zu verströmen, und bot sogar eine Geld-zurück-Garantie an – die Gäste mussten nur zahlen, wenn ihnen die Vorführung gefallen hatte. Aber anscheinend griff Madame Thibeau doch auf irgendwelche Taschenspielertricks zurück, denn ihre öffentlichen Auftritte hörten schlagartig auf, als Pujol sie verklagte und behauptete, sie benutze mechanische Vorrichtungen, um Töne zu erzeugen, die ihm auf natürliche Weise gelangen.

Können wir aus Pujols einzigartigem Talent etwas lernen? Er selbst erkannte die Einzigartigkeit seines Talents und nahm für die Erlaubnis, seinen Körper nach seinem Tod zu obduzieren, 25 000 Franc von einer medizinischen Einrichtung an. Als der unvergleichliche Entertainer jedoch 1892 im Alter von achtundachtzig Jahren starb, zeigten seine Kinder kein Interesse daran, die wissenschaftliche Neugier der Anatomen zu befriedigen, und sagten die Autopsie ab. Interessant bleibt festzuhalten, dass der große Pujol sein Inneres jeden Morgen auf seine eigene unnachahmliche Weise reinigte und keinen Tag in seinem langen Leben krank war.

Einige abschließende Bemerkungen über die Natur der Naturwissenschaft

Ich hoffe, dass ich Sie etwas amüsiert und darüber hinaus auch einige chemische Geheimnisse gelüftet habe. Vielleicht haben Sie sogar einige chemische Prinzipien kennen gelernt und sich ein wenig in kritischem Denken geübt. Auch wenn mir durchaus bewusst ist, dass Sie das meiste von dem, was Sie hier gelesen haben, wahrscheinlich bald vergessen werden, so hoffe ich doch, dass die Ideen, die ich im Folgenden zusammenfassen will, ihre Spuren hinterlassen. Schließlich heißt es, Bildung sei das, was einem bleibt, wenn man vergessen hat, was man gelernt hat.

1. Naturwissenschaft ist ein Prozess der Wahrheitssuche. Es ist keine Sammlung unangreifbarer «Wahrheiten», sondern eine Disziplin, die sich selbst korrigiert, wenn sie in die Irre gegangen ist. Solche Berichtigungen können viel Zeit benötigen – die medizinische Praxis des Aderlasses hielt sich jahrhundertelang, bevor sie als unwirksam erkannt wurde –, doch da sich immer mehr wissenschaftliche Erkenntnisse ansammeln, sinkt die Wahrscheinlichkeit für grundlegende Fehler.

2. Sicherheit ist in der Wissenschaft ein schwer zu fassendes Gut, und es ist oft schwierig, auf viele wissenschaftliche Fragen mit einem klaren «Ja» oder «Nein» zu antworten. Um zum Beispiel zu klären, ob in Flaschen abgefülltes Wasser dem Leitungswasser vorzuziehen sei, müsste man zwei große Gruppen von Versuchspersonen, deren Lebensweise sich – abgesehen von der Art ihres Trinkwasserkonsums – in jeder Hinsicht ähnelt, ein Leben lang wissenschaftlich beobachten. Das ist praktisch unmöglich. Wir müssen uns daher bei der Formulierung unserer Schlussfolgerungen auf weniger direkte Beweise stützen.

3. Oft ist es nicht möglich, alle Konsequenzen einer Handlung vorauszusehen, gleichgültig, wie viel Voruntersuchungen man gemacht hat. Als Fluorchlorkohlenwasserstoff (FCKW) als Kühlmittel eingeführt wurde, konnte niemand ahnen, dass er dreißig Jahre später Auswirkungen auf die Ozonschicht haben würde. Wenn etwas Unerwünschtes passiert, dann heißt das nicht unbedingt, dass irgendjemand geschlampt hat.

4. Jeder neue Befund sollte mit Skepsis betrachtet werden. Ein Skeptiker ist kein Mensch, der nicht willens ist, sich überzeugen zu lassen, sondern jemand, der seine Überzeugungen auf wissenschaftliche Beweise gründet und Information nicht unkritisch akzeptiert.

5. Aufgrund einer einzelnen Untersuchung sollte man die eigene Lebensweise nicht grundlegend verändern. Die Ergebnisse sollten zunächst von unabhängigen Dritten bestätigt werden. Denken Sie daran, dass die Wissenschaft nicht durch «wunderbare Durchbrüche» oder «gewaltige Sprünge» Fortschritte erzielt. Sie geht ihren Weg in vielen kleinen Schritten und baut dabei langsam einen Konsens auf.

6. Untersuchungen müssen von Fachleuten auf dem jeweiligen Gebiet sorgfältig interpretiert werden. Wenn zwei Variablen zusammenhängen oder, wie der Fachmann sagt, korrelieren, so ist das noch kein zwingender Beweis, dass es sich dabei um Ursache und Wirkung handelt. Denken Sie als extremes Beispiel an die starke Korrelation zwischen Brustkrebs und dem Tragen von T-Shirts: Zweifellos ist das Tragen von T-Shirts nicht die Ursache für den Krebs. Wissenschaftler zeigen jedoch gelegentlich eine erstaunliche Neigung, für ihre Lieblingstheorien ungeeignete vernünftige Erklärungen aus dem Hut zu zaubern.

7. Eine falsche Ansicht möglichst oft zu wiederholen, macht

sie nicht wahrer. Viele Menschen sind überzeugt, dass Zucker bei Kindern zu Hyperaktivität führt – nicht, weil sie Studien über diesen Effekt gelesen haben, sondern weil sie es so oft gehört haben. In Wirklichkeit gibt es eine Menge von Untersuchungen, die zeigen, dass Zucker – wenn er überhaupt eine Wirkung hat – Kinder eher beruhigt.

8. Unsinniges Kauderwelsch kann sich sehr wissenschaftlich anhören. Eine Anzeige für ein Algenpräparat behauptet, dass «die molekulare Struktur von Chlorophyll fast dieselbe wie die von Hämoglobin ist, das für den Sauerstofftransport im Körper verantwortlich ist. Sauerstoff ist der Hauptnährstoff, und Chlorophyll ist das zentrale Molekül, um Ihrem Körper mehr Sauerstoff verfügbar zu machen.» Das ist Unsinn; Chlorophyll transportiert keinen Sauerstoff im Blut.

9. Oft gibt es bei wissenschaftlichen Themen verschiedene, einander entgegengesetzte Ansichten, doch die Vorstellung, dass man der Wissenschaft nicht trauen kann, weil es für jede Untersuchung eine gleich glaubwürdige Untersuchung gibt, die zu einem anderen Schluss kommt, ist nicht richtig. Man muss stets berücksichtigen, wer eine bestimmte Untersuchung durchgeführt hat, wie gut sie geplant war und ob irgendjemand ein finanzielles Interesse an den Ergebnissen hat. Hüten Sie sich vor dem «man» in «man sagt, dass ...». In vielen Fällen sind das, was «man sagt», nur falsch wiedergegebene Gerüchte.

10. Jeder Mensch ist biochemisch einzigartig, ein Unikat. Nicht jeder, der einem Schnupfenvirus ausgesetzt ist, fängt sich einen Schnupfen. Die Reaktionen des Einzelnen auf ein bestimmte Medikament oder eine bestimmte Behandlung können sich erheblich unterscheiden. Der Verzehr von Fisch ist für die meisten Menschen sehr gesund, kann für diejenigen mit einer Fischallergie (wie ich) aber fatal sein.

11. Tierstudien lassen sich nicht ohne weiteres auf Menschen übertragen, auch wenn sie wertvolle Erkenntnisse vermitteln können. Penizillin ist zum Beispiel für Menschen in der Regel gut verträglich, für Meerschweinchen jedoch giftig. Ratten benötigen in ihrer Nahrung kein Vitamin C, Menschen schon. Wenn man hohe Dosen eines vermuteten Toxins an Labortiere verfüttert, sagt das Ergebnis nicht unbedingt etwas darüber aus, wie sich kleine Dosen dieses Stoffs langfristig auf Menschen auswirken.

12. Ob eine Substanz ein Gift oder ein Heilmittel ist, wird allein von der Dosis bestimmt. Es macht keinen Sinn, über die Auswirkungen einer bestimmten Substanz auf den menschlichen Körper zu reden, ohne gleichzeitig über Mengen zu sprechen. Das Lecken an einer Aspirintablette wird keine Kopfschmerzen kurieren, doch zwei Tabletten sorgen dafür, dass sie verschwinden. Den Inhalt eines ganzen Röhrchens zu schlucken, birgt die Gefahr, dass die Lebensgeister des Patienten gleich mitverschwinden.

13. «Chemisch» ist kein Schimpfwort. Chemische Verbindungen sind die Bausteine unserer Welt – sie sind weder gut noch böse. Nitroglyzerin kann die Schmerzen bei Angina-Pectoris-Anfällen lindern oder ein Gebäude in die Luft sprengen. Es liegt ganz bei uns. Überdies besteht keine Beziehung zwischen der Gefährlichkeit einer Substanz und ihrem Namen: Dihydrogenmonoxid ist nichts als Wasser.

14. «Natürlich» ist nicht gleichzusetzen mit «gut für uns». Die tödlichsten Toxine, die wir kennen, wie Rizin aus dem bohnenförmigen Samen des Wunderbaums oder Botulinus-Toxin, das von dem Bakterium *Clostridium botulinum* produziert wird, sind völlig natürliche Substanzen. «Natürlich» bedeutet nicht «sicher» und «synthetisch» nicht «gefährlich». Die Eigenschaften einer jeden Substanz werden durch ihre Molekularstruktur bestimmt, nicht dadurch, ob sie von einem Chemiker im Labor oder von Mutter Natur in einer Pflanze synthetisiert worden sind.

15. Wir neigen dazu, manche Risiken zu überschätzen, während wir andere unterschätzen. So ist eine Lebensmittelvergiftung durch bakterielle Kontamination ein viel größeres Gesundheitsrisiko als Spuren von Pestizidrückständen in Obst und Gemüse.

16. Der menschliche Körper ist unglaublich komplex, und unsere Gesundheit wird von zahlreichen Variablen bestimmt, darunter von unserer Genetik, unserer Ernährung, der Ernährung unserer Mutter während ihrer Schwangerschaft, Stress, körperlicher Bewegung, Berührung mit Krankheitserregern, Berufsrisiken und schierem Glück.

17. Auch wenn Ernährung bei der Förderung einer guten Gesundheit gewiss eine Rolle spielt, wird die Heilwirkung bestimmter Lebensmittel oder Nährstoffe bei der Behandlung von Krankheiten häufig übertrieben. Einzelne Lebensmittel sind weder gut noch schlecht, wenn man eine Ernährung insgesamt überhaupt mit diesen Begriffen beschreiben kann. Je breiter die Palette der Lebensmittel ist, die wir zu uns nehmen, desto geringer ist die Gefahr, dass es uns an wichtigen Nährstoffen mangelt. Allgemeine Übereinstimmung herrscht unter Wissenschaftlern auch darüber, dass sich ein hoher Obst- und Gemüseverzehr positiv auf die Gesundheit auswirkt.

18. Die Körper-Geist-Beziehung ist außerordentlich wichtig. Die Gesundheit von rund vierzig Prozent aller Versuchspersonen verbessert sich signifikant, wenn ihnen ein angeblich gesundheitsförderndes Placebo verabreicht wird, und etwa der gleiche Prozentsatz entwickelt Symptome, wenn sie glauben, ihnen werde eine Substanz verabreicht, die sie für gefährlich halten. In Anlehnung an John Milton würde man sagen: Der Geist kann aus der Hölle einen Himmel machen und aus dem Himmel eine Hölle.

19. Rund achtzig Prozent aller Erkrankungen kommen und verschwinden von selbst wieder und reagieren auf fast jede Art von Behandlung positiv. Oft wird dies zu Unrecht einem Heilmittel als Erfolg zugeschrieben. Anekdotische Beweise sind unzuverlässig, denn positive Ergebnisse werden viel eher weitererzählt als negative.

20. Eine Gans, die goldene Eier legt, gibt es nicht. Mit anderen Worten: Wenn etwas zu gut erscheint, um wahr zu sein, dann ist es wahrscheinlich auch nicht wahr. Wie H. L. Mencken einst meinte: «Jedes komplexe Problem hat eine Lösung, die einfach, direkt, plausibel und falsch ist.»

21. Praktisch jedes Thema oder Problem gewinnt bei näherer Betrachtung an Interesse und Komplexität. Wir leben in einer faszinierenden Welt.

22. Niemand hat die Wahrheit gepachtet, daher richten Sie Ihr Leben nicht nach irgendwelchen Regeln aus, die jemand anderer aufgestellt hat. Um es mit Will Rogers zu sagen: «Jeder ist unwissend, nur auf verschiedenen Gebieten.»

Register

Abrams, Albert 260–262
Absinth 228 f.
Achselabsonderungen 63, 222 f.
Aconitin 263
Adaptogen 210
Aflatoxin 68
Aktive Präparationen 265
Akupunktur 182
Alaun 295
Albumin 88
Alchemie 37, 169
Algen 91
Alkoholkonsum 70, 122, 176, 248
Alliin 113, 115
Alpha-Linolensäure (ALA) 135–137
Alpha-Tokopherol 212–214
Alzheimerkrankheit 214, 280
Amanita muscaria 145 f. (→ Fliegenpilz)
Amidinohydrazon 220
Ammoniak 55, 251
Ammoniumverbindungen 192, 231 f., 292 f.
– quarternäre 232
Amylnitrit 161
Analdrüsen 235
Analphabetismus, naturwissenschaftlicher 24
Anandamid 129 f.

Anästhesie 194 f. (→ Schmerzlinderung)
Anderson, Thomas 50
Androstadienon 225
Androstenol 221–223 (→ Pheromon)
anekdotische Beweise 182 f., 267 (→ Medizin, alternative)
Angiogenese 121
Angstlöser 175
Antioxidantien 78–81, 83, 101, 213 (→ Freie Radikale)
– Traubensaft 137
Antisepsis 49–51
Antoniusfeuer 150 f.
Apfelsäure 70 f.
Aphrodisiakum 63, 128, 139–141
Aphrodisin 218
Aromen 70–72
– künstliche 73 f.
Arthritis 215, 280
Ascorbinsäure, synthetische 293
Aspirin 53 f., 215, 310
Atropin 164
Außendruck 34
– sinkender 34 f.
Autodeodorant 253
Ayurveda-Medizin 283 (→ Medizin, alternative)

Backsoda 237–239, 253   **313**
Bacon, Roger 38
Baeyer, Adolf von 296 f.
Bakterien 50, 123, 301
Bald Headed Men of America 196, 199, 201
Baldwin, Kate 277
Barbitursäure 296 f.
Bayer 53 f.
Bedell, Berkley 184
Benzodiazepine 175
Berliner, David 224 f.
Berzelius, Jacob 293
Beta-Glukane 301
Beta-Karotin 78, 80–85
– als → freies Radikal 84
– in Supplementform 83 f. (→ Nahrungsmittelergänzung)
Betalain 179
Bhopal 17
Bifido-Bakterien 181
Bilirubin 178
Biotransformation 70 f., 73 (→ Enzyme)
– Produktsynthese 72
Blähungen 301
– Piloten 302
Blaualgenextrakt 181
Blausäuregas 160
Bleiche 249–251, 254
Blind staggers 206
Blutcholesterinspiegel 86 (→ Cholesterin)

Register

Bluthochdruck 155 f., 187, 200
Blutkörperchen, weiße 16, 78, 114 (→ Leukozyten)
Boxershorts, antimikrobielle 61 f.
Boyle, Robert 32
Boyle'sches Gesetz 32–34
Brand, Henning 286–289
Brevibacterium epidermis 124
Brustimplantat, kochsalzhaltiges 35
Brustkrebs 24 f., 118, 182, 209 (→ Krebs; Sojaprodukte)
→ Isoflavone 120
– östrogensensitiver 123
→ Selen 205
– T-Shirts 308
Buttersäure 123 f.
Butylhydroxytoluol (BTH) 75, 80

Calgene 105–107
Candida albicans 61
Carroll, Lewis 144, 149
Catechine 97, 100
Champagner 108–113
Chapman, George 283
Chemie,
– Analyse und Synthese 291
– Experimente 41, 249
– Image 11–13
– Mischen von Dingen 248
– organische und anorganische 291 f.
– Zauberei 9 f., 48 f.
Chemiekasten 40–43
Chemikalien 13, 73
– Bausteine der Materie 15 f.

– Mahlzeit ohne 25
chemische Absurditäten 25
chemische Reaktionen 45
chemischer Wetterprophet 41
China-Restaurant-Syndrom 92, 94 f.
Chinin 247, 264, 292 f.
– Malaria 264 f.
Chlor 16, 251
Chloramin 251
Chlorbleiche 254
Chlorgas 249, 251
Chlorogensäure 108
Chlorophyll 309
Cholesterin 77, 86 f., 154
– «schlechtes» 132
Cholesterinspiegel 73, 86 f., 99, 131, 136
– gesenkter 121, 207
Chronkrankheit 301
Clark, Barney 117
Colonkarzinom 303
Cooks, M.C. 145
Cutler, Winnifred 223 f.

d-Alpha-Tokopherol 212 f.
Darmflora 301
Darmwinde
– als freie Rede 304
– König der 305 f.
Davies, Wade 163, 165
Davis, Humphrey 192 f.
Degorgieren 111
Dehydrierung 117, 179
Depression 153, 155 f.
– Schaukelstuhl 271 f.
Detergenzien 231, 240–242, 256
Dichloridfluormethan 54
Digitalis 209, 226 f.
Digitalisvergiftung 227

Dihydrogenmonoxid 27 f., 310
Dimethyldisulfid 217
Dipple, Johan C. 20 f.
DNA 77, 105, 121, 249
Dodgson, Charles 144
Dom Perignon 108–110
Dopamin 156
Dr. Jekyll und Mr. Hyde 17
Dynamizer 261

Edison, Thomas 53
Ei, gekochtes 86–90
Eisen-Gerbsäure-Komplex 65
Elastin 232
Elektrokauterisation 258, 303
Elektroluminszelenz 236 f.
Elektrolytstörungen 117
Elektronenspinresonanzverfahren 76
Endorphine 130 f.
Energie, spirituelle 283
Energieaura 280
Enzymdefekt 180
Enzyme 70, 78, 99, 123, 125, 243, 255 (→ Biotransformation)
Ephedrin 157, 209
Epigallocatechin-3-gallat 96 f., 99, 101
Epilepsie 229
Ernie (Sesamstraße) 34 f.
Estabany, Oskar 282
Ether 193, 236
– als Narkosemittel 194–196
Ethylenglukol 249
Ethylenoxid 254
Expektoratium 116

Faraday, Michael 40, 193
Farbtherapie 274 f.

Register

Fargue, Léon-Paul 123
Fette 77
– gesättigte 86, 134 f.
– ungesättigte 134 f.
Fingerhut 226
Fischer, Emil 297
Flatologie, wissenschaftliche 300, 302
Flavonoide 97 f.
«Flavr Savr»-Tomate 105 (→ Tomate)
Fliegenpilz 145–147
Fluorescein 246 f.
Fluoreszenz 245–247
Fluorkohlenwasserstoff (FCKW) 55–58, 308 (→ Ozonschicht)
– Schmuggel 57 f.
Folsäure 121
Ford, Arthur 139 f.
Frankenstein, Victor 18–21
Franklin, Benjamin 24, 297 f.
Freie Radikale 75–78, 98 f.
Freon 54 f., 57–59
– negative Folgen 55
Freud, Sigmund 284
Fumarsäure 71
Furzmuster 301

Gallenfarbstoff 178 f.
Galvani, Luigi 19
Gamma-Aminobuttersäure (GABA) 1174
Gamma-Tokopherol 213 f.
Gangrän 151
Gaschromatographie 300
Gasemissionen, menschliche 298 f. (→ Flatologie, wissenschaftliche)
Gauguin, Paul 228 f.
Gegensinn-Gen 105
Genistein 121

Geschmacksverstärker 91
gesunder Menschenverstand 41, 167
Ghadiali, Dinshah P. 274, 276–279
Gicht 296
Ginseng 207–209, 211
Ginsengpräparate 209 f.
Ginsenoside 208, 210 f.
Glukose 71, 76
Glutaminsäure 92
Glutathion 115, 204
Glyzerin 26
Grad, Berard 282
Grillenschiss 14, 23
Guericke, Otto von 32

Haare, nicht lebende 230 f.
Haarfollikel 199 f.
Haarwaschmittel 15, 230 f. (→ Shampoo)
Haarwuchs 197 f. (→ Kahlköpfigkeit)
Hahnemann, C. F. S. 264 f.
Halloween 63, 149
Halluzinationen 227 f.
Hamilton, James 197 f.
Hämoglobin 76, 161, 180, 282, 309
Handauflegen 282 (→ Medizin, alternative)
Harkin, Tom 184 f.
Harman, Denham 74 f.
Harnsäure 296
Harnstoff 292 f.
Harvey, William 115
Hefepilzinfektionen 60 f.
Heilmittel 169
– natürliche 152
– und Gift 170 f.
Hepatitis B 204
Hepatitis-Impfstoffe 213
Herzinfarktrisiko 82 f., 87

– verringertes 83
Herz-Kreislauf-Erkrankungen 77, 85, 96, 98, 136, 201, 214
– auf Kreta 133, 136
Hippokrates 248
Hirsch, Alan 132
HIV-Virus 204
Hodenkühler 62
Hoffmann, Albert 151
Holzkohle 36–38
Holzteer 294
Homöopathie 263–267
– Placeboeffekt 266 f.
Houdini, Harry 64–67
Hüftfrakturen 188
Hüftgelenke, künstliche 48
Hühnersuppe 113–117
– therapeutische Wirkung 113 f.
Hula-Hoop-Reifen 47
Hyaluronsäure 234
Hydrogensulfid 235, 237 (→ Schwefelwasserstoff)
hygroskopische Substanz 41
Hypophyse 275

Imperial Chemical Industries (ICI) 45
Indiglo-Uhr 236
Indigo, synthetischer 295
Infektionsverhütung 49, 51 (→ Antisepsis)
Ingold, Keith 78
Iproniazid 154 f.
Irgasan 61
Isoflavone 119 f., 122
Isoniazid 155
IU (International Unit) 212 f.

Jackson, Charles 193, 195

Register

Jackson, Michael 162
Jaeger, Gustav 61
Johnson, Robert Gibbon 101 f., 108

Kahlkopf (*Psilocybe*) 148
Kahlköpfigkeit 196–200
Kaliumchlorat 290 f.
Kalzit 29 f.
Kalzium 30
– Kriminalitätsrate 188
Kalziumausscheidungen 189
Kalziumhypochlorid 251 f.
Kalziumkarbonat 30, 186 f.
Kalziumphosphat 188
Kalziumpräparate 186
Kalziumresorption 190 f.
Kalziumspiegel, regulierter 189
Kambuchia-Pilze 181
Kantharidin 139–141
– Froschschenkel 142 f.
Kapsaizin 115
Karbolsäure 51
Kardiomyopathie 201 f.
Karl der Große 127
Karotinoide 85
(→ Beta-Karotin)
Karzinogene 99
(→ Krebs)
Käse → Schimmelkäse
Katarakt 85
Kavalaktone 174 f.
Kawa 172–177
– missbräuchlich hohe Dosierung 176
– pflanzliches Valium 173
Keshankrankheit 202
Keys, Ancel 133
Kline, Nathan
Kobaltverbindungen 41 f.
– giftige 43

Kohlendioxid 30, 74
– Champagner 110–112
– Darmwinde 300–303
– japanisches Bier 268
– lösliches 109 f.
– natürliches 74
Kohlenhydrate 122, 131
Kohlenmonoxid 288
Kollagen 232
Kolostrum 184 f.
kontrollierte Studien 182
Körper-Geist-Beziehung 311
Kortisontherapie 188
Krebaum, Paul 237
Krebs 16, 68 f., 77, 85, 96, 134, 301 (→ Brustkrebs; Prostatakrebs)
– Entstehung 98
– Schutz vor 187, 201–204, 214
– tabakinduzierter 206
Kreideessen 186, 191
Kreosot 294
Kreta-Ernährung 136–138
Krieger, Dolores 281–283
Kugelfisch (Fugu) 163–166
Kühlmittel 54, 308
Kühlschränke 55 f.
Kumarinsäure 108
Kutikula 232

Labferment 125
Lachgas 193 f.
Lactose 301
Laudanum 169
LDL-Cholesterin 214 (→ Cholesterin)
Lebensmittelallergien 153 f.
Lebensmittelvergiftungen 55 f.
Leukozyten, neutrophile 114 (→ Blutkörperchen, weiße)
Lichttherapie 276–279
Liebig, Justus 295
Lister, Joseph 49–51
Listerin 49
Lloyd, Christopher 22
Long, Crawford 195 f.
Lots Frau 29–31
Lovastatin 73
LSD (Lysergsäurediäthylamid) 151
Lwoff, André 116
Lykopin 107 f.
Lyme-Krankheit 184
Lymphogranulomatose 16

MacMurray, Fred 22
Magendie, François 300
Maimonides, Moses 113
Malaria 264 f.
Mannitollösung 303
Mauvein 294
Medizin
– alternative 182–185, 283 (→ Therapien, alternative)
– wissenschaftlich geprägte 183, 266, 276
Meerjungfrau-Effekt 245, 247
Mencken, H. L. 312
Ménière-Krankheit 227–229
Menschen, künstliche 21
Menstruationsbeschwerden 262 f.
Menstruationszyklen 119, 223
– verlängerte 121
Mering, Joseph von 297
Methämoglobin 161
Methan 300 f.
Methangas 252

Methionin 206
Methylmerkaptan 123f., 257
Midgley, Thomas 54–56
Mikroorganismen 50f., 70f., 123, 186
– abgetötete 50f.
– Käse 126
(→ Vanillin 72)
Millikan, Robert 261
Milton, John 312
Minamata 17
Minoxidil 199f.
Moët & Chandon 108
Moleküle, nichtexistente 263f.
Monoaminoxidasehemmer (MAOH) 153–157
Monoethanolamine 232
Mononatriumglutamat (MNG) 91–93
– Hyperaktivität 94
Morphin 16
Morphinderivate, synthetische 17
Mortimer, John 154f.
Morton, William 193–195
Moschus 221, 225
Mucodyne 115
Muskarin, synth. 148
Muszimol 146
Mutterkornalkaloide 151f.
Mutterkornpilz (*Claviceps purpurea*) 151
Myar-Ballon 34

Nahrungsergänzungsmittel 107, 157, 171, 181, 186f., 190f., 203, 205f., 211, 213f., 216, 240
Narcisse, Clairvius 162f.

Natriumverbindungen 161, 204, 231, 235, 237, 243f., 253, 249f.
Natta, Giulio 47
natürliche Substanzen 68f. (→ synthetische Substanzen)
Naxalon 131
Negev-Wüste 29
Nervensystem, Lähmung 163
Neurotransmitter 174
New York Stress Tabs 263
Nightingale, Florence 50
Nitroglyzerin 26, 310
Nitrosamine 215
– karzinogene 79
(→ Krebs)
Nootkaton 72f.
Noradrenalin 156

Oberflächenspannung 242f.
Office of Alternative Medicine 184f. (→ Medizin, alternative)
Olivenöl 134f.
Olnay, John 93f.
Opium 117, 131
Orgon-Energie 284f.
Oscilliclast 261f.
Osteoporose 187f., 191
Östrogene 118f.
– schwache 120
Östrogenpräparate 189
Östrogenverbindungen 209
Östrus 217
Otama, Toshira 269
Oxalsäure 65, 102, 180
Oxidationsmittel 254
Ozon 78
Ozonschicht, zerstörte 55f., 58f., 308

Panacea 207, 211
Panthenol 232
Paracelsus 19, 167–171
Paranüsse 201, 206f.
Parkinson-Krankheit 176
Pasteur, Louis 50, 61
Penizillin 310
Periplanone B 218f.
– synthetisches 220
Perkin, Henry 294
Perkin-Medaille 54
Pestizide 122
Petri, George 223
Phenol 51, 53, 132
– Aspirinherstellung 53
– explosive Verbindung 52f.
Phenolkomplott 52–54
Phenylethylamin (PEA) 129f.
Pheromon 217f., 221, 224
– menschliches 221, 225
Pheromone 10:13 223
Phosphate 288
Phosphor 287–289
– elementarer 288
– roter 290f.
– weißer 290
Phosphorbomben 289
Phosphorsesquisulfid 290
Phytoöstrogen 119
(→ Östrogen)
Piperin 115
«Piss-Propheten» 180
Pittacal 294
Placebo-Effekt 266f., 277, 282
Polyäthylen 44–46, 48f.
– hoch verdichtetes 47f.
Polygalakturonase 104, 106f.
Polymere, synthetische 232

Register

Polyphenole 97, 100, 131
(→ Phenol)
Polypropylen
– Unterwäsche 59 f.
Porphyrie 180
Portulak 133, 135, 137 f.
Prägeprozess 165
Priestley, Joseph 192
Prostata, Größe 198 f.
Prostatakrebs 107, 184, 203, 206 (→ Krebs)
– Schutz vor 121
prostataspezifisches Antigen (PSA) 108
Protein 77, 218
– nichtflüchtiges 217
Psilocybin 148
Pujol, Joseph 304–306

Quecksilber 26, 169
Quecksilberdampf 246

Radarortungssystem 46
Raketen, primitive 37
Rasputin, Grigorij 157–159
Reich, Wilhelm 284
Reichenbach, Karl Ludwig 294
Renaud, Serge 136
Reserpin 163
Resorption 189
Rhodanase 160
Rigor calcium carbonatus 30
Rizin 68
Robert-Houdin, Jean-Eugène 194 f.
Rogaine 199
Rogers, Will 312
Rose, Emily 280 f.
Rote Bete 180 f.
Rumpole 154, 156 f.

Salem 149 f., 152
Salpeter 36–39
Salpetersäure 292
Salzsäule 29
Satrychnin 263
Sauerstoff 50, 76, 309
– Wunde 50
Sauerstoffradikal
→ Freies Radikal
Saunders, Herb 184
Sayers, Dorothy 147
Schabenparfüm 218–221
Schaumverstärker 232
Schießpulver 36, 38
Schimmelkäse 123–128
Schimmelpilze 70 f., 123
– *Aspergillus niger* 71
– Käse 123–125
– *Rhizopus nigricans* 71
Schlaganfallrisiko, verringertes 82
Schleimlösen 114–116
Schlieper, Adolf 295 f.
Schmerzlinderung 192, 262
Schokolade 128–133
– und Sex 133
Schwarz, Berthold 36, 38 f.
Schwarzlicht 245
Schwarzpulver 36–39
Schwefel 36–38, 235, 290
Schwefeldioxid 55
Schwefelsäure 160
Schwefelwasserstoff 74, 300
Schweinespielzeug 48
Schweitzer, Hugo 52–54
Selbstbefriedigung 260
Selen 201, 203 f., 206
Selenpräparate 202 f.
– Schutz vor Krebs 202–204

Selenvergiftung 205 f.
Senfgas 16
Serotonin 131, 156
Shampoo 15, 230–233
– pH-kontrolliertes 233
Sharan, Balaram 269 f.
Shelley, Mary 18–21
Sieben-Länder-Studie 133 f.
Silikon 73, 233 f.
Siliziumdioxid 24 f.
Skopolamin 164
Skunksekrete 235 f.
Smiley, Sam 66
Smith, Jeff 25
Sodom und Gomorra 30
Sojaprodukte 118 f., 135
– transgene 106
→ Brustkrebs 118, 120–123
Sojasauce 91
sola dosis facit venenum 169, 171
soma 145 f.
Spanische Fliege 139, 141 f., 144
Spektrochrom 274 f., 277–279
Sperma-Shampoo 230, 234
Spermienzahl, abnehmende 62
Spirometer-Stäbe 276
Spondylotherapie 260
Stechapfel (*Datura stramonium*) 164
Stickstoff 290, 300
Stickstoffoxid 192–194, 213
Stimmungsaufheller 173
Stuhl, bunter 177 f.
Suiso-Bier 268

Superoxiddismutase 75f., 78
synthetische Substanzen 68 (→ natürliche Substanzen)

Tangermann, Albert 300
Tee 97–101, 171
– antioxidative Wirkung 99 (→ Antioxidantien)
– gesundheitsfördernder 98
– grüner 98, 100f.
– vor Krebs schützender 99
Teebaumöl 181
Tensid 242
Teonanacatl 148
Terephthalsäure 249
Testosteron 198f.
Tetrodotoxin 163–165
THC 130
Theobromin 129
Therapeutic touch 279–282
Therapien, alternative 182–184
Thermaskin 60
Thermo-Unterwäsche 60
Thibeau, Angèle 306
Thioacetate 238
Thiole 237, 239
Thiozyanat 160
Thujon-Vergiftung 228f.
Tilton, Robert 14
Tinnitus 228
Tokopherol 212
Tolkien, J. R. R. 86
Tomaten 101–107
– als Früchte 103
– Äthylen 104
– Kreuzung mit Wildkirsche 107
Tomatin 101

Totes Meer 29
Toxikologie 139, 170f.
Toxine 68
– «natürliche» 68, 310
Trans-2-buten-1-thiol 236
Triglyzeridspiegel 86, 136
Trinitrophenol 51 (→ Phenol)
Triterpensaponine 208
Tupper, Earl 46
Tupperware 47f.
Tyramin 156

Umlagerer 111
Umweltgifte 78
Unterdruck 33
Unterwäschechemie 63
Urin 189, 209, 251, 286–288, 291f., 294f., 297 (→ Fliegenpilz; Harnstoff)
– Farbbildung 295
– fluoreszierender 247
– gekochter 289
– verfärbter 179
Urokinase 99
UV-Licht 247f.

Van Gogh, Vincent 226
Vanillearoma
– natürliches 69f., 72
– synthetisches 69, 72
Vanillin 293
– synthetisches 69f.
Ventilation, menschliche 300
Verdünnungen 265
Veronal 297
Vitamin C 78f., 84, 293
– natürliches 69
– synthetisches 69
Vitamin D 190, 275

Vitamin E 78f., 84, 211f.
– Dosierung 216
– Herzerkrankungen 215
– synthetisches 213–215
Vitamin-A-Mangel 80f.
Vomeronasalorgan (VNO) 224f.
Voodoo-Zauber 162f., 165 (→ Zombies)

Warren, John Collins 194
Wäsche-Disk 240–242, 244
Wasserenthärtung 256
Wassermoleküle 240, 243
– verkleinerte 241
Wasserstoff 268, 301
Wasserstoffperoxid 237, 239
Wechseljahre 119, 121, 189, 207 (→ Menstruationszyklen)
Weihnachtsvorlesungen 40
Weißer-als-weiß-Effekt 244f.
Wells, Horace 193–195
Wissenschaft, angewandte 12, 27
Wissenschaft, ungezügelte 19
Wissenschaftler, verrückter 18, 21
– Verlierertyp 22, 27
wissenschaftliche Bildung 18, 26f.
wissenschaftlicher Schabernack 31
Wissenschaftswettbewerb 28
Withering, William 226

Register

Wöhler, Friedrich 235, 293f.
Wohlgeschmack-Tomate 105–107
Wollbewegung 61
Wundabdeckung 50
Wunderbaum (*Ricinus communis*) 68

Yerushalmi, Aharon 116

zebethum occidentale 171
Zeolithe 241, 243, 255–257
– synthetische 256
Ziegler, Karl 47
Zohner, Nathan 27
Zombiepulver 163–165
Zombies 162, 164
(→ Vodoozauber)

Zündholz 288–291
«Zwei-in-einem»-Präparate 233f.
Zyanid 158–161
Zyankali 159f.
zyanogene Verbindungen 68f.
Zyklosporin 73
Zystein 113–115, 117
Zytochromoxidase 159